高·等·学·校·教·材

普通化学

秦元成 吴美凤 主编

General Chemistry

化学工业出版社

·北京·

内容简介

《普通化学》共七章，包括：化学反应的基本规律，溶液中的化学平衡，氧化还原反应——电化学基础，物质结构基础，化学与材料，化学与能源，化学与环境、生活。本书通过系统地讲授化学基本理论和知识，阐明化学规律，为各个专业课程的学习奠定必要的化学基础，提高学生运用化学的理论和方法解决实际问题的能力。

本书可作为高等学校理工类非化学化工相关专业的基础课教材，也可供自学者、工程技术人员参考。

图书在版编目（CIP）数据

普通化学 / 秦元成，吴美凤主编. --北京：化学工业出版社，2024.8. --（高等学校教材）. -- ISBN 978-7-122-45961-9

Ⅰ.O6

中国国家版本馆 CIP 数据核字第 2024U29L63 号

责任编辑：汪　靓　宋林青　　文字编辑：毕梅芳　师明远
责任校对：王　静　　　　　　装帧设计：史利平

出版发行：化学工业出版社
　　　　　（北京市东城区青年湖南街 13 号　邮政编码 100011）
印　　装：河北延风印务有限公司
787mm×1092mm　1/16　印张 13½　彩插 1　字数 328 千字
2024 年 10 月北京第 1 版第 1 次印刷

购书咨询：010-64518888　　售后服务：010-64518899
网　　址：http://www.cip.com.cn
凡购买本书，如有缺损质量问题，本社销售中心负责调换。

定　价：42.00元　　　　　　　版权所有　违者必究

前 言

随着经济和科技的发展、教育改革的深化及相关学科间的深入渗透，工科普通化学的教学内容需要作出相应的充实、调整或取舍。根据当前我校普通化学教学形势发展的需要，我们结合兄弟院校和我校的教学经验编写了这本《普通化学》课程教材。

"普通化学"是一门关于物质及其变化规律的基础课，是培养理工类高级人才所必需的一门基础课。在本课程中应当系统地讲授化学基本理论和知识；运用辩证唯物主义观点阐明化学规律；坚持理论联系实际原则，反映工科院校的特点，适当地结合工程专业并反映现代科学技术的新成就。本课程的教学目的是使学生掌握必需的化学基本理论、基本知识和基本技能，了解这些理论、知识和技能在工程上的应用，培养其分析和解决一些化学实际问题的能力，为今后学习后续课程及新理论、新技术打下比较牢固的化学基础，以适应现代化的需要。

本书在内容编排上以化学反应基本规律、化学平衡和物质结构等基本理论为主。化学反应基本规律主要阐释热力学三大定律；化学平衡理论主要用来判断化学反应进行的方向及程度；物质结构理论主要用来解释物质的物理、化学性质，同时联系工科实际专题，如材料、能源、环境、生活等。由于工科各类专业对化学知识要求不同，学生的理解和掌握亦有差异，因此使用本书时，宜结合学生实际与专业要求，适当增减。

参加本书编写工作的有许勇（第一章）、王芊（第三章）、肖玉婷（第四章）、张立（第五章）、王登科（第六章）、吴南南（第七章）、吴美凤（前言、目录、第二章）、秦元成（第五、六章）、代威力（第二、四章）、宋仁杰（第一、三章）等教师。全书由秦元成、吴美凤负责修改、统稿。由于编写人员水平有限，加之时间仓促，不当之处望读者批评指正！

南昌航空大学普通化学教研组
2023 年 12 月

目 录

第一章 化学反应的基本规律 ———————————————————————— 1
第一节 系统与环境以及相 ———————————————————————— 1
    一、系统与环境 ———————————————————————————— 1
    二、相 ———————————————————————————————— 2
第二节 化学反应中的守恒定律及反应热 ———————————————————— 2
    一、质量守恒定律 —————————————————————————— 2
    二、能量守恒定律 —————————————————————————— 3
    三、化学反应的反应热 ———————————————————————— 5
    四、化学反应热的计算 ———————————————————————— 6
第三节 化学反应进行的方向 ——————————————————————— 10
    一、反应的自发性 ————————————————————————— 10
    二、化学反应进行方向的判据 ———————————————————— 12
第四节 化学反应进行的程度——化学平衡 —————————————————— 16
    一、化学平衡 ———————————————————————————— 16
    二、化学平衡的移动 ————————————————————————— 20
第五节 化学动力学——反应速率 —————————————————————— 23
    一、化学反应速率的表示方法 ————————————————————— 23
    二、化学反应速率理论 ———————————————————————— 24
    三、影响化学反应速率的因素 ————————————————————— 26
习题 ————————————————————————————————————— 32

第二章 溶液中的化学平衡 ———————————————————————— 36
第一节 分散体系 ————————————————————————————— 36
    一、分散体系概述 —————————————————————————— 36
    二、溶液 ——————————————————————————————— 37
第二节 稀溶液的依数性 —————————————————————————— 39
    一、蒸气压下降 ——————————————————————————— 39
    二、溶液的沸点升高 ————————————————————————— 39
    三、溶液的凝固点降低 ———————————————————————— 40
    四、渗透压 ————————————————————————————— 40
第三节 溶液中的酸碱平衡 ————————————————————————— 42
    一、弱酸弱碱的电离平衡 ——————————————————————— 42
    二、酸碱质子理论 —————————————————————————— 45
    三、水解平衡 ———————————————————————————— 46
    四、同离子效应 ——————————————————————————— 47

第四节	沉淀溶解平衡	48
	一、溶度积常数与溶度积规则	48
	二、分步沉淀	50
	三、沉淀的溶解与转化	50
第五节	配位化合物与配位平衡	52
	一、配位化合物	52
	二、配位化合物的命名	53
	三、配位平衡及其平衡常数	54
	四、有关配位平衡的计算	55
习题		56

第三章 氧化还原反应——电化学基础 — 59

第一节	氧化还原反应的基本概念	59
	一、氧化数	59
	二、氧化还原反应基本特征	61
	三、氧化还原电对	61
	四、氧化还原反应方程式的配平	62
第二节	原电池与电动势	63
	一、原电池	63
	二、电极电势	64
	三、能斯特（Nernst）方程	66
	四、影响电极电势的因素	67
	五、电极电势的应用	68
	六、吉布斯自由能变和氧化还原反应进行的程度	71
第三节	电解	72
	一、电解池与电解原理	72
	二、分解电压	73
	三、电解产物	73
第四节	金属腐蚀与防护	74
	一、金属腐蚀的分类	74
	二、金属腐蚀的防护	75
第五节	电化学简介	76
	一、电化学的两种原理	77
	二、电化学的发展	77
	三、电化学研究内容	77
	四、电化学分析方法	78
	五、电化学的应用	79
习题		82

第四章 物质结构基础 — 86

第一节	原子结构与周期系	86
	一、核外电子运动的特殊性	86

二、原子轨道和电子云 ———————————————————————— 88
　　三、核外电子分布与原子轨道能级及周期系 ———————————— 93
　　四、元素性质的周期性 ———————————————————————— 98
第二节　化学键 ———————————————————————————————— 101
　　一、离子键 ———————————————————————————————— 102
　　二、共价键 ———————————————————————————————— 105
　　三、分子的空间构型 ———————————————————————————— 108
第三节　分子间力与氢键 ———————————————————————————— 112
　　一、分子的极性和电偶极矩 ———————————————————————— 112
　　二、分子间力 ———————————————————————————————— 112
　　三、氢键 ———————————————————————————————————— 113
　　四、分子间力和氢键对物质性质的影响 —————————————————— 114
第四节　晶体结构 —————————————————————————————————— 115
　　一、晶体与非晶体 ————————————————————————————— 115
　　二、晶体的基本类型 ———————————————————————————— 115
　　三、液晶 ———————————————————————————————————— 119
　　四、晶体的缺陷 —————————————————————————————————— 120
　　五、非整比化合物 ————————————————————————————— 121
　　六、单质的晶体类型 ———————————————————————————— 121
习题 ——— 123

第五章　化学与材料 ———————————————————————————————— 125
第一节　金属及其化合物的属性 ———————————————————————— 125
　　一、金属的理化属性 ———————————————————————————— 125
　　二、金属的作用规律 ———————————————————————————— 126
　　三、过渡金属 ———————————————————————————————— 127
第二节　几种重要金属及其化合物的应用 ——————————————————— 127
　　一、钛及其化合物 ————————————————————————————— 127
　　二、铬及其化合物 ————————————————————————————— 128
　　三、锰及其化合物 ————————————————————————————— 128
　　四、稀土金属 ———————————————————————————————— 128
　　五、金属合金 ———————————————————————————————— 129
第三节　非金属及其化合物的属性 ——————————————————————— 132
　　一、卤化物 ———————————————————————————————————— 133
　　二、氧化物 ———————————————————————————————————— 133
　　三、氧的水合物 —————————————————————————————————— 134
第四节　几种重要非金属及其化合物的应用 —————————————————— 134
　　一、半导体材料 —————————————————————————————————— 135
　　二、低温材料 ———————————————————————————————— 135
　　三、硅酸盐材料和耐火材料 ———————————————————————— 135
　　四、耐热高强结构材料 —————————————————————————————— 136
第五节　材料加工方法和相关原理 ——————————————————————— 136
　　一、电抛光 ———————————————————————————————————— 136

	二、电解加工	137
	三、非金属电镀	137
	四、金属表面热处理	138
	五、金属防腐	138

习题 — 140

第六章 化学与能源 — 142
第一节 能源的类别与转化储存 — 142
　　一、能源的分类与级别 — 142
　　二、能量的转化储存 — 145
第二节 化石能源的深度利用 — 147
　　一、洁净煤技术 — 148
　　二、煤制二甲醚技术 — 150
　　三、天然气制二甲醚技术 — 151
第三节 新型能源的前瞻性挖掘 — 152
　　一、核能 — 153
　　二、太阳能 — 161
　　三、其他新能源 — 167
第四节 合理用能 — 172
　　一、最小外部损失原则 — 173
　　二、最佳推动力原则 — 173
　　三、能量优化利用原则 — 173

习题 — 175

第七章 化学与环境、生活 — 176
第一节 化学与环境 — 176
　　一、大气污染及其防治 — 177
　　二、水污染及其防治 — 184
　　三、土壤污染及其防治 — 189
第二节 化学与生活 — 191
　　一、膳食营养 — 191
　　二、食品中的化学制品 — 196
　　三、药物中的化学 — 197

习题 — 199

附录 — 201

参考文献 — 205

第一章
化学反应的基本规律

在生活、生产和科研工作中,人们经常要与各种各样的物质打交道,不可避免地要面对和处理各种与物质变化有关的问题。这些物质的变化千差万别,但从本质上来看,它们遵循的规律是相同的。研究物质变化主要是研究化学反应过程中物质性质的改变、物质间量的变化、能量的交换和传递等方面的问题。在实际生活及生产中,物质发生变化的可能性和现实性更值得研究。事实上,虽然化学变化纷繁复杂,但是都遵循基本的规律。掌握这些基本的规律,许多化学反应都是可以认识、利用,甚至是可以控制和设计的。本章介绍了几个基本规律,包括反应的质量和能量守恒、反应的方向、限度和速率。这些基本规律在一些重要反应(如离子反应、配位反应、氧化还原反应等)中的应用,将在后面的章节中陆续介绍。

本章学习重点

1. 化学反应热的计算;
2. 反应自发性的判定;
3. 非标准状态下反应的摩尔吉布斯函数变的计算;
4. 吉布斯函数变与平衡常数的关系;
5. 平衡移动;
6. 反应速率理论。

第一节 ▶ 系统与环境以及相

一、系统与环境

化学是研究物质变化的科学,物质世界包罗万象,且物质之间是相互联系的。为了研究的方便,把作为研究对象的那一部分物质称为系统(system)。例如,研究烧杯中盐酸和氢氧化钠溶液的反应,烧杯中的盐酸和氢氧化钠溶液以及反应产物就可作为一个系统。人们把系统之外与系统有紧密联系的其他物质称为环境(surroundings)。系统与环境一旦确定,不能随意改变。

系统和环境之间往往伴随着物质或/和能量的交换,按交换的情况不同,可把热力学系统分为三类:敞开系统,系统与环境之间既有物质交换,又有能量交换;封闭系统,系统与环境之间没有物质交换，只有能量交换；孤立系统，系统与环境之间既没有物质交换，也没有能量交换。

例如，把一个盛有一定量热水的容器选作系统，则此系统为敞开系统。因为在容器内外除有热量交换外，还不断发生水的蒸发和气体的溶解。如果在容器上加一个盖子，此系统就成为封闭系统，因为这时容器与环境之间只有热量的交换。如果再把保温瓶作为容器，则此系统就接近于孤立系统了。当然，绝对的孤立系统是不存在的，这是因为既没有绝对不传热的物质，也没有能将光、热、声、电、磁等所有能量形式都完全隔绝在外的材料。

二、相

系统中物理和化学性质完全均匀的部分称为相（phase）。相与相之间有明确的界面（interface），常以此为特征来区分不同的相。对于相这个概念，要分清以下几种情况：

① 一个相不一定是一种物质。例如，气体混合物是由几种物质混合而成的，各成分都是以分子状态均匀分布，没有界面存在。这样的系统只有一个相，称为均/同相系统（homogenous system）。溶液和气体混合物都是均相系统。

② 要注意"相"和"态"的区别。聚集状态相同的物质在一起，并不一定是均相系统。例如，一个油水分层的系统，虽然都是液态，但却含有两个相（油相和水相），油-水界面是很清楚的。又如，由铁粉和石墨粉混合在一起的固态混合物，即使肉眼看起来很均匀，但在显微镜下还是可以观察到相的界面的，这样的系统就有两个相。含有两个相及以上的系统称为非均相系统（heterogeneous system）或复相系统。

③ 同一种物质可因聚集状态不同而形成复相系统。例如，水和水面上的水蒸气就是两个相。如果系统中还有冰存在，就构成了三相系统。

第二节 ▶ 化学反应中的守恒定律及反应热

化学反应中新物质的生成总是伴随着能量的变化。化学反应遵循两个基本规律，即质量守恒定律和能量守恒定律，这对于科学实验和生产实践有重要指导意义。将热力学的基本定律用于研究化学现象及化学过程有关的物理现象就形成了化学热力学。化学热力学的主要任务就是利用热力学第一定律来研究化学变化中的能量转化问题，利用热力学第二定律研究化学变化的方向和限度以及与化学平衡有关的问题。

一、质量守恒定律

1748年，罗蒙诺索夫首先提出了物质的质量守恒定律（law of conservation of matter）："参加反应的全部物质的质量等于反应生成物的质量。"这就是说，在化学变化中，物质的性质发生了改变，但其总质量不会改变。这个定律也可表述为物质不灭定律："在化学反应中，质量既不能创造，也不能毁灭，只能由一种形式转变为另一种形式。"1777年，拉瓦锡从实验上推翻了燃素说，这一定律才获得公认。

以合成氨的反应为例：

$$N_2 + 3H_2 \Longrightarrow 2NH_3$$

此反应方程式表明了反应物与生成物之间的原子数目和质量的平衡关系，称为化学计量方程式（stoichiometric equation）。这是质量守恒定律在化学变化中的具体体现。在化学计量方程式中，各物质的化学式前的系数称为化学计量数（stoichiometric number），用符号 ν_B 表示，它是量纲为 1 的量。根据反应式所描述的变化，将反应物（如 N_2、H_2）的计量数定为负值，而生成物（如 NH_3）的计量数定为正值。若以 B 表示物质（反应物或生成物），则化学计量方程式即可表示为如下通式：

$$0 = \sum_B \nu_B B \tag{1-1}$$

按式(1-1)，合成氨的反应可写为

$$0 = (+2)NH_3 + (-1)N_2 + (-3)H_2$$

即

$$0 = 2NH_3 - N_2 - 3H_2$$

通常的写法是

$$N_2 + 3H_2 =\!=\!= 2NH_3$$

二、能量守恒定律

人们经过长期的生产实践和科学实验证明：在任何过程中，能量既不能创造也不能消失，只能从一种形式转化为另一种形式。在转化过程中，能量的总值不变，这个规律就是能量守恒定律（law of conservation of energy）。而热力学第一定律（the first law of thermodynamics）就是能量守恒定律在热力学过程中的具体表述形式。

1. 状态和状态函数

要研究系统的能量变化，就要确定它的状态，系统的状态是由它的性质确定的。例如，要描述一系统中二氧化碳气体的状态，通常可用给定的压力 p、体积 V、温度 T 和物质的量 n 来表述。这些性质都有确定值时，二氧化碳气体的状态就确定了。所谓系统的状态（state），就是指这个系统性质（如压力、体积、温度、物质的量等）的综合。可见，系统的性质确定，其状态也就确定了。反过来，系统的状态确定，表述其性质的物理量也就有确定的量值。

如果系统中某一个或几个性质发生了变化，系统的状态也就随之发生了变化。当然，如果一个系统前后处于两种状态，则其性质必有所不同。这些用于确定系统状态的性质的物理量，如压力、体积、温度、物质的量等都称为状态函数（state function）。系统的各个状态函数之间是相互制约的，例如对于理想气体来说，如果知道了它的压力、体积、温度、物质的量这四个状态函数中的任意三个，就能用理想气体状态方程（$pV=nRT$）确定第四个状态函数。状态函数有两个主要性质：① 一旦系统的状态确定，状态函数就有确定值；② 当系统的状态发生变化时，状态函数的改变量只取决于系统的始态和终态，而与变化的途径无关。

现以水的状态变化为例，它由始态（298K，0.1MPa）变成终态（308K，0.1MPa），可以有两种不同的途径，如图 1-1 所示，然而，不管是直接加热一步达到终态，还是经过冷却先达到中间态（283K，0.1MPa），然后再加热，经两步达到终态，只要始态和终态一定，则其状态函数（如温度 T）的改变量（ΔT）就是定值，即

图 1-1 水的状态变化

$$\Delta T_1 = T_2 - T_1 = 308\text{K} - 298\text{K} = 10\text{K}$$
$$\Delta T_2 = (T_2 - T') + (T' - T_1) = (308 - 283)\text{K} + (283 - 298)\text{K} = 10\text{K}$$

状态函数具有广度性质或强度性质。广度性质也称容量性质，这类性质的量值与体系中物质的数量成正比，比如体积、质量、热容以及热力学能和焓等，广度性质具有加和性。强度性质取决于体系的自身特性，与体系中物质的数量无关，不具有加和性，比如温度、压力、浓度、密度、黏度等。

掌握状态函数的性质和特点，对于学习化学热力学是很重要的，因为状态函数是研究热力学问题的重要基础，也是进行热力学计算的依据。

2. 热力学能

热力学能（thermodynamic energy）又称内能，是系统内部能量的总和，用符号 U 表示，无绝对数值。系统的热力学能包括系统内部各种物质的分子平动能、分子转动能、分子振动能、电子运动能和核能等（不包括系统整体运动时的动能和系统整体处于外力场中具有的势能）。在一定条件下，系统的热力学能与系统中物质的量成正比，即热力学能具有加和性。

热力学能是一个状态函数，当系统处于一定状态时，热力学能具有一定的数值；当系统状态发生变化时，其热力学能也会发生变化。此时，热力学能的改变量只取决于系统的始态和终态，而与其变化的途径无关。由于系统内部质点的运动及相互作用很复杂，所以无法知道一个系统热力学能的绝对数值，但系统状态变化时，热力学能的改变量（ΔU）可从过程中系统和环境所交换的热和功的数值来确定，在化学变化中，只要知道热力学能的改变量就可以了，无需追究它的绝对数值。

3. 热与功

系统处于一定状态时，具有一定的热力学能。在状态变化过程中，系统与环境之间可能发生能量的交换，使系统和环境的热力学能发生改变。这种能量的交换通常有热和功两种形式。当两个温度不同的物体相互接触时，高温物体温度下降，低温物体温度上升，在两者之间发生了能量的交换，最后达到温度一致。这种由于温度不同而在系统与环境之间传递的能量称为热（heat）。在许多过程中都能看到热吸收或放出，热的水蒸气冷凝时会放出相变潜热，化学反应过程中也常伴有热的交换。热用符号 Q 来表示。一般规定，系统吸收热，Q 为正值；系统放出热，Q 为负值。

功（work）是系统与环境交换能量的另一种形式，把除了热以外的一切交换或传递的能量都称为功。一个物体受到力 F 的作用，沿着 F 的方向移动了 Δl 的距离，该力对物体就做了 $F \cdot \Delta l$ 的功。此外，功的种类还有很多，如电池在电动势的作用下输送了电荷是做了电功，使气体发生膨胀或压缩是做了体积功等。化学反应往往也伴随着做功。在一般条件下进行的化学反应，只做体积功。体积功以外的功称为非体积功（如电功），体积功用 W 表示。非体积功又称为有用功（available work），用 W' 表示。在热力学中，体积功是一个重要的概念。

设有一热源，加热气缸里的气体（图1-2），推动面积为 A 的活塞移动距离 l，气体的体积由 V_1 膨胀到 V_2，反抗恒定的外力 F 做功。恒定外力来自外界大气压力 p，则

$$p = \frac{F}{A} = \frac{Fl}{Al} = \frac{-W}{V_2 - V_1}$$

所以，体积功为

$$W=-p(V_2-V_1)=-p\Delta V \qquad (1-2)$$

上式是计算体积功的基本公式。压力单位为 Pa，体积单位为 m^3，体积功的单位为 $J=Pa\cdot m^3$。

系统对环境做功，W 为负值；环境对系统做功，W 为正值。

系统只有在发生状态变化时，才能与环境发生能量交换，所以热和功不是系统的性质。当系统与环境发生能量交换时，经历的途径不同，热和功的数值也不同，因而热和功都不是系统的状态函数。

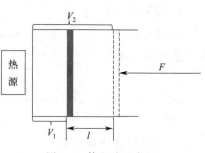

图 1-2 体积功示意图

热和功的单位均为能量单位，按法定计量单位，以 J（焦）或 kJ（千焦）表示。

4. 热力学第一定律

有一封闭系统（图 1-3），它处于状态 Ⅰ 时，具有一定的热力学能 U_1。从环境吸收一定量的热 Q，并对环境做了体积功 W，过渡到状态 Ⅱ，此时具有热力学能 U_2。对于封闭系统，根据能量守恒定律：

$$U_2-U_1=Q+W$$

或

$$\Delta U=Q+W \qquad (1-3)$$

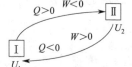

图 1-3 系统热力学能的变化

式中，ΔU 为热力学能的改变量。上式是热力学第一定律的数学表达式。下面举例说明其应用。

【例题 1-1】能量状态 U_1 的系统，吸收 1500J 的热，又对环境做了 500J 的功。求系统的能量变化和终态能量 U_2。

解：由题意知，$Q=1500J$，$W=-500J$

所以　　　　　$\Delta U=Q+W=1500J-500J=1000J$

又因　　　　　$U_2-U_1=\Delta U$

所以　　　　　$U_2=U_1+\Delta U=U_1+1000J$

答：系统的能量变化为 1000J；终态能量为 $U_1+1000J$。

【例题 1-2】与例题 1-1 相同的系统，开始能量状态为 U_1，系统放出 1000J 的热，环境对系统做了 2000J 的功。求系统的能量变化和终态能量 U_2。

解：由题意知，$Q=-1000J$，$W=+2000J$

所以　　　　　$\Delta U=Q+W=-1000J+2000J=1000J$

$$U_2=U_1+\Delta U=U_1+1000J$$

答：系统的能量变化为 1000J；终态能量为 $U_1+1000J$。

从上述两个例题可清楚地看到，系统的始态（U_1）和终态（$U_2=U_1+1000J$）确定时，虽然变化途径不同（Q 和 W 不同），热力学的改变量 $\Delta U=1000J$ 却是相同的。

三、化学反应的反应热

化学反应中系统与环境进行能量交换的主要形式是热。通常把只做体积功，且始态和终态具有相同温度时，系统吸收或放出的热量称为反应热（heat of reaction）或反应热效应。按反应条件的不同，反应热又可分为：定容反应热和定压反应热。

1. 定容反应热

在密闭容器中进行的反应，体积保持不变，就是定容（恒容）过程。这一过程 $\Delta V=0$，由于系统只做体积功，所以 $W=0$。根据热力学第一定律：

$$\Delta U = Q + W = Q_V \tag{1-4}$$

式中，Q_V 表示定容（constant volume）反应热，右下角字母 V 表示定容过程。式(1-4)的意义是：在定容条件下进行的化学反应，其反应热等于该系统热力学能的改变量。

2. 定压反应热与焓变

大多数化学反应是在定压（恒压）条件下进行的。例如，在敞口容器中进行的液体反应或保持恒定压力下的气体反应（外压不变，系统压力与外压相等），都属于定压过程。要保持恒定压力，许多化学反应会因发生体积变化（从 V_1 变到 V_2）而做功。若系统只做体积功（$W=-p\Delta V$），则第一定律可写成：

$$\Delta U = Q + W = Q_p - p\Delta V$$

即

$$Q_p = \Delta U + p\Delta V \tag{1-5}$$

式中，Q_p 表示定压（constant pressure）反应热，右下角字母 p 表示定压过程。

在定压过程中，$p_1=p_2=p$，因此，可将式(1-5)改写为

$$Q_p = (U_2-U_1) + p(V_2-V_1)$$

即

$$Q_p = (U_2+p_2V_2) - (U_1+p_1V_1) \tag{1-6}$$

式中，U、p、V 都是系统的状态函数，复合函数 ($U+pV$) 当然还是系统的状态函数。这一新的状态函数，热力学定义为焓（enthalpy），以符号 H 表示，即

$$H = U + pV \tag{1-7}$$

当系统的状态改变时，根据焓的定义[式(1-7)]，式(1-6)就可写为

$$Q_p = H_2 - H_1 = \Delta H \tag{1-8}$$

式中，ΔH 是焓的改变量，称为焓变（enthalpy change）。式(1-8)表明，定压过程的反应热（Q_p）等于状态函数焓的改变量，即焓变（ΔH）。ΔH 是负值，表示定压下反应系统向环境放热，是放热反应；ΔH 是正值，表示系统从环境吸热，是吸热反应。

由焓的定义[式(1-7)]可知，焓具有能量单位。又因热力学能（U）和体积（V）都具有加和性，所以焓也具有加和性。由于热力学能的绝对值无法确定，所以焓的绝对值也无法确定。实际上，一般情况下可以不需要知道焓的绝对值，只需要知道状态变化时的焓变 ΔH 即可。

四、化学反应热的计算

1. 盖斯定律

1840 年，盖斯从大量反应热的实验过程中，分析总结出一个重要定律：化学反应的反应热（在定压或定容下）只与物质的始态和终态有关，而与变化的途径无关。

从热力学角度看，盖斯定律是能量守恒定律的一种具体表现形式，也就是说，该定律是状态函数性质的体现，因为焓（或热力学能）是状态函数，只要反应的始态（反应物）和终态（生成物）一定，则 ΔH（ΔU）便是定值，至于通过什么途径来完成这一反应，则是无关紧要的。

例如，碳完全燃烧生成 CO_2 有两种途径，如图 1-4 所示。

根据盖斯定律：
$$\Delta_r H_{m,1} = \Delta_r H_{m,2} + \Delta_r H_{m,3}$$

式中，下角 r 表示化学反应过程；m 表示 1mol 反应。

盖斯定律有着广泛的应用。应用这个定律可以计算反应的反应热，尤其是一些不能或难以用实验方法直接测定的反应热。例如，在煤气生产

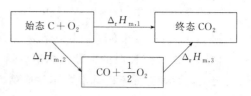

图 1-4 生成 CO_2 的两种途径

中，反应 $C(s) + \frac{1}{2}O_2(g) \longrightarrow CO(g)$ 是很重要的，工厂设计时需要该反应的反应热数据，而实验却难以确定，因为单质碳与氧不能直接生成纯的一氧化碳，但是下面两个反应的反应热是容易测定的，在 100.00kPa 和 298K 下，它们的反应热为

$$C(s) + O_2(g) \longrightarrow CO_2(g) \quad \Delta_r H_{m,1} = -393.5 \text{kJ} \cdot \text{mol}^{-1}$$

$$CO(s) + \frac{1}{2}O_2(g) \longrightarrow CO_2(g) \quad \Delta_r H_{m,3} = -283.0 \text{kJ} \cdot \text{mol}^{-1}$$

那么 $C(s) + \frac{1}{2}O_2(g) \longrightarrow CO(g)$ 的 $\Delta_r H_{m,2}$ 为多少呢？

根据盖斯定律 $\quad \Delta_r H_{m,2} = \Delta_r H_{m,1} - \Delta_r H_{m,3}$

因此 $\quad \Delta_r H_{m,2} = [(-393.5) - (-283.0)] \text{kJ} \cdot \text{mol}^{-1} = -110.5 \text{kJ} \cdot \text{mol}^{-1}$

应用盖斯定理，通过已知的反应热计算另一反应的反应热是很方便的，人们从多种反应中找出某些类型的反应作为基本反应，知道了一些基本反应的反应热数据，应用盖斯定律就可以计算其他反应的反应热。常用的基本反应热数据是标准摩尔生成焓。

2. 标准摩尔生成焓

由单质生成某化合物的反应称为该化合物的生成反应。例如，CO_2 的生成反应为

$$C(s) + O_2(g) \longrightarrow CO_2(g)$$

化学反应的焓变与始、终态物质的温度、压力及聚集状态有关，因此，热力学上规定物质的标准态（standard state）：气体物质的标准态是在标准压力 $p^{\ominus} = 100.000$ kPa 下的（假想的）纯理想气体状态；溶液中溶质 B 的标准态是在压力 $p^{\ominus}$ 下标准质量摩尔浓度 $b^{\ominus} = 1.0$ mol·kg^{-1}，表现为无限稀溶液特性时溶质 B 的（假想）状态；液体或固体的标准态是在标准压力 $p^{\ominus}$ 时的纯液体或纯固体状态。若固体物质在标准压力和指定温度下有几种不同的晶型，给出热力学数据时必须指明。此处上标"$\ominus$"表示标准态。

某一温度下，反应中各物质处于标准态时的反应焓变称为该反应的标准摩尔焓变（change in standard molar enthalpy），以符号 $\Delta_r H_m^{\ominus}(T)$ 表示。T 表示反应时的温度（为了简化书写，如不标明，T 就是指 298.15K。一般情况下本书不再标出"298.15K"）。指定温度 T 时，由参考态元素生成 1mol 物质 B 时的标准摩尔焓变称为物质 B 的标准摩尔生成焓（standard molar enthalpy of formation），以符号 $\Delta_f H_{m,B}^{\ominus}(T)$ 表示。下标 f 表示生成反应；参考态元素（elements in refered state）一般是指在所讨论的 T、p 下最稳定状态的单质（也有例外，如金刚石就不是碳的参考态元素）；B 是指基本单元。反应的标准摩尔焓变和物质的标准摩尔生成焓的单位都是 kJ·mol^{-1}。例如 298.15K 时，下列反应的标准摩尔焓变为

$$H_2(g) + \frac{1}{2}O_2(g) \longrightarrow H_2O(l) \qquad \Delta_r H_m^{\ominus}(298.15K) = -285.8 kJ \cdot mol^{-1}$$

则 $H_2O(l)$ 的标准摩尔生成焓为 $\Delta_f H_m^{\ominus}(H_2O, l) = -285.8 kJ \cdot mol^{-1}$。

物质在 298.15K 时的标准摩尔生成焓可以从相关化学手册中查到。根据标准摩尔生成焓的定义，参考态元素的标准摩尔生成焓为零。一种元素可有结构性质不同的单质，比如石墨较金刚石有较高的反应活性，有利于生成一系列化合物，可以直接测定得到这些化合物的生成焓；另外，石墨价格便宜，也比较稳定。又如，红磷的结构至今仍不是太清楚，其发现也较晚，而白磷结构清楚，容易得到。

3. 反应的标准摩尔焓变的计算

根据盖斯定律和标准摩尔生成焓的定义，可以导出反应的标准摩尔焓变的一般计算规则。例如，求反应 $CH_4(g) + 2O_2(g) \longrightarrow CO_2(g) + 2H_2O(l)$ 的标准摩尔焓变 $\Delta_r H_m^{\ominus}$(298.15K)。可以设想，此反应分为三步进行：

$$C(s) + O_2(g) \longrightarrow CO_2(g) \qquad \Delta_r H_{m,1}^{\ominus} = \Delta_f H_m^{\ominus}(CO_2, g)$$
$$2H_2(g) + O_2(g) \longrightarrow 2H_2O(l) \qquad \Delta_r H_{m,2}^{\ominus} = 2\Delta_f H_m^{\ominus}(H_2O, l)$$
$$CH_4(g) \longrightarrow C(s) + 2H_2(g) \qquad \Delta_r H_{m,3}^{\ominus} = -\Delta_f H_m^{\ominus}(CH_4, g)$$

此三个反应的标准摩尔焓变的总和就是总反应的标准摩尔焓变，即

$$\Delta_r H_m^{\ominus} = \Delta_r H_{m,1}^{\ominus} + \Delta_r H_{m,2}^{\ominus} + \Delta_r H_{m,3}^{\ominus}$$
$$= [\Delta_f H_m^{\ominus}(C_2O, g) + 2\Delta_f H_m^{\ominus}(H_2O, l)] - [\Delta_f H_m^{\ominus}(CH_4, g) + 0]$$

式中，前面中括弧内是生成物标准摩尔生成焓的总和，后面中括弧内是反应物标准摩尔生成焓的总和。

将各物质的标准摩尔生成焓的数值（其中反应物单质 O_2 的标准摩尔生成焓是零）代入上式，得

$$\Delta_r H_m^{\ominus} = [(-393.5) + 2 \times (-285.8)] kJ \cdot mol^{-1} - (-74.8 + 0) kJ \cdot mol^{-1}$$
$$= -890.3 kJ \cdot mol^{-1}$$

对于任一化学反应

$$aA + bB \longrightarrow gG + dD$$

在 298.15K 时反应的标准摩尔焓变 $\Delta_r H_m^{\ominus}$ 可按下式求得

$$\Delta_r H_m^{\ominus} = \sum_B \nu_B \Delta_f H_{m,B}^{\ominus}$$

即 $\qquad \Delta_r H_m^{\ominus} = [g\Delta_f H_m^{\ominus}(G) + d\Delta_f H_m^{\ominus}(D)] - [a\Delta_f H_m^{\ominus}(A) + b\Delta_f H_m^{\ominus}(B)] \qquad (1-9)$

式中，ν_B 为反应中物质 B 的化学计量数。式(1-9) 表示：反应的标准摩尔焓变等于生成物标准摩尔生成焓的总和减去反应物标准摩尔生成焓的总和。

应该指出，反应的焓变随温度的变化较小，因为反应物与生成物的焓都随温度升高而增大，结果基本相互抵消，在温度变化不大时，反应的焓变可以看成是不随温度变化的值，即

$$\Delta_r H_m^{\ominus}(T) \approx \Delta_r H_m^{\ominus}(298.15K)$$

【**例题 1-3**】计算 1mol 乙炔完全燃烧反应的标准摩尔焓变 $\Delta_r H_m^{\ominus}$。

解：先写出乙炔完全燃烧反应的化学计量方程式，并在各物质下面标出从表中查出的标准摩尔生成焓。

化学反应　　　　　　$C_2H_2(g) + \frac{5}{2}O_2(g) \longrightarrow 2CO_2(g) + H_2O(l)$

$\Delta_f H_{m,B}^{\ominus}/kJ \cdot mol^{-1}$　　52.4　　　　0　　　　　　-393.5　　-285.8

按式(1-9)　　$\Delta_r H_m^{\ominus} = \sum_B \nu_B \Delta_f H_{m,B}^{\ominus}$

$\qquad\qquad\qquad = [2 \times (-393.5) + (-285.8)] kJ \cdot mol^{-1} - 52.4 kJ \cdot mol^{-1}$

$\qquad\qquad\qquad = -1125.2 kJ \cdot mol^{-1}$

答：1mol 乙炔完全燃烧时的标准摩尔焓变 $\Delta_r H_m^{\ominus}$ 为 $-1125.2 kJ \cdot mol^{-1}$。

4. 燃烧焓的计算

燃料的燃烧即燃料与氧的化合反应，其过程中放出大量的热。标准状态下，指定温度 T 时，1mol 物质 B 完全燃烧反应的摩尔焓变称为物质 B 的标准摩尔燃烧焓（热）（standard molar enthalpy of combustion），符号 $\Delta_c H_{m,B}^{\ominus}(T)$，单位 $kJ \cdot mol^{-1}$。这里所说的"完全燃烧"是指可燃物分子中的各种元素都变成了最稳定的氧化物或单质。例如碳变为 CO_2(g)，氢变为 H_2O(l)，硫变为 SO_2(g)，磷变为 P_2O_5(g)，氮则变为 NO_2(g) 等。由于这些产物规定为最终产物，所以它们的标准摩尔燃烧焓规定为零。例如：

$C(s) + O_2(g) \longrightarrow CO_2(g)$　　　$\Delta_c H_m^{\ominus}(CO_2)(298.15K) = -393.5 kJ \cdot mol^{-1}$

$H_2(g) + \frac{1}{2}O_2(g) \longrightarrow H_2O(l)$　　$\Delta_c H_m^{\ominus}(H_2O)(298.15K) = -285.8 kJ \cdot mol^{-1}$

$S(s) + O_2(g) \longrightarrow SO_2(g)$　　　$\Delta_c H_m^{\ominus}(SO_2)(298.15K) = -296.8 kJ \cdot mol^{-1}$

一些有机化合物的标准摩尔燃烧焓列于表 1-1 中。

表 1-1　一些有机化合物的标准摩尔燃烧焓（25℃）

化合物	$\Delta_c H_{m,B}^{\ominus}/kJ \cdot mol^{-1}$	化合物	$\Delta_c H_{m,B}^{\ominus}/kJ \cdot mol^{-1}$
CH_4(g) 甲烷	-890.31	HCHO(g) 甲醛	-570.78
C_2H_2(g) 乙炔	-1301.1	CH_3COCH_3(l) 丙酮	-1790.42
C_2H_4(g) 乙烯	-1410.97	$C_2H_5OC_2H_5$(l) 乙醚	-2730.9
C_2H_6(g) 乙烷	-1559.84	HCOOH(l) 甲酸	-254.64
C_3H_8(g) 丙烷	-2219.07	CH_3COOH(l) 乙酸	-874.54
n-C_4H_{10}(g) 正丁烷	-2878.34	C_6H_5COOH(晶) 苯甲酸	-3226.7
i-C_4H_{10}(g) 异丁烷	-2871.5	$C_7H_6O_3$(s) 水杨酸	-3022.5
C_6H_6(l) 苯	-3267.54	$CHCl_3$(l) 氯仿	-373.2
C_6H_{12}(l) 环己烷	-3819.86	CH_3Cl(g) 一氯甲烷	-689.1
C_7H_8(l) 甲苯	-3925.4	CS_2(l) 二硫化碳	-1076
$C_{10}H_8$(s) 萘	-5153.9	$CO(NH_2)_2$(s) 尿素	-634.3
CH_3OH(l) 甲醇	-726.64	$C_6H_5NO_2$(l) 硝基苯	-3091.2
C_2H_5OH(l) 乙醇	-1366.91	$C_6H_5NH_2$(l) 苯胺	-3396.2
C_6H_5OH(s) 苯酚	-3053.48		

$\Delta_c H_{m,B}^{\ominus}$ 是热化学中的重要数据，可以由 $\Delta_c H_{m,B}^{\ominus}(T)$ 计算化学反应的标准摩尔焓变：

$$\Delta_r H_m^{\ominus}(T) = -\sum_B \nu_B \Delta_c H_{m,B}^{\ominus}(T) \tag{1-10}$$

对于反应焓，参考态元素的 $\Delta_f H_{m,B}^{\ominus}$ 规定为零；对于燃烧焓，最终产物的 $\Delta_c H_{m,B}^{\ominus}$ 规定为零；化合物在生成反应和燃烧反应中所处的地位恰好相反。所以式(1-10) 中两类焓变相差一个负号。

若 $0=\sum_B \nu_B B$ 为某一物质 B 的燃烧反应，则此反应的焓变等于物质 B 燃烧焓的 ν_B 倍，即

$$\Delta_r H_m^\ominus(T) = \sum_B \nu_B \Delta_f H_{m,B}^\ominus(T) = -\sum_B \nu_B \Delta_c H_{m,B}^\ominus \tag{1-11}$$

按此式也可由 $\Delta_c H_{m,B}^\ominus$ 推算出可燃物的 $\Delta_f H_{m,B}^\ominus$。

【例题 1-4】 已知 $\Delta_c H_m^\ominus[(COOH)_2,l] = -246.05 \text{kJ} \cdot \text{mol}^{-1}$，$\Delta_c H_m^\ominus[(CH_3OH),l] = -726.64 \text{kJ} \cdot \text{mol}^{-1}$，$\Delta_c H_m^\ominus[(COOCH_3)_2,l] = -1677.78 \text{kJ} \cdot \text{mol}^{-1}$。求下述反应的 $\Delta_r H_m^\ominus$。

$$(COOH)_2(l) + 2CH_3OH(l) \longrightarrow (COOCH_3)_2(l) + 2H_2O(l)$$

解： 按式(1-10)可建立下述关系

$$\Delta_r H_m^\ominus = -\sum_B \nu_B \Delta_c H_{m,B}^\ominus$$
$$= \{\Delta_c H_m^\ominus[(COOH)_2,l] + 2\Delta_c H_m^\ominus(CH_3OH),l]\} - \Delta_c H_m^\ominus[(COOCH_3)_2,l]$$

代入数据 $\Delta_r H_m^\ominus = [-246.05 + 2 \times (-726.64)] - (-1677.78) \text{kJ} \cdot \text{mol}^{-1}$
$= -21.55 \text{kJ} \cdot \text{mol}^{-1}$

答： 上述反应的标准摩尔焓变为 $-21.55 \text{kJ} \cdot \text{mol}^{-1}$。

【例题 1-5】 已知 $\Delta_c H_m^\ominus(C_6H_6,l) = -3267.54 \text{kJ} \cdot \text{mol}^{-1}$，试求算 $\Delta_f H_m^\ominus(C_6H_6,l)$。

解： 苯的燃烧反应 $\quad 2C_6H_6(l) + 15O_2(g) \longrightarrow 6H_2O(l) + 12CO_2(g)$

$\Delta_f H_m^\ominus / \text{kJ} \cdot \text{mol}^{-1} \qquad\qquad\qquad\qquad 0 \qquad -285.8 \quad -393.5$

将数据代入式(1-11)：$\Delta_r H_m^\ominus = \sum_B \nu_B \Delta_f H_{m,B}^\ominus = -\nu[(C_6H_6),l] \Delta_c H_m^\ominus[(C_6H_6),l]$

$2 \times (-3267.54) \text{kJ} \cdot \text{mol}^{-1} = 6 \times (-285.8) \text{kJ} \cdot \text{mol}^{-1} + 12 \times (-393.5) \text{kJ} \cdot \text{mol}^{-1}$
$\qquad\qquad -15 \times 0 \text{kJ} \cdot \text{mol}^{-1} - 2\Delta_f H_m[(C_6H_6),l]$

计算得 $\quad \Delta_f H_m^\ominus[(C_6H_6),l] = 49.14 \text{kJ} \cdot \text{mol}^{-1}$

答： 苯的标准摩尔生成焓为 $49.14 \text{kJ} \cdot \text{mol}^{-1}$。

第三节 ▶ 化学反应进行的方向

前两节讨论了化学反应过程中的能量转换问题，一切化学变化中的能量转换，都遵循热力学第一定律。但是，不违背第一定律的化学变化，却未必都能自发进行。那么，在给定条件下，什么样的化学反应才能进行？这是第一定律不能回答的，需要用热力学第二定律来解决。

一、反应的自发性

1. 自发过程

所谓自发过程（spontaneous process）就是在一定条件下不需任何外力作用就能自动进行的过程。反应自发进行的方向就是指在一定条件下（定温、定压）不需要借助外力做功而能自动进行的反应方向。以物理过程为例：热的传导总是从高温物体自发地传向低温物体；水总是从高处自发地流向低处；气体也总是从高压处自发地向低压处扩散。它们在没有外力作用的条件下，都不能自发地反向进行。

化学反应在给定条件下能否自发进行、进行到什么程度是科研和生产实践中一个十分重

要的问题。例如，对于下面的反应：

$$CO(g)+NO(g)\longrightarrow CO_2(g)+\frac{1}{2}N_2(g)$$

如果能确定此反应在给定条件下可以自发地向右进行，而且进行程度较大，那么，就可以集中力量去研究和开发对此反应有利的催化剂或其他手段以促使该过程的实现。因为利用此反应可以消除汽车尾气中的 CO 和 NO 这两种污染物质。如果从理论上能证明，该反应在任何温度和压力下都不能实现，显然就没有必要去研究如何让此反应实现了，可以转而寻求其他净化汽车尾气的办法。

根据什么来判断化学反应的自发性呢？人们研究了大量物理、化学过程，发现所有自发过程都遵循以下规律：①从过程的能量变化来看，物质系统倾向于取得最低能量状态；②从系统中质点分布和运动状态来分析，物质系统倾向于取得最大混乱度；③凡是自发过程通过一定的装置都可以做有用功，如水力发电就是利用水位差驱动发电机做电功的；④自发从非平衡态向平衡态的方向变化，而逆过程不能自发进行，所以一切自发过程都是不可逆的；⑤任何自发过程进行到平衡状态时宏观上就不再继续进行，此时其做功的能力也降为零。

物质系统倾向于取得最低能量状态，对于化学反应就意味着放热反应（$\Delta H<0$）才能自发进行，这和水自动地从高处往低处流动的情况相似。因此，用 $\Delta H<0$ 作为化学反应自发性的判据似乎是有道理的。但是有些过程，如冰的融化、KNO_3 溶解于水，都是吸热过程；又如，N_2O_5 的分解也是一个强烈的吸热反应。这些过程都能自发进行。这些情况不能仅用反应的焓变来说明。这是因为化学反应的自发性除了取决于焓变这一重要因素外，还取决于另一因素——熵变。

再如，$CaCO_3$ 分解生成 CO_2 和 CaO 的反应：

$$CaCO_3(s)\longrightarrow CaO(s)+CO_2(g) \qquad \Delta_r H_m^{\ominus}=179.4\text{kJ}\cdot\text{mol}^{-1}$$

在 298.15K 和 100.000kPa 压力下是非自发的，当温度升高到 1114K 时，反应就变成自发的了。显然，化学反应的自发性还与反应的温度有关。

2. 混乱度——熵

什么是混乱度？混乱度是有序度的反义词，即组成物质的质点在一个指定空间区域内排列和运动的无序程度。有序度高（无序度小），其混乱度小；有序度差（无序度大），其混乱度大。在热力学中，系统的混乱度是用状态函数"熵"来度量的。熵（entropy）是表征系统内部质点混乱度或无序度的物理量，用符号 S 表示。熵值小的状态对应于混乱度小或较有序的状态，熵值大的状态对应于混乱度大或较无序的状态。熵与热力学能、焓一样是系统的一种性质，是状态函数。状态一定，熵值一定；状态变化，熵值也发生变化。同样，熵也具有加和性，熵值与系统中物质的量成正比。

根据热力学第三定律：在 0K 时，任何纯物质完美晶体的熵均为零。如果知道某物质从 0K 到指定温度下的热力学数据，如热容、相变热等，便可求出此温度下的熵值，称为该物质的规定熵（stipulated entropy）。物质 B 的单位物质的量的规定熵称为摩尔熵（molar entropy）。标准状态下的摩尔熵称为标准摩尔熵（standard molar entropy），以符号 $S_{m,B}^{\ominus}(T)$ 表示，其单位为 $\text{J}\cdot\text{K}^{-1}\cdot\text{mol}^{-1}$。298.15K 时的标准摩尔熵的数据可从相关化学手册中查到。注意：在 298.15K 时，参考态元素的标准摩尔熵不等于零。

应用标准摩尔熵 $S_{m,B}^{\ominus}$ 的数据可以计算化学反应的标准摩尔熵变 $\Delta_r S_m^{\ominus}$。由于熵也是状态函数，所以标准摩尔熵变的计算与标准摩尔焓变的计算类似：反应的标准摩尔熵变等于生成物标准摩尔熵的总和减去反应物标准摩尔熵的总和。对于反应

$$aA + bB \longrightarrow gG + dD$$

在 298.15K 时，反应的标准摩尔熵变 $\Delta_r S_m^\ominus$ 可按下式求得：

$$\Delta_r S_m^\ominus = \sum_B \nu_B S_{m,B}^\ominus \tag{1-12}$$

$$\Delta_r S_m^\ominus = [gS_m^\ominus(G) + dS_m^\ominus(D)] - [aS_m^\ominus(A) + bS_m^\ominus(B)]$$

【例题 1-6】 计算反应 $H_2O(l) \longrightarrow H_2(g) + \frac{1}{2}O_2(g)$ 的标准摩尔熵变 $\Delta_r S_m^\ominus$。

解：化学反应 $\qquad H_2O(l) \longrightarrow H_2(g) + \frac{1}{2}O_2(g)$

$$\begin{aligned}
\Delta_r S_m^\ominus &= [S_m^\ominus(H_2, g) + \frac{1}{2} S_m^\ominus(O_2, g)] - S_m^\ominus(H_2O, l) \\
&= \left[\left(130.7 + \frac{1}{2} \times 205.2\right) - 70.0\right] J \cdot K^{-1} \cdot mol^{-1} \\
&= 163.3 J \cdot K^{-1} \cdot mol^{-1}
\end{aligned}$$

答：反应的标准摩尔熵变 $\Delta_r S_m^\ominus$ 为 $163.3 J \cdot K^{-1} \cdot mol^{-1}$。

一般情况下，温度升高，熵值增加得不多。对于一个反应，温度升高时，生成物与反应物的熵值同时相应地增加，所以标准摩尔熵变 $\Delta_r S_m^\ominus(T)$ 随温度变化较小，在近似计算中可以忽略，即

$$\Delta_r S_m^\ominus(T) \approx \Delta_r S_m^\ominus(298.15K)$$

热力学第二定律有多种不同的表述，开尔文 1852 年提出"不可能从单一热源取出热使之完全变为功，而不发生其他任何变化"，克劳修斯 1854 年提出"不可能把热从低温物体转到高温物体，而不引起其他变化"。熵变与反应方向的关系如下：在孤立系统中，自发过程向着熵值增大的方向进行，即 $\Delta S(\text{孤}) > 0$ 是反应进行的方向，这是热力学第二定律的一种说法，也称熵增原理。但是，大多数化学反应系统并非孤立系统，用系统的熵值增大作为反应自发性的判据并不具有普遍意义。对于定温、定压，系统与环境有能量交换的情况，判断反应自发性的判据是吉布斯函数变。

二、化学反应进行方向的判据

1. 吉布斯函数变与反应方向

前面讲到，水总是自发地从高处向低处流。水的流动可以用来发电，这就做了电功，电功是非体积功，又称有用功。又如，化学反应：

$$Zn(s) + CuSO_4(aq) \longrightarrow Cu(s) + ZnSO_4(aq)$$

是自发进行的，当把 Zn 粒放入 $CuSO_4$ 溶液中，会有热放出，如果把此反应设计成一个原电池，它也能做有用功（电功）。从这两个例子可以看出，一个自发过程的进行，应有推动力，无需环境施加外功。如果给以适当的条件，系统还可以对外做功，即自发过程具有对外做功的能力。1876 年，吉布斯据此提出判断反应自发性的标准是它做有用功的能力。他证明：在定温、定压下，如果某一反应在理论或实际上可被用来做有用功，则该反应是自发的；如果必须接受外界的功才能使某一反应进行，则该反应就是非自发的。

在定温、定压下，自发反应做有用功的能力可用系统的另一个状态函数来体现，这个状

态函数称为吉布斯函数（Gibbs function），用符号 G 表示，它定义为

$$G = H - TS \tag{1-13}$$

从定义式可以看出，吉布斯函数是系统的一种性质，由于 H、T、S 都是状态函数，所以吉布斯函数也是系统的状态函数。

在定温、定压下，当系统发生状态变化时，其吉布斯函数的变化为

$$\Delta G = \Delta H - T\Delta S \tag{1-14}$$

从热力学可以导出，系统吉布斯函数的减少等于它在定温、定压下对外可能做的最大有用功，即

$$\Delta G = W'_{max} \tag{1-15}$$

从式(1-14)中可以看出，在定温、定压下，化学反应的吉布斯函数变 ΔG 是由 ΔH 和 ΔS 两项决定的。这说明要正确判断化学反应自发进行的方向，必须综合考虑系统的焓变和熵变两个因素。反应系统的吉布斯函数变与反应自发性之间的关系如下：在定温、定压、只做体积功的条件下，$\Delta G < 0$ 为自发过程，$\Delta G = 0$ 为平衡状态，$\Delta G > 0$ 为非自发过程。此关系式就可作为定温、定压、只做体积功条件下判断化学反应自发性的一个统一的标准。因此，热力学第二定律的另一种表述为：在定温、定压、只做体积功条件下，自发的化学反应总是向着体系吉布斯自由能降低的方向进行。

下面讨论 $\Delta G = \Delta H - T\Delta S$ 关系式作为反应自发性判据的应用。如果反应是放热的（$\Delta H < 0$），且熵值增大（$\Delta S > 0$），表现为吉布斯函数的减小（$\Delta G < 0$），此过程在任何温度下都会自发进行；如果反应是吸热的（$\Delta H > 0$），且熵值减小（$\Delta S < 0$），表现为吉布斯函数的增大（$\Delta G > 0$），此反应在任何温度下都不能自发进行（但逆向可自发进行）。现将 ΔH 和 ΔS 的正、负值以及温度 T 对 ΔG 的影响情况归纳于表 1-2 中。

表 1-2　定压下 ΔH、ΔS 和 T 对反应自发性的影响

类型	ΔH	ΔS	$\Delta G = \Delta H - T\Delta S$	反应情况	举例
①	−	+	−	在任何温度下都是自发的	$2O_3(g) \longrightarrow 3O_2(g)$
②	+	−	+	在任何温度下都是非自发的	$CO(g) \longrightarrow C(s) + \frac{1}{2}O_2(g)$
③	−	−	低温为−,高温为+	在低温下是自发的,在高温下是非自发的	$HCl(g) + NH_3(g) \longrightarrow NH_4Cl(s)$
④	+	+	低温为+,高温为−	在低温下是非自发的,在高温下是自发的	$CaCO_3(s) \longrightarrow CaO(s) + CO_2(g)$

2. 吉布斯函数变的计算

为了计算反应的吉布斯函数变，特定义在某一温度下，各物质处于标准态时化学反应的摩尔吉布斯函数的变化，称为标准摩尔吉布斯函数变（standard molar changes in G），以符号 $\Delta_r G_m^{\ominus}(T)$ 表示。这里介绍两种计算 $\Delta_r G_m^{\ominus}(T)$ 的方法。

（1）用标准摩尔生成吉布斯函数计算

在指定温度 T 时，由参考态元素生成物质 B 的标准摩尔吉布斯函数变称为物质 B 的标准摩尔生成吉布斯函数（standard molar Gibbs function of formation），以符号 $\Delta_f G_{m,B}^{\ominus}(T)$ 表示，单位为 $kJ \cdot mol^{-1}$。物质在 298.15K 时的标准摩尔生成吉布斯函数值可从相关的化学手册中查到。显然，标准态下，参考态元素的标准摩尔生成吉布斯函数值为零。

根据吉布斯函数是状态函数且具有加和性的特点，与前面介绍过的标准摩尔焓变的计算类似，反应的标准摩尔吉布斯函数变等于生成物标准摩尔生成吉布斯函数的总和减去反应物

标准摩尔生成吉布斯函数的总和。例如反应：
$$aA + bB \longrightarrow gG + dD$$
其标准摩尔吉布斯函数变可由下式求得：
$$\Delta_r G_m^\ominus = \sum_B \nu_B \Delta_f G_{m,B}^\ominus$$

即 $\Delta_r G_m^\ominus = [g\Delta_f G_m^\ominus(G) + d\Delta_f G_m^\ominus(D)] - [a\Delta_f G_m^\ominus(A) + b\Delta_f G_m^\ominus(B)]$ (1-16)

【例题 1-7】计算反应 $H_2(g) + Cl_2(g) \longrightarrow 2HCl(g)$ 的标准摩尔吉布斯函数变 $\Delta_r G_m^\ominus$。

解：化学反应 $\qquad H_2(g) + Cl_2(g) \longrightarrow 2HCl(g)$

$\Delta_f G_m^\ominus / kJ \cdot mol^{-1} \qquad\quad 0 \qquad\quad 0 \qquad\quad -95.3$

按式(1-16) $\Delta_r G_m^\ominus = 2\Delta_f G_m^\ominus(HCl, g) - [\Delta_f G_m^\ominus(H_2, g) + \Delta_f G_m^\ominus(Cl_2, g)]$
$\qquad\qquad\qquad = [2 \times (-95.3) - 0] kJ \cdot mol^{-1}$
$\qquad\qquad\qquad = -190.6 kJ \cdot mol^{-1}$

答：反应的标准摩尔吉布斯函数变 $\Delta_r G_m^\ominus$ 为 $-190.6 kJ \cdot mol^{-1}$。

(2) 用 $\Delta_r G_m^\ominus = \Delta_r H_m^\ominus - T\Delta_r S_m^\ominus$ 计算

【例题 1-8】应用 $\Delta_r G_m^\ominus = \Delta_r H_m^\ominus - T\Delta_r S_m^\ominus$ 关系式计算例题 1-7 中反应的标准摩尔吉布斯函数变 $\Delta_r G_m^\ominus$。

解：化学反应 $\qquad H_2(g) + Cl_2(g) \longrightarrow 2HCl(g)$

$\Delta_f H_{m,B}^\ominus / kJ \cdot mol^{-1} \qquad\quad 0 \qquad\quad 0 \qquad\quad -92.3$

$S_{m,B}^\ominus / J \cdot K^{-1} \cdot mol^{-1} \quad\quad 130.7 \quad\quad 223.1 \quad\quad 186.9$

$\Delta_r H_m^\ominus = 2 \times \Delta_f H_m^\ominus(HCl, g)$
$\qquad\quad = 2 \times (-92.3) kJ \cdot mol^{-1} = -184.6 kJ \cdot mol^{-1}$

$\Delta_r S_m^\ominus = 2 \times S_m^\ominus(HCl, g) - [S_m^\ominus(H_2, g) + S_m^\ominus(Cl_2, g)]$
$\qquad\quad = 2 \times 186.9 J \cdot K^{-1} \cdot mol^{-1} - (130.7 + 223.1) J \cdot K^{-1} \cdot mol^{-1}$
$\qquad\quad = 20.0 J \cdot K^{-1} \cdot mol^{-1} = 0.02 kJ \cdot K^{-1} \cdot mol^{-1}$

$\Delta_r G_m^\ominus = \Delta_r H_m^\ominus - T\Delta_r S_m^\ominus$
$\qquad\quad = -184.6 kJ \cdot mol^{-1} - (298.15K \times 0.02 kJ \cdot K^{-1} \cdot mol^{-1})$
$\qquad\quad = -190.6 kJ \cdot mol^{-1}$

答：反应的标准摩尔吉布斯函数变 $\Delta_r G_m^\ominus = -190.6 kJ \cdot mol^{-1}$。

(3) 非标准态时摩尔吉布斯函数变的计算

其他温度下反应的 $\Delta_r G_m^\ominus(T)$ 如何求得？由于反应的 $\Delta_r G_m^\ominus(T)$ 会随温度的变化而变化（为什么？），因此不能用式(1-16)来计算。前面曾讲到，$\Delta_r H_m^\ominus(T)$、$\Delta_r S_m^\ominus(T)$ 可近似地以 $\Delta_r H_m^\ominus(298.15K)$、$\Delta_r S_m^\ominus(298.15K)$ 代替，因此

$$\Delta_r G_m^\ominus(T) \approx \Delta_r H_m^\ominus(298.15K) - T\Delta_r S_m^\ominus(298.15K) \tag{1-17}$$

标准态下的 $\Delta_r G_m^\ominus(T)$ 可由式(1-16)和式(1-17)进行计算。但实际上，反应系统并非都处于标准态。因此，判断任意状态下反应的自发性，就要解决非标准态时 $\Delta_r G_m(T)$ 的计算问题。

对于任一化学反应
$$aA + bB \longrightarrow gG + dD$$

在定温、定压、任意状态下的摩尔吉布斯函数变 $\Delta_r G_m(T)$ 与标准态下的摩尔吉布斯函数变

$\Delta_r G_m^{\ominus}(T)$ 之间有如下关系：

$$\Delta_r G_m(T) = \Delta_r G_m^{\ominus}(T) + RT \ln \Pi_B (p_B/p^{\ominus})^{\nu_B} \tag{1-18}$$

式中，R 为摩尔气体常数，$R = 8.314 \text{J} \cdot \text{mol}^{-1} \cdot \text{K}^{-1}$；$p_B$ 为气体组分 B 的分压；$p^{\ominus}$ 为标准压力，$p^{\ominus} = 100.000 \text{kPa}$；$\Pi$ 为连乘算符。对于反应：

$$2CO(g) + O_2(g) \longrightarrow 2CO_2(g)$$

$$\Pi_B (p_B/p^{\ominus})^{\nu_B} = \frac{[p(CO_2)/p^{\ominus}]^2}{[p(O_2)/p^{\ominus}][p(CO)/p^{\ominus}]^2}$$

按式(1-18)，则有

$$\Delta_r G_m(T) = \Delta_r G_m^{\ominus}(T) + RT \ln \frac{[p(CO_2)/p^{\ominus}]^2}{[p(O_2)/p^{\ominus}][p(CO)/p^{\ominus}]^2}$$

【例题 1-9】 在 298.15K 和标准状态下，下述反应能否自发进行？

$$CaCO_3(s) \longrightarrow CaO(s) + CO_2(g)$$

解： 化学反应 $\quad CaCO_3(s) \longrightarrow CaO(s) + CO_2(g)$

$\Delta_r H_{m,B}^{\ominus}/\text{kJ} \cdot \text{mol}^{-1} \quad\quad -1207.8 \quad\quad -634.9 \quad -393.5$

$S_{m,B}^{\ominus}/\text{J} \cdot \text{K}^{-1} \cdot \text{mol}^{-1} \quad\quad\quad 88.0 \quad\quad\quad 38.1 \quad\quad 213.8$

根据式(1-11) 和式(1-12)，有

$\Delta_r H_m^{\ominus} = \sum_B \nu_B \Delta_f H_{m,B}^{\ominus}$
$\quad\quad = [(-634.9) + (-393.5) - (-1207.8)] \text{kJ} \cdot \text{mol}^{-1}$
$\quad\quad = 179.4 \text{kJ} \cdot \text{mol}^{-1}$

$\Delta_r S_m^{\ominus} = \sum_B \nu_B S_{m,B}^{\ominus}$
$\quad\quad = [(38.1 + 213.8) - 88.0] \text{J} \cdot \text{K}^{-1} \cdot \text{mol}^{-1} = 163.9 \text{J} \cdot \text{K}^{-1} \cdot \text{mol}^{-1}$
$\quad\quad = 0.16 \text{kJ} \cdot \text{K}^{-1} \cdot \text{mol}^{-1}$

$\Delta_r G_m^{\ominus}(T) = \Delta_r H_m^{\ominus} - T \Delta_r S_m^{\ominus}$
$\quad\quad = 179.4 \text{kJ} \cdot \text{mol}^{-1} - 298.15 \text{K} \times 0.16 \text{kJ} \cdot \text{K}^{-1} \cdot \text{mol}^{-1}$
$\quad\quad = 131.7 \text{kJ} \cdot \text{mol}^{-1} > 0$

答： $\Delta_r G_m^{\ominus}$ 大于 0，故 $CaCO_3$ 分解反应在室温（298.15K）和标准状态下不能自发进行。

此题还可扩展为计算标准状态下 $CaCO_3$ 分解反应的最低温度，计算如下：

在 $\Delta_r G_m^{\ominus} = 0$ 时的温度下，分解反应达到平衡状态。温度较高时，反应便自发进行。这个最低温度为

$$T = \frac{\Delta_r H_m^{\ominus}}{\Delta_r S_m^{\ominus}} = \frac{179.4 \text{kJ} \cdot \text{mol}^{-1}}{0.16 \text{kJ} \cdot \text{K}^{-1} \cdot \text{mol}^{-1}} = 1121.3 \text{K}(848.15℃)$$

上述反应的 $\Delta_r H_m^{\ominus} > 0$ 且 $\Delta_r S_m^{\ominus} > 0$，所以该反应在高温下可以自发进行（表1-2）。由于此反应在 298.15K 和标准状态下进行，因此可直接查 $\Delta_f G_{m,B}^{\ominus}$ 数据进行计算，即

$\Delta_r G_m^{\ominus}(298.15K) = \sum_B \nu_B \Delta_f G_{m,B}^{\ominus}(298.15K)$
$\quad\quad = [-394.4 - 603.3 - (-1128.2)] \text{kJ} \cdot \text{mol}^{-1}$
$\quad\quad = 130.5 \text{kJ} \cdot \text{mol}^{-1}$

第四节 ▶ 化学反应进行的程度——化学平衡

化学平衡研究的是化学反应限度问题,目的在于探索各类平衡的共同特点和基本规律,并应用化学热力学基本原理讨论平衡建立的条件、平衡移动的方向及平衡组成的计算等重要问题。研究化学平衡及其规律,可帮助人们找到适当的反应条件,使化学反应朝着人们需要的方向进行。

一、化学平衡

若一个化学反应系统,在相同的条件下,反应物之间可以相互作用生成生成物(正反应),同时生成物之间也可以相互作用生成反应物(逆反应),这样的反应就称为可逆反应(reversible reaction)。可逆性是化学反应的普遍特征。当反应进行到一定程度时,系统中反应物与生成物的浓度便不再随时间而改变,反应似乎已经"停止"。系统的这种宏观上静止的状态称为化学平衡状态(equilibrium state)。化学平衡是一种动态平衡。

1. 化学平衡相关定律及概念

讨论化学平衡时,我们常会遇到几种气体的混合系统。为此,先讨论气体分压定律。

(1) 气体分压定律

在气相反应中,反应物和生成物是处于同一气体混合物中的。此时,每一组分气体的分子都会对容器的器壁碰撞并产生压力,这种压力称为组分气体的分压力。对于理想气体,组分气体的分压力等于等温条件下,组分气体单独占有与气体混合物相同的体积时所产生的压力,而在适当条件下,真实气体可近似地看作理想气体。例如,在容积为1L的容器中,盛有由 N_2 和 O_2 组成的气体混合物。若将此容器中的 O_2 除去,所余 N_2 的压力为79kPa;若将容器中的 N_2 除去,所余 O_2 的压力为21kPa,则在上述气体混合物中 N_2 的分压力为 $p(N_2)=79$kPa, O_2 的分压力为 $p(O_2)=21$kPa。

几种不同的气体混合成一种气体混合物时,此气体混合物的总压力等于各组分气体的分压力之和(例如上例中,容器中气体的总压力为100kPa),这就是道尔顿于1807年提出的气体分压定律(law of partial pressure of gas)。对此定律进一步讨论如下。

设有一理想气体混合物,含有 A、B 两种组分。其中组分 A 的物质的量为 n_A,组分 B 的物质的量为 n_B,在定温、定容条件下,各自的状态方程式为:

$$p_A V = n_A RT$$
$$p_B V = n_B RT$$

对于气体混合物,也有其相应的状态方程式:

$$pV = nRT$$

式中,p 为混合气体总压力。因为 $n = n_A + n_B$,所以

$$p = p_A + p_B \text{ 或 } p = \sum_B p_B \tag{1-19}$$

这就是分压定律的表示式。只要经过简单的数学处理,就可得到分压力与总压力之间的定量关系:

$$p_A = p \frac{n_A}{n} = p x_A \quad p_B = p \frac{n_B}{n} = p x_B \tag{1-20}$$

式中，n_A/n 和 n_B/n（即 x_A 和 x_B）分别为组分气体 A 和 B 的摩尔分数（mole fraction）。根据阿伏伽德罗定律，定温、定压下，气体的体积与该气体的物质的量成正比，可以引出如下结果：

$$\frac{n_B}{n}=\frac{V_B}{V} \quad 或 \quad x_B=\varphi_B$$

式中，$\varphi_B=V_B/V$，为组分气体 B 的体积分数（volume fraction）；V_B 为组分气体 B 的分体积，它是在定温、定压下组分气体单独存在时所占有的体积。实践中，组分气体的体积分数一般都是以实测的体积分数表示的。因此，式(1-20)便可化为

$$p_A=p\frac{n_A}{n}=px_A\times 100\%=p\varphi_A \tag{1-21}$$

$$p_B=p\frac{n_B}{n}=px_B\times 100\%=p\varphi_B \tag{1-22}$$

这就是说，某组分气体的分压力等于混合气体总压力与该组分气体的体积分数的乘积。这样一来，组分气体分压力的计算就十分方便了。

(2) 标准平衡常数

人们通过大量的实验发现，任何可逆反应不管反应的始态如何，在一定温度下达到化学平衡时，各生成物平衡浓度的幂的乘积与反应物平衡浓度的幂的乘积之比为一个常数，称为化学平衡常数（chemical equilibrium constant）。它表明了反应系统内各组分的量之间的相互关系。

对于反应：

$$aA(g)+bB(g) \rightleftharpoons gG(g)+dD(g)$$

标准平衡常数 $K^{\ominus}$ 的表达式为

$$K^{\ominus}=\frac{[p(G)/p^{\ominus}]^g[p(D)/p^{\ominus}]^d}{[p(A)/p^{\ominus}]^a[p(B)/p^{\ominus}]^b} \tag{1-23}$$

如对于反应

$$N_2(g)+3H_2(g) \rightleftharpoons 2NH_3(g)$$

有

$$K^{\ominus}=\frac{[p(NH_3)/p^{\ominus}]^2}{[p(N_2)/p^{\ominus}][p(H_2)/p^{\ominus}]^3}=\frac{p^2(NH_3)}{p(N_2)p^3(H_2)}(p^{\ominus})^2$$

而对于反应：

$$C(石墨)+CO_2(g) \rightleftharpoons 2CO(g)$$

有

$$K^{\ominus}=\frac{[p(CO)/p^{\ominus}]^2}{p(CO_2)/p^{\ominus}}=\frac{p^2(CO)}{p(CO_2)}(p^{\ominus})^{-1}$$

从式(1-23)可知，标准平衡常数 $K^{\ominus}$ 是量纲为 1 的量。$K^{\ominus}$ 值越大，说明反应进行得越彻底，产率越高。$K^{\ominus}$ 值不随分压而变，但与温度有关。

关于标准平衡常数还要说明以下几点：

① 当反应方程式的写法不同时，标准平衡常数的表达式和数值都是不同的。前述合成氨的反应，其方程式若写成 $\frac{1}{2}N_2+\frac{3}{2}H_2 \rightleftharpoons NH_3$ 时，其标准平衡常数为

$$K_1^{\ominus} = \frac{p(\mathrm{NH_3})/p^{\ominus}}{[p(\mathrm{N_2})/p^{\ominus}]^{\frac{1}{2}}[p(\mathrm{H_2})/p^{\ominus}]^{\frac{3}{2}}} = \frac{p(\mathrm{NH_3})}{p^{\frac{1}{2}}(\mathrm{N_2})p^{\frac{3}{2}}(\mathrm{H_2})}p^{\ominus}$$

显然，与前述标准平衡常数的表达式对照，有 $K^{\ominus} = (K_1^{\ominus})^2$。

② 固体或纯液体在标准平衡常数表达式中不表示。例如，对于下述反应：

$$\mathrm{Fe_3O_4(s)} + 4\mathrm{CO(g)} \rightleftharpoons 3\mathrm{Fe(s)} + 4\mathrm{CO_2(g)}$$

其标准平衡常数为

$$K^{\ominus} = \frac{[p(\mathrm{CO})/p^{\ominus}]^4}{[p(\mathrm{CO_2})/p^{\ominus}]^4} = \frac{p^4(\mathrm{CO_2})}{p^4(\mathrm{CO})}$$

③ 标准平衡常数表达式不仅适用于化学可逆反应，还可适用于其他可逆过程。例如，水与其蒸汽的相平衡过程

$$\mathrm{H_2O(l)} \rightleftharpoons \mathrm{H_2O(g)}$$

其标准平衡常数可写为

$$K^{\ominus} = p(\mathrm{H_2O})/p^{\ominus}$$

④ 对于存在两个以上平衡关系，或者某一反应可表示为两个或更多个反应的总和时，如

$$\text{反应 I} = \text{反应 II} + \text{反应 III}$$

则总反应的标准平衡常数可以表示为在该温度下各反应的标准平衡常数的乘积，即

$$K_{\mathrm{I}}^{\ominus} = K_{\mathrm{II}}^{\ominus} K_{\mathrm{III}}^{\ominus} \quad \text{或} \quad K_{\mathrm{II}}^{\ominus} = K_{\mathrm{I}}^{\ominus}/K_{\mathrm{III}}^{\ominus} \tag{1-24}$$

这是一个非常有用的计算规则，称为多重平衡规则（multiple equilibrium regulation）。无论是单相平衡系统还是多相平衡系统都是适用的。在以后的各章中我们将多次用到它。

例如，在973K时，下述两个反应的标准平衡常数已知为

$$\mathrm{SO_2(g)} + \frac{1}{2}\mathrm{O_2(g)} \rightleftharpoons \mathrm{SO_3(g)} \qquad K_1^{\ominus} = 20$$

$$\mathrm{NO_2(g)} \rightleftharpoons \mathrm{NO(g)} + \frac{1}{2}\mathrm{O_2(g)} \qquad K_2^{\ominus} = 0.012$$

则另一反应

$$\mathrm{SO_2(g)} + \mathrm{NO_2(g)} \rightleftharpoons \mathrm{SO_3(g)} + \mathrm{NO(g)}$$

的标准平衡常数可按多重平衡规则进行计算：

$$K^{\ominus} = K_1^{\ominus} K_2^{\ominus} = 20 \times 0.012 = 0.24$$

这种关系读者不难自行证明。

利用标准平衡常数可进行有关转化率的计算。转化率（yield）是指某反应物中已消耗部分占该反应物初始量的百分数，即

$$\text{某指定反应物的转化率} = \frac{\text{该反应物已消耗量}}{\text{该反应物初始量}} \times 100\%$$

【例题 1-10】 一氧化碳的转化反应

$$\mathrm{CO(g)} + \mathrm{H_2O(g)} \longrightarrow \mathrm{CO_2(g)} + \mathrm{H_2(g)}$$

在797K时的标准平衡常数 $K^{\ominus} = 0.5$。若在该温度下使用2.0mol CO 和 3.0mol $\mathrm{H_2O(g)}$ 在密闭容器中反应，试计算CO在此条件下的最大转化率（平衡转化率）。

解： 设达到平衡状态时CO转化了 x mol，则可建立如下关系

化学反应	CO(g)	+ H$_2$O(g)	⟶ CO$_2$(g)	+ H$_2$(g)
反应起始时各物质的量/mol	2.0	3.0	0	0
反应过程中物质的量的变化/mol	$-x$	$-x$	$+x$	$+x$
平衡时各物质的量/mol	$(2.0-x)$	$(3.0-x)$	x	x

平衡时物质的量的总和为

$$n=[(2.0-x)+(3.0-x)+x+x]\text{mol}=5.0\text{mol}$$

设平衡时系统的总压为 p，则

$$p(\text{CO}_2)=p(\text{H}_2)=\frac{px}{5.0}$$

$$p(\text{CO})=\frac{p(2.0-x)}{5.0}$$

$$p(\text{H}_2\text{O})=\frac{p(3.0-x)}{5.0}$$

代入 $K^\ominus$ 表达式：

$$K^\ominus=\frac{[p(\text{CO}_2)/p^\ominus][p(\text{H}_2)/p^\ominus]}{[p(\text{CO})/p^\ominus][p(\text{H}_2\text{O})/p^\ominus]}=\frac{\frac{x}{5.0}\times\frac{x}{5.0}}{\frac{2.0-x}{5.0}\times\frac{3.0-x}{5.0}}=\frac{x^2}{6.0-5.0x+x^2}=0.5$$

解得 $x=1.0$，即 CO 转化了 1.0 mol，其转化率为

$$\frac{x}{2.0}\times 100\%=\frac{1.0}{2.0}\times 100\%=50\%$$

答：797K 时，CO 的转化率为 50%。

2. 标准吉布斯函数变与标准平衡常数

前已指出，吉布斯函数变与标准吉布斯函数变的关系为

$$\Delta_r G_m(T)=\Delta_r G_m^\ominus(T)+RT\ln\prod_B(p_B/p^\ominus)^{\nu_B}$$

当反应达到平衡时，$\Delta_r G_m(T)=0$，则

$$0=\Delta_r G_m^\ominus(T)+RT\ln\prod_B(p_B/p^\ominus)^{\nu_B} \quad (1\text{-}25)$$

将式(1-22) 代入式(1-25)，得

$$\Delta_r G_m^\ominus(T)=-RT\ln K^\ominus \quad \text{或} \quad \ln K^\ominus=\frac{-\Delta_r G_m^\ominus(T)}{RT} \quad (1\text{-}26)$$

将式(1-26) 化为常用对数，则变为

$$\lg K^\ominus=\frac{-\Delta_r G_m^\ominus(T)}{2.303RT} \quad (1\text{-}27)$$

式(1-26) 和式(1-27) 给出了标准平衡常数 $K^\ominus$ 与 $\Delta_r G_m^\ominus(T)$ 的关系。从中可以看出：$\Delta_r G_m^\ominus(T)$ 的代数值越小，则 $K^\ominus$ 值越大，反应向正方向进行的程度越大；反之 $\Delta_r G_m^\ominus(T)$ 的代数值越大，$K^\ominus$ 值越小，反应向正方向进行的程度越小。

按式(1-26) 和式(1-27) 只要得到化学反应的 $\Delta_r G_m^\ominus(T)$，就可以计算该反应的标准平衡常数 $K^\ominus$。

【例题 1-11】 计算反应 CO(g) + H$_2$O(g) ⟶ CO$_2$(g) + H$_2$(g) 的标准吉布斯函数变 $\Delta_r G_m^\ominus(298.15\text{K})$ 和 298.15K 时的标准平衡常数 $K^\ominus$。

解：化学反应　　　　　　$CO(g) + H_2O(g) \longrightarrow CO_2(g) + H_2(g)$

$\Delta_r G_{m,B}^{\ominus} / kJ \cdot mol^{-1}$　　-137.2　　-228.6　　-394.4　　0

$\Delta_r G_{m,B}^{\ominus} = [(-394.4) - (-137.2) - (-228.6)] kJ \cdot mol^{-1} = -28.6 kJ \cdot mol^{-1}$

将 $\Delta_r G_{m,B}^{\ominus}$ 值代入式(1-27)中，得

$$\lg K^{\ominus} = \frac{-(-28.6 \times 10^3) kJ \cdot mol^{-1}}{2.303 \times 8.314 J \cdot K^{-1} \cdot mol^{-1} \times 298.15 K} = 5.01$$

答：298.15K 时反应的 $\Delta_r G_m^{\ominus} = -28.6 kJ \cdot mol^{-1}$，$K^{\ominus} = 1.02 \times 10^5$。

将式(1-26)代入式(1-18)，可得

$$\Delta_r G_m(T) = -RT\ln K^{\ominus} + RT\ln \prod_B (p_B/p^{\ominus})^{\nu_B} \tag{1-28}$$

式(1-28)称为化学反应等温方程式(isothemal equation)。通过化学反应等温方程式，将未达到平衡时系统的 $\prod_B (p_B/p^{\ominus})^{\nu_B}$ 与 $K^{\ominus}$ 值进行比较，可判断该状态下反应自发进行的方向：当 $\prod_B (p_B/p^{\ominus})^{\nu_B} < K^{\ominus}$ 时，$\Delta_r G_m < 0$，正向反应自发进行；当 $\prod_B (p_B/p^{\ominus})^{\nu_B} = K^{\ominus}$ 时，$\Delta_r G_m = 0$，反应处于平衡状态；当 $\prod_B (p_B/p^{\ominus})^{\nu_B} > K^{\ominus}$ 时，$\Delta_r G_m > 0$，正向反应不自发，逆向反应自发。

【例题 1-12】 常压下，$CH_4(g) + H_2O(g) \longrightarrow CO(g) + 3H_2(g)$，在 700K 时的标准平衡常数 $K^{\ominus} = 7.40$，经测定此时各物质的分压如下：$p(CH_4) = 0.20MPa$，$p(H_2O) = 0.20MPa$，$p(CO) = 0.30MPa$，$p(H_2) = 0.10MPa$，此条件下甲烷的转化反应能否进行？

解：根据各分压值，可得

$$\prod_B (p_B/p^{\ominus})^{\nu_B} = \frac{[p(CO)/p^{\ominus}][p(H_2)/p^{\ominus}]^3}{[p(H_2O)/p^{\ominus}][p(CH_4)/p^{\ominus}]} = \frac{p(CO)p^3(H_2)}{p(H_2O)p(CH_4)}(p^{\ominus})^{-2}$$

$$= \frac{0.30 \times 10^6 Pa \times (0.10 \times 10^6 Pa)^3 Pa^3}{0.20 \times 10^6 Pa \times 0.20 \times 10^6 Pa} \times (1.00 \times 10^5 Pa)^{-2} = 0.75$$

答：因为 $0.75 < K^{\ominus}$，CH_4 的转化反应能够向右进行。

二、化学平衡的移动

化学平衡是有条件的，相对的。因外界条件的改变而使可逆反应从一种平衡状态向另一种平衡状态转化的过程称为化学平衡的移动（shift in equilibrium）。当系统由旧平衡状态移动到新平衡状态时，各物质的浓度是不同于原平衡状态的，因此可以由两次平衡中浓度（分压）的变化来判断平衡移动的情况：若生成物的浓度（分压）比平衡被破坏时增大了，规定为平衡向正反应方向（或向右）移动；若反应物的浓度（分压）比平衡被破坏时增大了，规定为平衡向逆反应方向（或向左）移动。

1. 分压、总压力对化学平衡的影响

研究气体反应系统中组分气体的分压或总压力使化学平衡如何移动的问题的前提是：温度保持不变。这样，标准平衡常数 $K^{\ominus}$ 就是一个不变的定值。

若是在原平衡系统中增加了某种反应物，此时反应将向正方向进行，即平衡将向右移动；反之，若在原平衡系统中增加某种生成物，反应将向逆方向进行，即平衡将向左移动。这种情况可以通过定量的计算来证实。

【例题 1-13】 在例题 1-10 的系统中，保持 797K 不变，再向已达平衡的容器中加入

3.0 mol 水蒸气。CO 的总转化率发生了怎样的变化？

解：设加入水蒸气后，CO 再转化 y mol，则可建立如下关系：

化学反应	CO(g)	+ H$_2$O(g)	⟶ CO$_2$(g)	+ H$_2$(g)
旧平衡时各物质的量/mol	1.0	2.0	1.0	1.0
旧平衡被破坏时各物质的量/mol	1.0	2.0+3.0	1.0	1.0
转化中物质的量的变化/mol	$-y$	$-y$	$+y$	$+y$
新平衡时物质的量	$(1.0-y)$	$(5.0-y)$	$(1.0+y)$	$(1.0+y)$

$$n = [(1.0+y)+(1.0+y)+(1.0-y)+(5.0-y)]\,\text{mol} = 8.0\,\text{mol}$$

设平衡时系统的总压为 p，则

$$p(\text{CO}_2) = p(\text{H}_2) = p\,\frac{1.0+y}{8.0}$$

$$p(\text{CO}) = p\,\frac{1.0-y}{8.0}$$

$$p(\text{H}_2\text{O}) = p\,\frac{5.0-y}{8.0}$$

将数据代入 $K^\ominus$ 表达式：

$$K^\ominus = \frac{[p(\text{CO}_2)/p^\ominus]^1[p(\text{H}_2)/p^\ominus]^1}{[p(\text{CO})/p^\ominus]^1[p(\text{H}_2\text{O})/p^\ominus]^1} = \frac{(1.0+y)^2}{(1.0-y)\times(5.0-y)}$$

解得 $y = 0.29$

$$\frac{x+y}{2.0}\times 100\% = \frac{1.29}{2.0}\times 100\% = 64.5\%$$

答：CO 的转化率由 50% 增加到 64.5%。

例题 1-13 说明，若向原平衡系统中增加反应物，在新平衡建立时，生成物便增多了。当然，若从原平衡系统中减少某种生成物，也会使平衡向右移动。这是一种提高产量的途径。

对于有气体参加的化学平衡，改变系统的总压力势必引起各组气体分压力同等程度的改变。这时，平衡移动的方向就要由反应系统本身的特点来决定。例如，对于合成氨的反应：

$$\text{N}_2(\text{g}) + 3\text{H}_2(\text{g}) \rightleftharpoons 2\text{NH}_3(\text{g})$$

在某温度下达到平衡以后，设各气体的平衡分压为 $p(\text{N}_2)$、$p(\text{H}_2)$、$p(\text{NH}_3)$，标准平衡常数为

$$K^\ominus = \frac{[p(\text{NH}_3)/p^\ominus]^2}{[p(\text{N}_2)/p^\ominus]^1[p(\text{H}_2)/p^\ominus]^3}$$

若温度不变，将平衡系统总压力增大 1 倍，各气体的分压也将增大 1 倍，$p(\text{NH}_3) \to 2p(\text{NH}_3)$，$p(\text{N}_2) \to 2p(\text{N}_2)$，$p(\text{H}_2) \to 2p(\text{H}_2)$。将它们代入上述系统标准平衡常数表达式中，显然有

$$\prod_B (p_B/p^\ominus)^{\nu_B} = \frac{[p(\text{NH}_3)/p^\ominus]^2}{[p(\text{N}_2)/p^\ominus]^1[p(\text{H}_2)/p^\ominus]^3} = \frac{K^\ominus}{4} < K^\ominus$$

根据压力改变 $K^\ominus$ 不变的原则，上述平衡系统加压以后，反应将向正方向进行，才能建立起新的平衡，即平衡向右移动。

对于下述反应：

$$\text{C}(\text{s}) + \text{CO}_2(\text{g}) \rightleftharpoons 2\text{CO}(\text{g})$$

可以用同样的方法进行讨论，结果与合成氨反应的情况恰恰相反：增加总压力将导致反应向左进行，即平衡向左移动。

这两个例子的区别在于：前一个反应是气体分子总数减少的反应（即 $\sum_B \nu_B < 0$，B 为气体组分，后同），而后一个反应是气体分子总数增加的反应（即 $\sum_B \nu_B > 0$）。如果反应前后气体分子总数相等（$\sum_B \nu_B = 0$），如一氧化碳的转换反应：

$$CO(g) + H_2O(g) \rightleftharpoons CO_2(g) + H_2(g)$$

则总压力的改变将不会使此系统的平衡状态发生变化。

2. 温度对化学平衡的影响

前面曾指出，标准平衡常数不受反应系统物质分压的影响，但温度的变化将使标准平衡常数的数值发生变化。例如，合成氨的反应：

$$N_2(g) + 3H_2(g) \rightleftharpoons 2NH_3(g) \quad \Delta_r H_m^\ominus = -92.22 \text{kJ} \cdot \text{mol}^{-1}$$

$K^\ominus$ 与 T 的关系如表1-3所示。

表1-3 温度对合成氨反应标准平衡常数的影响

T/K	473	573	673	773	873	973
$K^\ominus$	4.4×10^{-2}	4.9×10^{-3}	1.9×10^{-4}	1.6×10^{-5}	2.3×10^{-6}	4.8×10^{-7}

由表1-3可知，在定压条件下，升高反应系统的温度时，平衡向着吸热反应的方向移动；降低温度，平衡向着放热反应的方向移动。下面定量地讨论温度对标准平衡常数的影响。

设某反应在温度为 T_1 和 T_2 时，其标准平衡常数分别为 $K_1^\ominus$ 和 $K_2^\ominus$，则

$$\ln K_1^\ominus = \frac{-\Delta_r G_m^\ominus(T_1)}{RT_1} \qquad \ln K_2^\ominus = \frac{-\Delta_r G_m^\ominus(T_2)}{RT_2}$$

两式相减，得

$$\ln \frac{K_2^\ominus}{K_1^\ominus} = \frac{\Delta_r G_m^\ominus}{R} \times \frac{T_2 - T_1}{T_1 T_2}$$

或化作

$$\ln \frac{K_2^\ominus}{K_1^\ominus} = \frac{\Delta_r G_m^\ominus}{2.303 R} \left(\frac{T_2 - T_1}{T_1 T_2} \right) \tag{1-29}$$

由式(1-29)可以看出，如果是放热反应（$\Delta_r G_m^\ominus < 0$），当温度升高（$T_2 > T_1$）时，则 $K_2^\ominus < K_1^\ominus$，即标准平衡常数值变小，平衡向左移动；如果是吸热反应（$\Delta_r G_m^\ominus > 0$），当温度升高时，标准平衡常数值变大，平衡向右移动。

另外，应用式(1-29)，已知某温度 T_1 时的标准平衡常数 $K_1^\ominus$ 就可计算另一温度 T_2 时的标准平衡常数 $K_2^\ominus$。

【例题1-14】计算反应 $CO(g) + H_2O(g) \longrightarrow CO_2(g) + H_2(g)$ 在1073K时的标准平衡常数 $K^\ominus$。

解：化学反应 $\qquad CO(g) + H_2O(g) \longrightarrow CO_2(g) + H_2(g)$

$\Delta_f H_{m,B}^\ominus / \text{kJ} \cdot \text{mol}^{-1} \qquad -110.5 \quad -241.8 \qquad -393.5 \qquad 0$

$\Delta_r H_m^\ominus = [(-393.5) - (-110.5) - (-241.8)] \text{kJ} \cdot \text{mol}^{-1} = -41.2 \text{kJ} \cdot \text{mol}^{-1}$

应用例题1-11中的结果 $K^\ominus(298.15\text{K}) = 1.02 \times 10^5$，根据式(1-29)计算1073K时的标

准平衡常数：

$$\lg K^{\ominus}(1073\text{K}) \approx \frac{-41.2\times 10^3 \text{J}\cdot\text{mol}^{-1}}{2.303\times 8.314\text{J}\cdot\text{K}^{-1}\cdot\text{mol}^{-1}}\left[\frac{(1073-298.15)\text{K}}{298.15\text{K}\times 1073\text{K}}\right]+\lg K^{\ominus}(298.15\text{K})$$

$$\approx -5.21+5.01=-0.20$$

所以
$$K^{\ominus}=0.63$$

答：在 1073K 时，该反应的标准平衡常数 $K^{\ominus}(1073\text{K})=0.63$。由计算结果可知，对于放热反应（$\Delta_r H_m^{\ominus}<0$），温度升高，标准平衡常数变小。

3. 勒夏特列原理

1884 年，勒夏特列总结出关于平衡移动方向的普适性原理，改变平衡系统的条件（如浓度、温度、压力）之一，平衡将向减弱这个改变的方向移动。例如，增加平衡系统中反应物的浓度，平衡向正反应方向即消耗反应物的方向移动；增加平衡系统的总压力，平衡向气体物质的分子数减少即降低总压力的方向移动；升高温度，平衡向吸热即使温度降低的方向移动；等等。催化剂同等程度地改变正、逆反应速率，所以它不会影响系统的平衡状态。但是，催化剂将大大改变平衡状态到达的时间。勒夏特列原理只适用于已经处于平衡状态的系统，而对于未达到平衡状态的系统不适用。

第五节 化学动力学——反应速率

化学反应有些进行得很快，几乎瞬间完成，例如炸药爆炸、酸碱中和反应等。但是，也有些反应进行得很慢，例如，水泥的硬化过程长达数年，煤和石油的形成需要几万年甚至几十万年。即使是同一反应，在不同条件下，反应速率也不相同，例如，钢铁在室温时氧化较慢，高温时氧化就很快。在生产实践中常常需要采取措施来加快反应速率，以缩短生产时间；而有些反应（如金属腐蚀）则应设法降低其反应速率，甚至抑制其发生。所以必须掌握化学反应速率的变化规律。

一、化学反应速率的表示方法

1. 化学反应速率

国家标准规定，用下式定义以浓度为基础的化学反应速率（rate of chemical reaction）。
对于化学反应
$$\sum_B \nu_B B=0$$

其反应速率表示为
$$v=\frac{1}{\nu_B}\times\frac{dc_B}{dt} \tag{1-30}$$

对于一般的化学反应 $a\text{A}+b\text{B}\longrightarrow g\text{G}+d\text{D}$，则有

$$v=-\frac{1}{a}\times\frac{dc(\text{A})}{dt}=-\frac{1}{b}\times\frac{dc(\text{B})}{dt}=\frac{1}{g}\times\frac{dc(\text{G})}{dt}=\frac{1}{d}\times\frac{dc(\text{D})}{dt}$$

反应速率的单位为 $\text{mol}\cdot\text{dm}^{-3}\cdot\text{s}^{-1}$。前已提到，反应物的化学计量数 a、b 取负值，产物的化学计量数 g、d 取正值。仍以合成氨的反应为例，若以 $\text{N}_2(\text{g})+3\text{H}_2(\text{g})\longrightarrow 2\text{NH}_3(\text{g})$ 为基本单元，则其化学反应速率为

$$v=-\frac{dc(N_2)}{dt}=-\frac{dc(H_2)}{3dt}=\frac{dc(NH_3)}{2dt}$$

若以 $1/2N_2+3/2H_2 \longrightarrow NH_3$ 为基本单元，则其化学反应速率为

$$v=-\frac{2dc(N_2)}{dt}=-\frac{2dc(H_2)}{3dt}=\frac{dc(NH_3)}{dt}$$

可见，对于同一反应系统，以浓度为基础的化学反应速率 v 的数值与选用何种物质为基准无关，只与化学计量方程式的写法有关。

2. 转化速率

对于一个反应 $bA \longrightarrow yY$，反应开始时，Y 的物质的量为 $n_0(Y)$，反应经 t 时间后，Y 的物质的量为 $n(Y)$，定义 $n(Y)=n_0(Y)+v(Y)\xi$，则

$$\xi=\frac{n(Y)-n_0(Y)}{v(Y)}=\frac{\Delta n(Y)}{v(Y)} \tag{1-31}$$

当反应开始时，$\Delta n(Y)=0$，$\xi=0$。随着反应的进行，ξ 逐渐增大。所以，ξ 表示反应进行的程度，称为反应进度（extent of reaction），单位为 mol。对于合成氨反应 $N_2+3H_2 \Longrightarrow 2NH_3$，反应开始时 $\xi=0$，当反应进行到 $\xi=1$mol 时，按式(1-31)和第一章第二节中关于符号的规定，有如下关系：

$$\frac{\Delta n(N_2)}{-1}=\frac{\Delta n(H_2)}{-3}=\frac{\Delta n(NH_3)}{2}=1\text{mol}$$

显然，此时 $\Delta n(N_2)=-1$mol，$\Delta n(H_2)=-3$mol，$\Delta n(NH_3)=2$mol（这里的负号表示反应物的消耗）。这就是 1mol 反应进度的含义，即 1mol N_2 与 3mol H_2 反应生成了 2mol NH_3。前述，$\Delta_r H_m^\ominus$、$\Delta_r G_m^\ominus$ 中的下标 m 就是对 1mol 反应进度而言的，所以它们的单位是 $kJ \cdot mol^{-1}$。将 ξ 对时间求导，则

$$\dot{\xi}=\frac{d\xi}{dt}=\frac{1}{\nu_B}\times\frac{dn_B}{dt}$$

$\dot{\xi}$ 可以用来表示反应进行的快慢，即以物质的量的变化反映反应物转化为生成物的速率。因此，$\dot{\xi}$ 称为转化速率，其单位为 $mol \cdot s^{-1}$。

二、化学反应速率理论

化学反应速率的大小首先取决于反应物的本性。此外，反应速率还与反应物的浓度、温度和催化剂等外界条件有关。为了说明这些问题，需要介绍碰撞理论和过渡态理论。

1. 碰撞理论

化学反应发生的必要条件是反应物分子（或原子、离子）之间的相互碰撞。但是在反应物分子的无数次碰撞中，只有极少的一部分碰撞能够引起反应，而绝大多数碰撞是"无效的"。为了解释这种现象，人们提出了"有效碰撞"的概念：在化学反应中，大多数反应物分子的碰撞并不发生反应，只有一定数目的少数分子间的碰撞才能发生反应，这种能发生反应的碰撞称为有效碰撞（effective collision）。显然，有效碰撞次数越多，反应速率越大。能发生有效碰撞的分子和普通分子的主要区别是它们所具有的能量不同。只有那些能量足够高的分子间才有可能发生有效碰撞，从而发生化学反应，这种分子称为活化分子（activated molcule）。活化分子具有的最低能量与反应系统中分子的平均能量之差称为反应的活化能

(activation energy，E_a)。

活化能的大小与反应速率关系很大。在一定温度下，反应的活化能越大，则活化分子的数量就越少，有效碰撞的次数也就越少，反应速率就越小；反应的活化能越小，则活化分子的数量就越多，反应速率越大。活化能可通过实验测定，一般化学反应的活化能为 60～250 kJ·mol^{-1}。活化能小于 40 kJ·mol^{-1} 的反应速率很大，可瞬间完成，如中和反应等；活化能大于 400 kJ·mol^{-1} 的反应速率非常小。表 1-4 列举了一些反应的活化能。

表 1-4 一些反应的活化能

化学反应	E_a/kJ·mol^{-1}
$2SO_2 + O_2 \longrightarrow 2SO_3$	251.84
$2HI \longrightarrow H_2 + I_2$	184.90
$N_2 + 3H_2 \longrightarrow 2NH_3$	175.73（催化剂）
$2NO_2 \longrightarrow 2NO + O_2$	133.89
$CH_4 + H_2O \longrightarrow CO + 3H_2$	94.98
$(NH_4)_2S_2O_8 + 2KI \longrightarrow (NH_4)_2SO_4 + I_2 + K_2SO_4$	52.72
$HCl + NaOH \longrightarrow NaCl + H_2O$	12.55～25.18

活化能可以理解为反应物分子在反应进行时所必须克服的一个"能垒"（能量高度）。因为分子之间必须互相靠近才可能发生碰撞，当分子靠得很近时，分子的价电子云之间存在着强烈的静电排斥力。因此，只有能量足够高的分子，才能在碰撞时以足够高的动能去克服它们价电子之间的排斥力，而导致原有化学键的断裂和新化学键的形成，形成生成物分子。

2. 过渡态理论

过渡态理论认为，化学反应不是只通过反应物分子之间的简单碰撞就能完成的。在反应过程中，要经过一个中间的过渡态，即反应物分子先形成活化配合物（activated complex），因此过渡状态理论也称为活化配合物理论。例如，在 CO 与 NO_2 的反应中，当具有较高能量的 CO 与 NO_2 分子以适当的取向相互靠近到一定程度后，价电子云便可互相穿透而形成一种活化配合物。在活化配合物中，原有的 N—O 键部分地破裂，新的 C—O 键部分地形成：

$$ON=O + C-O \rightleftharpoons \left[O\cdots N\cdots O\cdots C\cdots O\right]^{\ddagger} \rightleftharpoons N-O + O=C-O$$

活化配合物(过渡态)

在这种情况下，反应物分子的动能暂时转化为势能。生成的活化配合物是极不稳定的，一经形成就会分解，它既可以分解为生成物 NO 和 CO_2，也可以分解为反应物 CO 和 NO_2。所以，活化配合物是一种过渡状态。

在系统 $NO_2 + CO \longrightarrow NO + CO_2$ 的全部反应过程中，势能的变化如图 1-5 所示。A 点表示 $NO_2 + CO$ 系统的平均势能，在这个条件下，NO_2 和 CO 分子相互间并未发生反应。在势能高达 B 点时，就形成了活化配合物。C 点是生成物 $NO + CO_2$ 系统的平均势能。在过渡态理论中，活化配合物所具有的最低势能和反应物分子的平均势能之差称为活化能。由图 1-5 可见，$E_{a,1}$ 是上述正反应的活化能，$E_{a,2}$ 是逆反应的活化能。$E_{a,1}$ 与 $E_{a,2}$ 之差就是化学反应的热效应 ΔH。对此反应来说，$E_{a,1} < E_{a,2}$，所以正反应是放热的，逆反应是吸热的。

三、影响化学反应速率的因素

1. 浓度对反应速率的影响——质量作用定律

大量实验表明,在一定温度下,增加反应物的浓度可以加快反应速率。根据活化分子的概念,可以得出浓度影响反应速率的解释:在一定温度下,对某一化学反应系统而言,反应物活化分子的比例是一定的。因此,单位体积内活化分子的数目与反应物分子的总数成正比,即与反应物的浓度成正比。当增加反应物浓度时单位体积内反应物分子总数增多,活化分子数也相应地增多,从而增加了单位时间内的有效碰撞次数,导致反应速率增大。

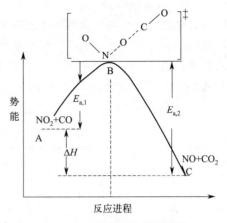

图 1-5 反应进程中的势能图

1863 年,古德贝克和瓦格从实验中得出,在一定温度下,反应物分子只经过一步就直接转变为生成物分子的反应称为基元反应(elementary reaction),对某一基元反应,其反应速率与各反应物浓度的幂[以化学方程式中该物质的计量数(取正值)为指数]的乘积成正比,这个结论称为质量作用定律(law of mass action)。

例如,$aA+bB \longrightarrow gG+dD$ 为基元反应,则

$$v \propto c^a(A)c^b(B)$$

即

$$v = kc^a(A)c^b(B) \tag{1-32}$$

这种把反应物浓度与反应速率联系起来的关系式,即为质量作用定律表达式。式中 k 称为反应速率常数(rate constant)。当 $c(A)=c(B)=1\text{mol} \cdot \text{dm}^{-3}$ 时,则 $v=k$。这就表明,某反应在一定温度下,反应物为单位浓度时,反应速率在数值上就等于速率常数 k。显然,两个反应的反应物浓度都为单位浓度时,速率常数较大的反应,其反应速率就较大。这就体现出速率常数 k 的物理意义。速率常数 k 可通过实验测定,不同的反应,k 各不相同。对于某一确定的反应,k 值与温度、催化剂等因素有关,而与浓度无关,即不随浓度而变化。

质量作用定律适用于基元反应,但大多数反应不是基元反应而是分步进行的复杂反应。这时质量作用定律虽然适用于其中每一步的变化,但不适用于总反应。例如,实验测得下列反应

$$2NO + 2H_2 \longrightarrow N_2 + 2H_2O$$

的反应速率与 NO 浓度的二次方成正比,但与 H_2 浓度的一次方而不是二次方成正比,即

$$v = kc^2(NO)c(H_2)$$

这种根据实验测得的反应速率与浓度的关系式称为反应速率方程(equation of reaction rate),上述反应实际上分为下述两步进行:

$$2NO + H_2 \longrightarrow N_2 + H_2O_2$$
$$H_2O_2 + H_2 \longrightarrow 2H_2O$$

经研究得知,在这两步反应中,第二步反应很快,而第一步反应很慢,所以总反应速率取决于第一步反应的反应速率。因此,总反应速率与 NO 浓度的二次方、H_2 浓度的一次方成正比。由此可见,反应速率方程必须通过实验来确定。一个反应具体经历的途径称为反应

机理（reaction mechanism）。

在反应速率方程中，各反应物浓度指数之和称为反应级数（order of reaction）。例如：

化学计量方程式	速率方程	反应级数
$2N_2O_5 \longrightarrow 4NO_2 + O_2$	$v = kc(N_2O_5)$	一级
$2NO_2 \longrightarrow 2NO + O_2$	$v = kc^2(NO_2)$	二级
$2NO + 2H_2 \longrightarrow N_2 + 2H_2O$	$v = kc^2(NO)c(H_2)$	三级

反应级数也是通过实验来确定的。它可以是整数、零，也可以是分数。

在一级反应中，反应物进行到一半（$c_t = 0.5c_0$）时所需的时间 $t_{1/2}$ 是一常数，与浓度无关。该时间 $t_{1/2}$ 称为反应的半衰期。一级反应的半衰期与其反应速率常数 k 成反比。k 值越大的反应，反应速率越大，半衰期越短；k 值越小的反应，半衰期越长。所有的放射性衰变都是一级反应，且该过程与温度无关。利用这一点，在考古学、地壳岩石、陨石的年龄估算等领域都有重要的应用。

【例题 1-15】 乙醛的分解反应 $CH_3CHO(g) \longrightarrow CH_4(g) + CO(g)$ 在一系列不同浓度时的初始反应速率的实验数据如下：

$c(CH_3CHO)/mol \cdot dm^{-3}$	0.1	0.2	0.3	0.4
$v/mol \cdot dm^{-3} \cdot s^{-1}$	0.020	0.081	0.182	0.318

① 此反应对乙醛是几级反应？
② 计算反应速率常数 k。
③ 计算 $c(CH_3CHO) = 0.15 mol \cdot dm^{-3}$ 时的反应速率。

解： ① 当 $c(CH_3CHO) = 0.1 mol \cdot dm^{-3}$ 时，$v = 0.020 mol \cdot dm^{-3} \cdot s^{-1}$；
当 $c(CH_3CHO) = 0.2 mol \cdot dm^{-3}$ 时，$v = 0.081 mol \cdot dm^{-3} \cdot s^{-1}$。
根据反应式可写出此反应的速率方程式的未定式：$v = kc^m(CH_3CHO)$
为求 m，建立如下比例式：

$$\frac{v_1}{v_2} = \frac{[c(CH_3CHO)]_1^m}{[c(CH_3CHO)]_2^m}$$

两边取对数，得

$$\ln \frac{v_1}{v_2} = \ln \frac{[c(CH_3CHO)]_1^m}{[c(CH_3CHO)]_2^m}$$

即

$$\ln \frac{v_1}{v_2} = m \ln \frac{[c(CH_3CHO)]_1}{[c(CH_3CHO)]_2}$$

将已知数值代入，得

$$\ln \frac{0.020 mol \cdot dm^{-3} \cdot s^{-1}}{0.081 mol \cdot dm^{-3} \cdot s^{-1}} = m \ln \frac{0.10}{0.20}$$

解得

$$m = \frac{-1.38}{-0.69} = 2$$

可见，对于乙醛，此反应是二级反应。
② 由前解得知反应速率方程为

所以
$$v = kc^2(\text{CH}_3\text{CHO})$$

$$k = \frac{v}{c^2(\text{CH}_3\text{CHO})}$$

将 $c(\text{CH}_3\text{CHO}) = 0.3 \text{mol} \cdot \text{dm}^{-3}$ 时，$v = 0.182 \text{mol} \cdot \text{dm}^{-3} \cdot \text{s}^{-1}$ 代入，得

$$k = \frac{0.182 \text{mol} \cdot \text{dm}^{-3} \cdot \text{s}^{-1}}{(0.3 \text{mol} \cdot \text{dm}^{-3})^2} = 2.00 \text{dm}^3 \cdot \text{s}^{-1} \cdot \text{mol}^{-1}$$

③ 将题给条件 $c(\text{CH}_3\text{CHO}) = 0.15 \text{mol} \cdot \text{dm}^{-3}$ 代入速率方程中，就可求得此时的反应速率为

$$v = 2.00 \text{dm}^3 \cdot \text{s}^{-1} \cdot \text{mol}^{-1} \times (0.15 \text{mol} \cdot \text{dm}^{-3})^2 = 0.045 \text{mol} \cdot \text{dm}^{-3} \cdot \text{s}^{-1}$$

答：此反应对乙醛为二级反应；反应速率常数 $k = 2.00 \text{dm}^3 \cdot \text{s}^{-1} \cdot \text{mol}^{-1}$。当 $c(\text{CH}_3\text{CHO}) = 0.15 \text{mol} \cdot \text{dm}^{-3}$ 时，反应速率 $v = 0.045 \text{mol} \cdot \text{dm}^{-3} \cdot \text{s}^{-1}$。

由上述讨论可知，对于反应：

$$a\text{A} + b\text{B} \longrightarrow g\text{G} + d\text{D}$$

反应速率方程式为

$$v = kc^m(\text{A})c^n(\text{B})$$

当反应为基元反应时，$m = a$，$n = b$；当反应为非基元反应时，$m \neq a$，$n \neq b$，m、n 需经实验确定。

从上述计算可以看出，反应速率常数 k 的单位与反应级数有关，如是一级反应，k 的单位为 s^{-1}；如是二级反应，k 的单位为 $\text{dm}^3 \cdot \text{mol}^{-1} \cdot \text{s}^{-1}$；如是 n 级反应，k 的单位为 $(\text{mol} \cdot \text{dm}^{-3})^{(1-n)} \cdot \text{s}^{-1}$。

2. 温度对反应速率的影响

大多数化学反应的速率随温度的升高而增大。升高温度，分子平均能量增大，分子运动速率增大，增加了单位时间内分子间的碰撞次数；更重要的是由于更多的分子获得了能量而成为活化分子，增加了活化分子比例，从而大大提高了反应速率。

从反应速率方程来看，温度对反应速率的影响表现在反应速率常数 k 上。也就是说，反应速率常数 k 会随着温度的改变而改变。

1889 年，化学家阿伦尼乌斯根据实验结果，提出了温度与反应速率常数关系的经验公式：

$$k = A \exp(-E_a/RT) \tag{1-33}$$

或

$$\ln \frac{k}{[k]} = \frac{-E_a}{RT} + \ln \frac{A}{[A]}$$

式中，$[k]$、$[A]$ 分别是 k 与 A 的单位；A 为给定反应的特征常数，称指前因子（preexponential factor），它与反应物分子的碰撞频率、反应物分子定向碰撞的空间因素等有关，与反应物浓度及反应温度无关。从 (1-33) 可知，反应速率常数与热力学温度 T 成指数关系，即温度的微小变化都会使 k 有较大的变化，表明温度对反应速率具有显著影响。

现以 $\text{CO} + \text{NO}_2 \longrightarrow \text{CO}_2 + \text{NO}$ 反应为例来说明反应速率常数 k 与温度 T 的定量关系。实验数据列于表 1-5。

表 1-5　温度对反应 $CO+NO_2 \longrightarrow CO_2+NO$ 速率常数的影响

温度 T/K	600	650	700	750	800
速率常数 $k/dm^3 \cdot mol^{-1} \cdot s^{-1}$	0.028	0.22	1.30	6.00	23.0

用表 1-5 的实验数据，以 $\lg \dfrac{k}{[k]}$ 对 $1/T$ 作图，便得出如图 1-6 所示的直线。从图 1-6 中直线在纵轴上的截距可求得式(1-33)中的 A。直线的斜率为 $\dfrac{-E_a}{2.303R}$，由斜率可以求出反应的活化能 E_a。从以上讨论可见，利用阿伦尼乌斯公式，可以通过实验作图的方法求出 E_a 和 A。

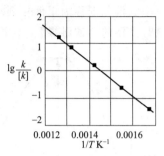

图 1-6　$\lg \dfrac{k}{[k]}$ 与 $\dfrac{1}{T}$ 的关系图

E_a 和 A 也可通过实验数据计算求出。设 k_1 和 k_2 分别表示某反应在 T_1、T_2 时的反应速率常数，则式(1-33) 可分别写为

$$\ln \dfrac{k_2}{[k]} = \dfrac{-E_a}{RT_2} + \ln \dfrac{A}{[A]}$$

$$\ln \dfrac{k_1}{[k]} = \dfrac{-E_a}{RT_1} + \ln \dfrac{A}{[A]}$$

两式相减，得

$$\ln \dfrac{k_2}{k_1} = \dfrac{E_a}{R} \left(\dfrac{T_2 - T_1}{T_1 T_2} \right)$$

或化为常用对数，即

$$\lg \dfrac{k_2}{k_1} = \dfrac{E_a}{2.303R} \left(\dfrac{T_2 - T_1}{T_1 T_2} \right) \tag{1-34}$$

应用式(1-34)就可以通过两个温度下的反应速率常数求出反应活化能，或已知反应的活化能及某一温度下的 k，算出其他温度时的 k。

【例题 1-16】 实验测得某反应在 573K 时速率常数为 $2.41 \times 10^{-10} s^{-1}$，在 673K 时速率常数为 $1.16 \times 10^{-6} s^{-1}$。求此反应的活化能 E_a 和 A。

解： 由式(1-34) 得

$$E_a = 2.303R \left(\dfrac{T_1 T_2}{T_2 - T_1} \right) \lg \dfrac{k_2}{k_1} = 2.303 \times 8.314 J \cdot K^{-1} \cdot mol^{-1} \times \dfrac{573K \times 673K}{673K - 573K} \times \lg \dfrac{1.16 \times 10^{-6} s^{-1}}{2.41 \times 10^{-10} s^{-1}}$$

$$= 271.90 kJ \cdot mol^{-1}$$

由式(1-33) 得

$$\lg \dfrac{A}{[A]} = \lg \dfrac{k}{[k]} + \dfrac{E_a}{2.303RT}$$

将 573K 时的各个数值代入

$$\lg \dfrac{A}{s^{-1}} = \lg(2.41 \times 10^{-10}) + \dfrac{271.90 kJ \cdot mol^{-1}}{2.303 \times 8.314 J \cdot K^{-1} \cdot mol^{-1} \times 573K}$$

$$= -9.62 + 24.78 = 15.16$$

$A = 1.45 \times 10^{15} s^{-1}$　（A 和 k 具有相同的单位）

答： 此反应的 $E_a = 271.90 kJ \cdot mol^{-1}$，$A = 1.45 \times 10^{15} s^{-1}$。

3. 催化剂对反应速率的影响

催化剂（catalyst）是能改变反应速率而其本身的组成、质量、化学性质在反应前后都不发生变化的物质。催化剂能改变反应速率的作用称为催化作用（catalysis）。能提高反应速率的催化剂称为正催化剂（positive catalyst），如氢与氧合成水时使用的铂，氢与氮合成氨时使用的"铁触媒"。本书提到的催化剂都是指正催化剂。

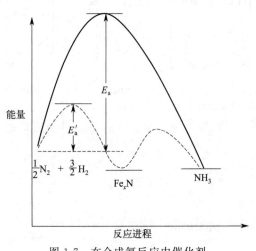

图 1-7 在合成氨反应中催化剂降低活化能示意图

可以说，生产生活中催化作用比比皆是。在硫酸生产中，少量 NO 可以催化 SO_2 氧化为 SO_3 的反应；实验室里用 MnO_2 催化 $KClO_3$ 的分解以制取氧气；人的生命本身是一系列生物化学过程，这些过程中存在着大量的催化剂，如蛋白酶、胃蛋白酶、蔗糖酶、脂酶等。虽然提高温度能加快反应速率，但在实际生产中往往会带来能耗大、对高温设备有特殊要求等问题。采用催化剂可以在不提高温度的情况下极大地提高反应速率。因此，对于催化作用的研究，不仅在理论上很有意义，在工业生产中也极其重要。催化理论很多，各有各的实验依据。但是，从活化能的角度来理解催化作用，无论哪种解释都可以归结为：催化剂的存在给反应系统提供了一条需要较低能量的途径（降低了"能垒"）。也就是说，由于改变了反应机理而降低了活化能，因而提高了反应速率，如图 1-7 所示。

既然活化能可以用实验测定，上述判断就可以用实验数据来证实。前面提到的 N_2O 分解反应，活化能为 $250kJ \cdot mol^{-1}$，而在金的表面，其活化能变为 $120kJ \cdot mol^{-1}$；在 800K 时，氨的分解反应，活化能为 $376.5kJ \cdot mol^{-1}$，当用铁作催化剂时，反应的活化能变为 $163.17kJ \cdot mol^{-1}$。由于催化剂的作用，氨的分解速率在 800K 时提高了 8.5×10^{13} 倍。催化剂除可极大地提高化学反应速率外，它还具有独特的选择性。当一个反应系统可能有许多平行反应时，常常使用高选择性的催化剂以提高所需反应的速率，同时对其他可能发生的并不需要的反应（副反应）加以抑制。例如，以乙醇为原料，使用不同的催化剂可以得到下述不同的产物：

$$C_2H_5OH \begin{cases} \xrightarrow[Cu]{200 \sim 250℃} CH_3CHO + H_2 \\ \xrightarrow[Al_2O_3]{350 \sim 360℃} C_2H_4 + H_2O \\ \xrightarrow[MgO-SiO_2]{400 \sim 450℃} CH_2=CH-CH=CH_2 + H_2 + H_2O \\ \xrightarrow[H_2SO_4]{140℃} (C_2H_5)_2O + H_2O \end{cases}$$

4. 影响多相反应速率的因素

在不均匀系统中的多相反应过程比前面讨论的单相反应要复杂得多。在单相系统中，所有反应物的分子都可能相互碰撞并发生化学反应；在多相系统中，只有在相界面上，反应物粒子才有可能接触并进而发生化学反应。反应产物如果不能离开相界面，就将阻碍反应的继续进行。因此，对于多相反应系统，除反应物浓度、反应温度、催化作用等因素外，相的接触面和扩散作用对反应速率也有很大影响。

气体、液体在固体表面上发生的反应，可以认为至少要经过以下几个步骤才能完成：反应物分子向固体表面扩散；反应物分子被吸附在固体表面；反应物分子在固体表面发生反应，生成产物；产物分子从固体表面解吸；产物分子经扩散离开固体表面。这些步骤中的任何一步都会影响整个反应的速率。在实际生产中，常常采取振荡、搅拌、鼓风等措施就是为了加强扩散作用；粉碎固体反应物或将液体反应物喷成雾状则是为了增加两相间的接触面积。固体反应物参加的反应，其速率方程式只包含气体或液体反应物的浓度，而固体（或纯液体）的浓度则不列入。例如，若下述反应为基元反应：

$$C(s)+O_2(g) \longrightarrow CO_2(g)$$

则其速率方程为

$$v=kc(O_2)$$

当碳的粉碎程度不同时，反应速率常数和反应速率都将不同，即

$$v'=k'c(O_2)$$

拓展阅读

光催化

早在20世纪30年代，研究者发现在O_2存在以及紫外光照射的情况下，TiO_2对染料具有漂白作用，对纤维具有降解作用。然而，当时受半导体理论和分析技术的局限，这些现象被简单归因为紫外光诱导促使O_2在TiO_2表面产生了高活性的氧化物。

1972年，Fujishima等报道采用TiO_2光电极和铂电极组成的光电化学体系使水分解为氢气和氧气，从而开辟了半导体光催化这一新的领域。随着半导体能带理论的完善和半导体分析测量技术的进步，人们认识到光催化量子效率并不高，而且紫外光只占太阳光的5%左右。此外，氢能的运输、储存和利用也存在很多技术问题，致使氢能的研究始终停留在理论研究阶段。

利用半导体光催化分解水制氢则可以在室温下进行，其基本原理为半导体通过吸收太阳光实现电子从基态跃迁至激发态并产生足够能量的导带电子和价带空穴以满足水分解的热力学要求。半导体是一类导电性（常温下）介于金属与绝缘体的材料，由于其特殊的能带结构及良好的光稳定性而成为光催化分解水制氢的优选材料。根据能带理论，半导体的价带为"满带"，完全被电子占据；导带为"空带"，没有电子占据。如图1-8所示，半导体价带顶与导带底的能量差称为"带隙"，当半导体吸收能量等于或大于其带隙的光子时，电子将从价带（VB）激发到导带（CB），生成电子（e^-），在VB中留下空穴（h^+）。由于半导体能带的不连续性，电子或空穴在电场作用下，会通过扩散的方式运动，当彼此分离后迁移到半导体的表面，与吸附在表面的物质发生氧化还原反应；或者被体相或表面的缺陷捕获；也可能直接复合，以光或热辐射的形式转化。光激发产生的电子-空穴对具有一定的还原和氧化能力，由其驱动的反应称为光催化反应。

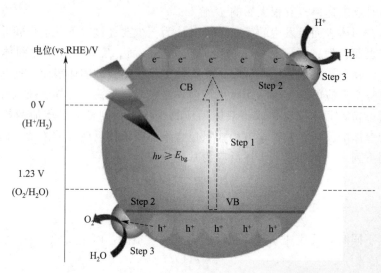

图1-8 半导体基光催化分解水制氢的基本过程

根据激发态的电子转移和热力学的限制，光催化分解水制氢要求半导体的导带底能级比质子还原电位更负 [H^+/H_2；$0-0.059$pH，V，vs. RHE（标准氢电极）]，而价带顶能级比水的氧化电位更正（H_2O/O_2；$1.23-0.059$pH，V，vs. RHE）。从理论上讲，驱动全分解水反应所需的最小光子能量为1.23eV，对应波长约为1000nm的光子。但实际上，由于半导体能带弯曲的影响和水分解过电位的存在，对半导体带隙的要求往往大于理论值，一般认为应大于1.8eV。一般来说，光催化分解水反应包括光催化还原反应和光催化氧化反应。在光催化还原反应中光生电子还原电子受体H^+，相应的氧化反应为空穴氧化电子给体H_2O，整体的反应速率由速率较小的反应决定。就热力学而言，光催化水氧化反应是热力学爬坡的反应（$\Delta G^{\ominus}$为237kJ·mol^{-1}），同时涉及4个电子的转移过程，而光催化水还原反应只需2个电子参与且$\Delta G^{\ominus}$接近于零，因此光催化氧化反应通常被认为是水分解反应的速控步骤。

迄今为止，人们所研究和发现的光催化剂和光催化体系仍然存在诸多问题，如光催化剂大多仅在紫外光区稳定有效，能够在可见光区使用的光催化剂不但催化活性低，而且几乎都存在光腐蚀现象，需使用牺牲剂进行抑制，能量转化效率低，这些阻碍了光解水的实际应用。光解水的研究是一项艰巨的工作，虽然近期取得了一些进展，但是还有很多需要进一步研究，如研制具有特殊结构的新型光催化剂、开发新型光催化反应体系、对提高光催化剂性能的方法进行更加深入的研究等，这些都是今后光解水的研究重点。

习题

一、选择题

1. 下列方程式中，能正确表示AgBr（s）的$\Delta_f H_m^{\ominus}$的是（   ）。

A. $Ag(s)+\frac{1}{2}Br_2(g)\longrightarrow AgBr(s)$ B. $Ag(s)+\frac{1}{2}Br_2(l)\longrightarrow AgBr(s)$

C. $2Ag(s)+Br_2(l)\longrightarrow 2AgBr(s)$ D. $Ag^+(aq)+Br^-(aq)\longrightarrow AgBr(s)$

2. 298K下，对参考态元素的下列叙述中正确的是（   ）。

A. $\Delta_f H_m^\ominus \neq 0$，$\Delta_f G_m^\ominus =0$，$S_m^\ominus =0$ B. $\Delta_f H_m^\ominus \neq 0$，$\Delta_f G_m^\ominus \neq 0$，$S_m^\ominus \neq 0$

C. $\Delta_f H_m^\ominus =0$，$\Delta_f G_m^\ominus =0$，$S_m^\ominus \neq 0$ D. $\Delta_f H_m^\ominus =0$，$\Delta_f G_m^\ominus =0$，$S_m^\ominus =0$

3. 已知下列反应的标准吉布斯函数和标准平衡常数：

(1) $C(s)+O_2(g)\longrightarrow CO_2(g)$ $\Delta G_1^\ominus$，$K_1^\ominus$

(2) $CO_2(g)\longrightarrow CO(g)+\frac{1}{2}O_2(g)$ $\Delta G_2^\ominus$，$K_2^\ominus$

(3) $C(s)+\frac{1}{2}O_2(g)\longrightarrow CO(g)$ $\Delta G_3^\ominus$，$K_3^\ominus$

则下列表达式正确的是（   ）。

A. $\Delta G_3^\ominus =\Delta G_1^\ominus -\Delta G_2^\ominus$ B. $\Delta G_3^\ominus =\Delta G_1^\ominus \times \Delta G_2^\ominus$

C. $K_3^\ominus =K_1^\ominus /K_2^\ominus$ D. $K_3^\ominus =K_1^\ominus K_2^\ominus$

4. 若反应 $A+B\longrightarrow C$ 对 A、B 来说都是一级反应，下列说法正确的是（   ）。

A. 该反应速率常数的单位可以用 min^{-1}

B. 该反应是一级反应

C. 两反应物的浓度同时减半时，其反应速率也相应减半

D. 两种反应物中，无论哪一种物质的浓度增加1倍，都将使反应速率增加1倍

5. 对一个化学反应来说，下列叙述正确的是（   ）。

A. $\Delta H^\ominus$ 越小，反应速率越大 B. 活化能越小，反应速率越大

C. 活化能越大，反应速率越大 D. $\Delta G^\ominus$ 越小，反应速率越大

6. 某反应 298.15K 时，$\Delta_r G_m^\ominus =100kJ\cdot mol^{-1}$，$\Delta_r H_m^\ominus =120kJ\cdot mol^{-1}$，下列说法错误的是（   ）。

A. 可以求得反应的活化能 B. 可以求得 298K 时反应的 $\Delta_r S_m^\ominus$

C. 可以求得反应达平衡时的标准平衡常数 D. 可以求得反应的活化能

7. 某反应在 400K 时反应速率常数是 300K 时的 6 倍，则这个反应的活化能近似值是（   ）。

A. $17.9J\cdot mol^{-1}$ B. $7.8kJ\cdot mol^{-1}$ C. $17.9kJ\cdot mol^{-1}$ D. $7.8J\cdot mol^{-1}$

二、填空题

1. U、S、H、G 是_____函数，其改变量只取决于系统的_____和_____，而与变化的_____无关，它们都是_____性质，其数值大小与参与变化的_____有关。

2. 定温、定压下，_____可以作为反应过程自发性的判据。

3. 在一固定体积的容器中放置一定量的 NH_4Cl，发生反应 $NH_4Cl(s)\longrightarrow NH_3(g)+HCl(g)$，$\Delta_r H_m^\ominus =177kJ\cdot mol^{-1}$，360℃达平衡时测得 $p(NH_3)=1.50kPa$，则该反应在 360℃时 $K^\ominus =$_____。当温度不变时，加压使体积缩小到原来的 $\frac{1}{2}$，$K^\ominus$_____，平衡向_____移动；温度不变时，向容器内充入一定量的氮气，$K^\ominus$_____，平衡

向_____移动；升高温度，$K^{\ominus}$_____，平衡向_____移动。

4. 非基元反应是由若干_____组成的。质量作用定律不适合_____。

5. 反应 A(g)+B(g)⟶AB(g)，根据下列每一种情况的反应速率数据，写出反应速率方程。

(1) 当 A 浓度为原来的 2 倍时，反应速率也为原来的 2 倍；B 浓度为原来的 2 倍时，反应速率为原来的 4 倍，则 $v=$_____。

(2) 当 A 浓度为原来的 2 倍时，反应速率也为原来的 2 倍；B 浓度为原来的 2 倍时，反应速率为原来的 $\frac{1}{2}$，则 $v=$_____。

(3) 反应速率与 A 的浓度成正比，而与 B 的浓度无关，则 $v=$_____。

三、判断题

1. 状态函数都具有加和性。 ( )
2. 系统的状态发生改变时，至少有一个状态函数发生了改变。 ( )
3. ΔH、ΔS 受温度影响很小，所以 ΔG 受温度的影响不大。 ( )
4. 利用盖斯定律计算反应热效应时，其热效应与过程无关。这表明任何情况下，化学反应的热效应只与反应的起止状态有关，而与反应途径无关。 ( )
5. 吉布斯函数受温度影响很大，焓和熵受温度影响很小，计算时可忽略不计。 ( )
6. 若温度改变、压力改变、浓度改变，化学平衡将向减弱这个改变的方向移动，但是 $K^{\ominus}$ 并不发生改变。 ( )
7. 化学反应进度可以度量化学反应进行的程度。 ( )
8. 反应的 ΔH 就是反应的热效应。 ( )
9. 所有标准平衡常数都是无量纲的。 ( )

四、计算题

1. 已知 $\Delta_c H_m^{\ominus}(CH_3CH_2OH, l, 298.15K) = -1366.91 kJ \cdot mol^{-1}$，$\Delta_c H_m^{\ominus}(CH_3COOH, l, 298.15K) = -874.54 kJ \cdot mol^{-1}$，$\Delta_c H_m^{\ominus}(CH_3COOCH_2CH_3, l, 298.15K) = -2730.9 kJ \cdot mol^{-1}$ 求在 298.15K 时反应 $CH_3COOH + CH_3CH_2OH \longrightarrow CH_3COOCH_2CH_3 + H_2O$ 的 $\Delta_r H_m^{\ominus}$。

2. 由锡石（SnO_2）冶炼制金属锡（Sn）有以下三种方法，请从热力学原理讨论应推荐哪一种方法。实际上应用什么方法更好？为什么？

(1) $SnO_2(s) \longrightarrow Sn(s) + O_2(g)$

(2) $SnO_2(s) + C(s) \longrightarrow Sn(s) + CO_2(g)$

(3) $SnO_2(s) + 2H_2(g) \longrightarrow Sn(s) + 2H_2O(g)$

3. 通过计算说明用以下反应合成乙醇的条件（标准状态下）：
$$4CO_2(g) + 6H_2O(l) \longrightarrow 2C_2H_5OH(l) + 6O_2(g)$$

4. 反应 $CaCO_3(s) \longrightarrow CaO(s) + CO_2(g)$，在 973K 时 $K^{\ominus}=2.92 \times 10^{-2}$，900℃ 时 $K^{\ominus}=1.04$，试由此计算（不查表）该反应的 $\Delta_r G_m^{\ominus}(973K)$、$\Delta_r G_m^{\ominus}(1173K)$ 及 $\Delta_r H_m^{\ominus}$、$\Delta_r S_m^{\ominus}$。

5. Ag_2O 遇热分解：$2Ag_2O(s) \longrightarrow 4Ag(s) + O_2(g)$。已知在 298K 时，$Ag_2O$ 的 $\Delta_f H_m^{\ominus} = -31.1 kJ \cdot mol^{-1}$，$\Delta_f G_m^{\ominus} = -11.2 kJ \cdot mol^{-1}$，在 298K 时 $p(O_2)$ 是多少（Pa）？Ag_2O 的最低分解温度是多少？

6. 在 300K 时，反应 $2NOCl(g) \longrightarrow 2NO + Cl_2$ 中 NOCl 的起始浓度和起始反应速率的

数据如下：

NOCl 的起始浓度/mol·L^{-1}	起始速率/mol·L^{-1}·s^{-1}
0.30	3.60×10^{-9}
0.60	1.44×10^{-8}
0.90	3.24×10^{-8}

（1）写出反应速率方程；

（2）计算反应速率常数；

（3）如果 NOCl 的起始浓度从 0.30mol·L^{-1} 增大到 0.45mol·L^{-1}，反应速率将增大多少倍？

（4）如果体积不变，将 NOCl 的浓度增大到原来的 3 倍，反应速率将如何变化？

第二章
溶液中的化学平衡

生产生活中的化学反应有很大一部分是在水溶液中进行的,因而溶液中的化学平衡是化学平衡中至关重要且用途甚广的部分。热力学平衡的基本规则在这里都是适用的。溶液中的化学平衡主要包括酸碱电离平衡、沉淀溶解平衡、电化学平衡及配位平衡等。各类平衡既具有自身的特点,又都遵循化学平衡的基本规律。在实际溶液体系中可能单独存在某一类平衡,也可能同时存在几类不同的平衡。

 本章学习重点

1. 理解溶液的基本概念;
2. 掌握酸碱平衡和沉淀溶解平衡的计算方法;
3. 了解配位化合物在水溶液中的配位平衡。

第一节 分散体系

一、分散体系概述

分散体系(dispersed system)是指当一种或几种物质被分散在另一种物质中时所形成的体系。被分散的物质称为分散质(dispersate);起分散作用的、使分散质在其中分散的物质称为分散剂(dispersant),亦称分散介质(dispersed medium)。

分散体系常按照分散质的粒子大小分为如下三类。

粗分散体系(coarse disperse system):直径大于 10^{-6} m 的分散质粒子形成的分散体系。悬浊液和乳浊液属于粗分散体系,这是一种多相的不均匀体系,用一般显微镜甚至肉眼即可观察到其中的分散质粒子。

分子或离子分散体系:分散质粒子的直径小于 10^{-9} m,分散质以分子或离子状态分散于分散剂中所形成的分散体系。在这种分散体系中,分散质与分散剂形成了均匀的溶液,它是一种单相的均匀分散体系。氯化钠溶液就属于这一类分散体系。

胶体分散体系(colloidal disperse system):分散质粒子直径介于 $10^{-9} \sim 10^{-6}$ m 之间的分散体系。例如,固体分散质分散于液体介质中形成的溶胶就是一种胶体分散体系。胶体中的分散质粒子是由许多分子或离子聚集而成的,它们以一定的界面与周围介质分隔开,形成一个不连续的相,而体系的分散剂则是一个连续相。所以尽管用肉眼或一般显微镜观察时,胶体体系看起来好像是单相,但实际上它是一个多相体系。更确切地说,是一种高度分散的微不均匀体系。

二、溶液

1. 溶液的一般概念和分类

溶液(solution)是由两种或多种组分组成的均匀分散体系。溶液中各部分都具有相同的物理和化学性质,是一个均相体系。其中分散质称为溶质,而分散介质称为溶剂。溶液不同于其他分散体系之处在于:溶液中溶质是以分子或离子状态均匀地分散于溶剂之中的。按照组成溶液的溶剂和溶质原先的聚集状态不同,可以分成六类(表2-1)。

表 2-1 溶液的种类

溶质	溶剂	形成溶液的状态	例子
气体	气体	气体	空气
气体	液体	液体	溶解有二氧化碳的水
气体	固体	固体	吸附了氢气的金属钯
液体	液体	液体	乙醇的水溶液
固体	液体	液体	氯化钠的水溶液
固体	固体	固体	黄铜

按照形成的溶液所呈现的聚集态分类,则可以分为气态溶液、液态溶液、固态溶液三种。

液态溶液,尤其是以水为溶剂的溶液,在生产实际和科学研究中具有特别重要的地位。一般所称的溶液就是指液态溶液,而如无特别说明,通常是指以水为溶剂的水溶液。

2. 溶解过程与溶液的形成

溶质均匀分散于溶剂中形成溶液的过程称为溶解。

溶解过程是一个复杂的物理化学过程,它既不是单纯的物理过程,也不是完全的化学过程。在溶解过程中,常常伴随着热量、体积甚至颜色的变化。例如,氢氧化钠或硫酸溶解于水中时,放出大量的热;硝酸铵溶解于水时需要吸热;酒精与水形成的溶液体积小于原来酒精和水体积的和;白色的无水硫酸铜溶解于水中得到的是蓝色溶液。溶解过程中部分破坏了原先溶质内部分子间的作用及溶剂本身分子间的作用,形成了溶质分子与溶剂分子间的作用力,因此不同的溶解过程伴随着不同的能量变化。此外,溶解过程也总伴随着熵的变化。因为在纯溶剂或溶质中,组成物质的微粒排布相对有序,而在溶解过程中,这种有序性遭到破坏,从而使体系的混乱度增加。体系混乱度增加有利于一个过程的自发进行。正是由于溶解过程始终是一个体系混乱度增加的过程,所以即使有些溶解过程是吸热的,却依然可以自发进行。

溶解度(solubility)是指在一定的温度和压力条件下,在一定量溶剂中最多能溶解的溶质的量。溶解度表征了物质在指定溶剂(如水)中溶解性的大小,是由物质自身的组成、结构所决定的,是物质本征特性之一。在一定温度、压力下,物质的溶解度大小取决于该物质及指定溶剂本身的特性。

在总结大量实验事实的基础上,人们归纳出了关于各类物质在液体中溶解的经验规律,即相似相溶(like dissolves like)原理:结构相似的物质之间容易相互溶解。也就是说,如溶质与溶剂具有相似的组成或结构，便具有相似的极性（极性物质亲水疏油；非极性物质疏水亲油），它们间就能较好地相互溶解。水是一种极性溶剂，并且分子间可以形成氢键，因此一般的离子化合物（如无机盐类）以及能与水分子之间形成氢键的物质（如醇、酮、酰胺等）在水中有较好的溶解性。而一般的有机化合物通常为非极性物质或极性较小，因而在水中难溶，而易溶于非极性的有机溶剂。具有苯环的芳香族化合物一般溶于苯、甲苯等溶剂。对于结构类似的同类固体，其熔点越低，分子间作用力越接近液体中分子间作用力，其在液体中的溶解度越大。而对于结构相似的气体，沸点越高，则其分子间力越接近液体，该气体在液体中的溶解度越大（例如沸点为 90K 的氧气在水中的溶解度就大于沸点为 20K 的氢气）。但应注意的是，相似相溶原理仅仅是个经验规律，应用中不能简单类推。尤其是对结构是否相似的判断，应看其本质。例如，乙酸是一种极性物质，可以与水混溶，但是，它也能溶于四氯化碳、苯这样的非极性溶剂，这是因为在非极性溶剂中乙酸可以形成极性较小的二聚体。

指定的物质在指定溶剂中的溶解度主要与温度有关，多数固体物质在水中的溶解度是随温度升高的，而气体物质在水中的溶解度多随温度上升而下降。温度对流体溶质的溶解度影响较小。压力变化对气体物质的溶解度有明显的影响，一般随气体压力增大，气体的溶解度会增大，但压力对固体和液体物质的溶解度几乎没有影响。

3. 溶液浓度的表示和比较

浓度就是指一定量溶液中溶质及溶剂相对含量的定量表示。根据研究需要的不同，这种相对含量的表示可以有多种方式。常用的浓度表示法有质量分数、物质的量浓度、质量摩尔浓度、摩尔分数等。这里主要介绍后三种浓度表示法。

（1）物质的量浓度（amount of substance concentration）

某溶质的物质的量浓度定义为：单位体积溶液中所含有的该溶质的物质的量，用符号 c 表示：

$$c = n(溶质)/V(溶液)$$

式中，c 的常用单位是 $mol \cdot dm^{-3}$ 或 $mol \cdot L^{-1}$；n 的单位是 mol；V 的单位是 dm^3 或 L。

（2）质量摩尔浓度（molality）

某溶质的质量摩尔浓度定义为：单位质量溶剂中所含该溶质的物质的量，用符号 m 表示：

$$m = n(溶质)/w(溶剂)$$

式中，m 的单位是 $mol \cdot kg^{-1}$；n 的单位是 mol；w 的单位是 kg。

（3）摩尔分数（mole fraction）

某溶质的摩尔分数定义为：该溶质的物质的量占全部溶液的物质的量的分数，亦称物质的量分数，用符号 x 表示。

$$x_a = n_a/(n_a + n_b) = n_a/n_总$$
$$x_b = n_b/(n_a + n_b) = n_b/n_总$$

式中，x_a、x_b 分别表示组分 A、B 的摩尔分数；n_a、n_b 分别表示溶液中组分 A、B 的物质的量；$n_总$ 表示溶液中所有组分的物质的量的总和。

浓度的各种表示法都有其自身的优点和相应的局限性。

物质的量浓度（c）优点在于，在实验室配制该浓度的溶液很方便，因为溶液体积的度量要比质量容易，但是溶液的体积与温度有关，所以用物质的量浓度表示时，浓度的数值易受温度的影响。

质量摩尔浓度（m）优点在于，该浓度表示法与溶液温度无关，并可以用于溶液沸点及凝固点的计算，但实验室配制时不如使用物质的量浓度方便。

用摩尔分数（x）表示，在描述溶液的某些特殊性质（如蒸气压）时十分简便，并且该表示法也与溶液的温度无关。

第二节 ▶ 稀溶液的依数性

难挥发非电解质的稀溶液有一些特殊的共性，这些共性与溶液中所含的溶质本性无关，而仅仅与所含溶质微粒的数量有关，这种性质称为溶液的依数性（colligative properties of solutions），亦称为稀溶液的通性。溶液的依数性主要有：溶液的蒸气压下降、沸点上升、凝固点下降、渗透压。

一、蒸气压下降

在一定温度下，某种液体与其蒸气处于动态平衡时的蒸气压力，即为该液体的饱和蒸气的压力，称为饱和蒸气压，简称为该液体的蒸气压。蒸气压与液体的本性及温度有关。对某种纯溶剂而言，在一定温度下其蒸气压是一定的。但是，当溶入难挥发的非电解质而形成溶液后，由于非电解质溶质分子占据了部分溶剂的表面，单位表面内溶剂从液相进入气相的速率减小，因而达到平衡时，溶液的饱和蒸气压要比纯溶剂在同一温度下低。而这种蒸气压下降的程度仅与溶质的量相关，即与溶液的浓度有关，而与溶质的种类本性无关。

这一规律是法国化学家拉乌尔（Raoult）在1880年首次发现的，称为拉乌尔定律（Raoult's law）：在一定温度下，难挥发非电解质稀溶液的蒸气压下降与溶液中溶质的量，即其摩尔分数成正比，即

$$\Delta p = p^* - p_1 = p^* x_1 = p^*(1 - x_2) \tag{2-1}$$

式中，Δp 为溶液的蒸气压下降值；p^* 为纯溶剂的蒸气压；p_1 为溶液的蒸气压；x_1 为溶质的摩尔分数；x_2 为溶剂的摩尔分数。

上式也可表达为：

$$p_1 = p^* x_2 \tag{2-2}$$

即溶液的蒸气压等于纯溶剂的蒸气压乘与溶剂摩尔分数的积。

二、溶液的沸点升高

沸点是指液体的蒸气压等于外界压力时的温度。由于加入难挥发非电解质后的溶液蒸气压下降，所以在相同外压下，溶液的蒸气压达到外界压力所需的温度必然高于纯溶剂，因此溶液的沸点将上升。溶液的沸点上升与溶液的质量摩尔浓度（m）有如下关系：

$$\Delta T_b = K_b m \tag{2-3}$$

式中，ΔT_b 为溶液的沸点升高值，K；K_b 为溶剂的沸点升高常数，$K \cdot kg \cdot mol^{-1}$；$m$ 为溶液的质量摩尔浓度，$mol \cdot kg^{-1}$。

三、溶液的凝固点降低

物质的凝固点或熔点是指一定外部压力下该物质的固、液两相蒸气压相等时的温度。以水溶液为例,当水中溶入难挥发非电解质后,由于水溶液的蒸气压下降,因此在水的正常凝固点0℃时,溶液的蒸气压小于冰的蒸气压,只有在更低的温度下,溶液的蒸气压才与冰的蒸气压相等,因此溶液的凝固点将下降。溶液的凝固点下降与溶液的质量摩尔浓度(m)之间有如下关系:

$$\Delta T_f = K_f m \tag{2-4}$$

式中,ΔT_f 为溶液的凝固点降低值,K;K_f 为溶剂的凝固点下降常数,K·kg·mol^{-1};m 为溶液的质量摩尔浓度,mol·kg^{-1}。表2-2列出了常见溶剂的 K_b、K_f 值。

表 2-2　常见溶剂的 K_b、K_f 值

溶剂	沸点/K	K_b/K·kg·mol^{-1}	凝固点/K	K_f/K·kg·mol^{-1}
水	373.1	0.512	273	1.85~1.87
氯仿	334.3	3.63	—	—
苯	353.2	2.53	278.7	4.90
醋酸	391.0	3.07	289.8	3.90
萘	491.1	5.80	351.3	6.8~6.9

溶液的蒸气压下降引起的沸点上升和凝固点下降,可以通过水、冰和水溶液的蒸气压曲线得到很好的解释。图 2-1 是水、冰和溶液的蒸气压曲线图。其中,实线 AB 是纯水的气、液两相平衡曲线,实线 AA' 是水的气、固两相平衡曲线(冰的蒸气压曲线),虚线 $A'B'$ 是溶液的气、液两相平衡曲线。由图可见,当外界压力为 101.325kPa 时,纯水的沸点是 100℃,而此时水溶液的蒸气压低于外压,当溶液的蒸气压等于外压时,相应的温度(即溶液的沸点)必高于 100℃,其与 100℃ 之间的差值就是溶液的沸点升高值。纯水的固、液两相蒸气压相等时的温度为 0℃,由于溶解了溶质,0℃时溶液的蒸气压低于冰的蒸气压,当温度下降到 A' 点时,固、液两相才达到平衡,即溶液的蒸气压等于冰的蒸气压。此时的温度即为溶液的凝固点,此点与纯水的凝固点(0℃)之间的差值就是溶液的凝固点降低值。

四、渗透压

半透膜是一种特殊的多孔分离膜,它可以选择性地让溶剂分子通过而不让溶质分子通过。当用半透膜把溶剂和溶液隔开时,纯溶剂和溶液中的溶剂都将通过半透膜向另一边扩散,但是由于纯溶剂的蒸气压大于溶液的蒸气压,所以净的宏观结果是溶剂将通过半透膜向溶液扩散,这一现象称为渗透。为了阻止这种渗透作用,必须在溶液一边施加相应的压力。这种为了阻止溶剂分子渗透而必须在溶液上方施加的最小额外压力就是渗透压。图 2-2 是渗透压的示意图。

难挥发非电解质稀溶液的渗透压与溶液的浓度和温度相关,范托夫(van't Hoff)于 1886 年发现了相关的规律,表示为:

$$\Pi = nRT/V = cRT \tag{2-5}$$

式中,Π 为溶液的渗透压,kPa;n 为溶质的物质的量,mol;R 为摩尔气体常数,8.314J·mol^{-1}·K^{-1};T 为热力学温度,K;V 为溶液的体积,dm^3;c 为溶质的物质的量浓度,mol·dm^{-3}。

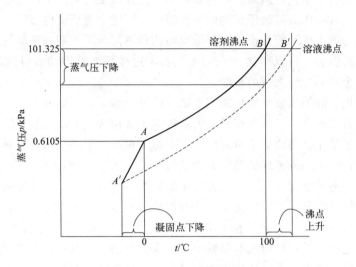

图 2-1　水、冰和溶液的蒸气压曲线图

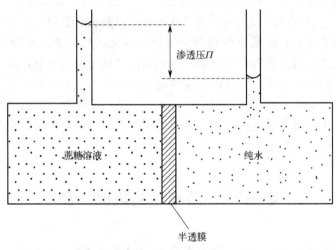

图 2-2　渗透压示意图

该式表明，在一定温度下，稀溶液的渗透压只与溶液的物质的量浓度有关，而与溶液中溶质的种类无关。在一定温度下，相同浓度的两个非电解质稀溶液具有相同的渗透压，称为等渗（isotonic）溶液。如果两个溶液的渗透压不等，则渗透压高的溶液称为高渗（hypertonic）溶液，而渗透压低的溶液则称作低渗（hypotonic）溶液。

渗透现象的产生需要两个条件：一是要有半透膜存在；二是在半透膜两侧要分别存在溶液和溶剂（或两种不同浓度的溶液）。

渗透现象与生命活动密切相关。细胞是构成生命的基本结构单元，而细胞膜就是典型的性能优异的天然半透膜。同时，动植物组织内的许多膜（如毛细管壁、红细胞的膜等）也都具有半透膜的功能。

例如，将红细胞放进纯水（或低渗溶液）中时，水会慢慢地穿过细胞壁而导致细胞肿胀直至破裂。若将细胞放入浓糖水（高渗溶液）中，则细胞内水将通过细胞壁渗出进入糖水中，导致细胞萎缩和干枯；糖渍果脯或腌制蔬菜等的保质正是利用了渗透原理，临床输液或注射用液必须是与人体体液渗透压相同的等渗溶液，否则会造成体内渗透平衡紊乱，导致不良后果。海水鱼与淡水鱼不能交换生活环境也与两种不同鱼类的细胞液具有不同的渗透压有关。植物细胞液的渗透压可以高达 2000kPa 左右，这样巨大的推动力可以毫不费力地把水分输送到高达百余米的参天大树的顶端。

人们常常利用溶液的依数性原理来测定物质的分子量，由于温度变化的测定比渗透压的测定方便，所以对于低分子量的难挥发非电解质而言，用沸点升高法和凝固点降低法较为方便，但对于高分子量化合物的分子量测定，由于浓度很小，引起的沸点上升和凝固点下降值很小，难以测定，这时用渗透压法测定更为简便。

反渗透是以逆向思维方式利用自然界规律的典型例子。当在溶液一方施加的静压力大于渗透压时，可以使溶剂分子反方向流动，即溶剂分子从溶液流向纯溶剂，这种现象就叫作反渗透（reverse osmosis）。反渗透方法最著名的应用就是海水淡化，这是解决人类淡水资源短缺的一个重要途径，尽管目前成本是城市自来水生产的 3 倍左右，但比利用蒸馏法从海水提取淡水的能量要少得多。反渗透技术的关键是寻找高强度、耐高压、低成本的半透膜。目前，反渗透技术已被广泛应用于废水处理等许多领域。

必须再次强调的是，本章讨论的符合依数性定量规律的溶液是难挥发的非电解质稀溶液。对于难挥发非电解质浓溶液或电解质溶液而言，虽然也会有蒸气压下降、沸点上升、凝固点下降和渗透压等现象，但是这些现象与溶液浓度之间的关系不再符合依数性的定量规律。这是因为，在浓溶液中溶质粒子之间、溶质和溶剂粒子间的相互作用大大增强，这种相互作用已经到了不能忽略的程度，所以，简单的依数性关系已经不能正确描述溶液的上述性质。在电解质溶液中，由于溶质在溶剂中的解离，溶液中实际存在的微粒数量应包括未解离的分子及解离所产生的离子等全部微粒。各项依数性变化量则应按溶液中实际溶解的全部微粒的总量（或总浓度）计算。

第三节 ▶ 溶液中的酸碱平衡

溶液中的酸碱平衡指的是弱酸弱碱在水溶液中的电离平衡。酸、碱、盐都属于电解质，其分子结构的特征决定了它们在水溶液中不同的电离状况。通常说的强酸（如 HCl）、强碱（如 KOH）和几乎所有的盐类（如 KNO_3）都是指强电解质。它们在水溶液中完全电离，在稀溶液中完全以离子形式存在，基本上不存在未电离的分子。对它们而言，电离平衡并没有实际意义。而通常说的弱酸（如 HF）和弱碱（如乙二胺、吡啶等大多数有机碱及大多数二价、三价金属的氢氧化物）属于弱电解质。它们在水溶液中会发生不同程度的部分电离，因而在溶液中存在着分子与其离子间的平衡。这就是弱酸弱碱在水溶液中的电离平衡。

一、弱酸弱碱的电离平衡

1. 弱酸弱碱的电离常数

弱酸弱碱的电离平衡亦即酸碱平衡，具有平衡的一切特征，遵循平衡的共同规律。因此每种弱酸或弱碱的电离平衡，都可用一个相应的平衡常数 K 来表征其特征。$K_i^\ominus$ 称为弱酸弱碱的电离标准平衡常数，亦称酸碱电离常数。$K_i^\ominus$ 是由热力学导出的常数，量纲为 1，只随平衡体系的温度而变。当温度确定时，即为定值。由于通常研究酸碱平衡多在室温条件下，因而若无特别标明，$K_i^\ominus$ 总是指 298K 时的平衡常数。当温度在室温范围内变化时，相应的 $K_i^\ominus(T)$ 变化很小，在一般的计算中可直接用 $K_i^\ominus$（298K）进行计算。通常用下标 a、b 区别弱酸和弱碱，$K_a^\ominus$ 表示弱酸的电离常数，$K_b^\ominus$ 表示弱碱的电离常数。

按照平衡常数的定义及热力学原理，$K_a^\ominus$ 和 $K_b^\ominus$ 可用平衡体系中各组分的相对平衡浓度求算。方便起见，本书中用符号 [B] 表示平衡体系中某一组分物质 B 的相对浓度。另外，由于在水溶液中水总是大量的，在计算 $K_i^\ominus$ 的公式中，$[H_2O]$ 的值可看作是不变的，合并入常数项中，所以在计算水溶液中任何平衡过程的平衡常数时，水的相对平衡浓度项一律不出现在计算公式中。例如：

$$HAc \rightleftharpoons H^+ + Ac^-$$

$$K_a^\ominus(HAc) = \frac{\{c(H^+)/c^\ominus\}\{c(Ac^-)/c^\ominus\}}{\{c(HAc)/c^\ominus\}} = \frac{[H^+][Ac^-]}{[HAc]}$$

$$NH_3 + H_2O \rightleftharpoons NH_4^+ + OH^-$$

$$K_b^\ominus(NH_3 \cdot H_2O) = \frac{[NH_4^+][OH^-]}{[NH_3]}$$

一些常见的弱酸、弱碱的电离常数列于表 2-3 中。

表 2-3 常见弱酸、弱碱的电离常数

电解质	电离平衡	温度 $T/℃$	$K_a^\ominus$ 或 $K_b^\ominus$	$pK_a^\ominus$ 或 $pK_b^\ominus$[①]
醋酸	$HAc \rightleftharpoons H^+ + Ac^-$	25	1.76×10^{-5}	4.75
碳酸	$H_2CO_3 \rightleftharpoons H^+ + HCO_3^-$	25	$(K_1) 4.30 \times 10^{-7}$	6.37
	$HCO_3^- \rightleftharpoons H^+ + CO_3^{2-}$	25	$(K_2) 5.61 \times 10^{-11}$	10.25
氢氰酸	$HCN \rightleftharpoons H^+ + CN^-$	25	4.93×10^{-10}	9.31
磷酸	$H_3PO_4 \rightleftharpoons H_2PO_4^- + H^+$	25	$(K_1) 7.52 \times 10^{-3}$	2.12
	$H_2PO_4^- \rightleftharpoons HPO_4^{2-} + H^+$	25	$(K_2) 6.23 \times 10^{-8}$	7.21
	$HPO_4^{2-} \rightleftharpoons PO_4^{3-} + H^+$	25	$(K_3) 2.2 \times 10^{-13}$	12.67
氢氟酸	$HF \rightleftharpoons H^+ + F^-$	25	3.53×10^{-4}	3.45
甲酸	$HCOOH \rightleftharpoons H^+ + HCOO^-$	20	1.77×10^{-4}	3.75
氨水	$NH_3 + H_2O \rightleftharpoons NH_4^+ + OH^-$	25	1.77×10^{-5}	4.75

① $pK_a^\ominus = -\lg K_a^\ominus$，$pK_b^\ominus = -\lg K_b^\ominus$。

2. 水的离子积常数

纯水是弱电解质，在水溶液中总存在 H_2O 本身的电离平衡，这可看作酸碱平衡的一个特例：

$$H_2O \rightleftharpoons H^+ + OH^-$$

水的电离平衡，也可以用平衡常数 $K_W^\ominus$ 来表示其特征：

$$K_W^\ominus = [H^+][OH^-] \quad （在水溶液中 [H_2O] 可看作是不变的常数）$$

$K_W^\ominus$ 称为水的离子积常数。从物理化学手册中可查出指定温度下 $K_W^\ominus$ 的精确值。但在一般情况下通常取 $K_W^\ominus = 10^{-14}$ 进行计算。

3. 水溶液中的 pH 及其计算

通常用 pH 表示水溶液的酸碱性。pH 即为水溶液中 H^+ 的相对浓度的负对数：

$$pH = -\lg[H^+] = -\lg\{c(H^+)/c^\ominus\}$$

同样也用 pOH 表示水溶液中 OH^- 相对浓度的负对数：
$$pOH = -\lg[OH^-] = -\lg\{c(OH^-)/c^\ominus\}$$

在任何水溶液中，不管其实际上呈酸性、中性还是碱性，不管其实际的 H^+ 浓度和 OH^- 浓度各为多少，也不管在水溶液中是否还存在其他平衡，由于水本身电离平衡的存在，水溶液中 H^+ 与 OH^- 浓度的乘积总是一个常数。若一种离子浓度增加，则另一种离子浓度必然减少，以保持体系平衡。

$$[H^+][OH^-] = K_W^\ominus = 10^{-14}$$
$$pH + pOH = 14 \quad pH = 14 - pOH$$

当溶液中的 $[H^+] = [OH^-]$，即 $pH = pOH = 7$ 时，溶液呈中性；而当 $pH < 7$，即 $[H^+] > 10^{-7} > [OH^-]$，溶液呈酸性；当 $pH > 7$ 时，$[H^+] < 10^{-7} < [OH^-]$，溶液呈碱性。

水溶液的酸碱性是由水溶液中的酸、碱电离引起 $[H^+]$、$[OH^-]$ 变化而造成的结果。因此通过酸碱电离平衡及相应的平衡常数，可以求算溶液的 pH。

4. 多元弱酸弱碱的电离平衡

在水溶液中能放出多于一个氢离子的酸叫作多元酸（能接受不止一个氢离子的碱称为多元碱）。例如 H_2CO_3、H_2S、H_2SO_4 是二元酸，H_3PO_4 是三元酸。多元弱酸的电离是分步进行的，每一步电离都构成一级电离平衡，具有一个平衡常数。只有当所有各分步电离都完全达到平衡后，该多元弱酸在水溶液中的总体电离才算达到平衡。反之，当一个多元弱酸（或多元弱碱）在水溶液中达到总体电离平衡时，该弱酸（或弱碱）的各分步电离已分别达到平衡。各级分步平衡所涉及的成分（分子或离子）都必然存在于平衡体系中，且每种成分最终都只具有一种平衡浓度，而不论该组分实际参与了几个分步平衡。

以二元弱酸 H_2S 的电离平衡为例，其电离是分两步进行的：

第一级电离：$H_2S \rightleftharpoons H^+ + HS^-, K_{a1}^\ominus = \dfrac{[H^+][HS^-]}{[H_2S]}$

第二级电离：$HS^- \rightleftharpoons H^+ + S^{2-}, K_{a2}^\ominus = \dfrac{[H^+][S^{2-}]}{[HS^-]}$

$K_{a1}^\ominus$、$K_{a2}^\ominus$ 分别称为二元弱酸 H_2S 的第一级电离常数和第二级电离常数。当 H_2S 的二级电离都达到平衡时，H_2S 的总体电离亦达到平衡。将二级分步电离平衡式加在一起，就得到 H_2S 总的电离平衡式：

$$H_2S \rightleftharpoons 2H^+ + S^{2-}, K_a^\ominus = \dfrac{[H^+]^2[S^{2-}]}{[H_2S]}$$

酸的总体电离平衡常数 $K_a^\ominus$ 可由分级电离常数 $K_{a1}^\ominus$、$K_{a2}^\ominus$ 之积求得：

$$K_a^\ominus = K_{a1}^\ominus K_{a2}^\ominus$$

$K_a^\ominus$ 表示当 H_2S 的电离达总体平衡时，溶液中 H_2S 分子、H^+ 及 S^{2-} 的平衡浓度间的定量关系。需要注意的是，绝不能由此把溶液中 H^+ 平衡浓度简单理解成是 S^{2-} 离子平衡浓度的两倍，H_2S 的平衡浓度也绝不等于 S^{2-} 的平衡浓度。但是在最后的平衡体系中，只可能有一个确定的 H^+ 平衡浓度。其余组分也都一样。平衡体系中任一组分，最后都只能具有一个平衡浓度。

二、酸碱质子理论

1923 年，丹麦化学家布朗斯特（J. N. Bronsted）和英国化学家劳里（T. M. Lowry）各自独立地提出了酸碱质子理论。按酸碱质子理论，凡能给出质子的物质都是酸，凡能接受质子的物质都是碱。符合此定义的酸、碱分别称为布朗斯特酸、碱，或质子酸、碱。按酸碱质子理论，酸是质子的给予体，碱是质子的接受体，酸碱之间的变化转换，仅在于质子的转移。因此酸碱之间存在一种共轭关系，可以互相转化：酸给出质子后，就成为其共轭碱，而碱结合质子后，就成为其共轭酸。简单地说，酸能变碱，碱能变酸：

$$酸 \rightleftharpoons 碱 + 质子$$
$$HClO \rightleftharpoons ClO^- + H^+$$
$$HNO_3 \rightleftharpoons NO_3^- + H^+$$
$$H_3O^+ \rightleftharpoons H_2O + H^+$$
$$H_3PO_4 \rightleftharpoons H_2PO_4^- + H^+$$
$$H_2PO_4^- \rightleftharpoons HPO_4^{2-} + H^+$$
$$HPO_4^{2-} \rightleftharpoons PO_4^{3-} + H^+$$
$$NH_4^+ \rightleftharpoons NH_3 + H^+$$
$$H_2O \rightleftharpoons OH^- + H^+$$

质子理论扩大了酸碱的范围，除了传统的分子酸碱之外，正负离子也可以是质子酸或质子碱。因此含有正负离子的许多盐分子也表现出酸和碱的性质。例如，CO_3^{2-} 是一种质子碱，所以传统概念中的盐 Na_2CO_3，也是一种质子碱。有些物质，如 H_2O、HS^-、NH_3 等既可以做酸，又可以做碱，依所处的环境条件不同而变化。

按照酸碱质子理论，放出质子能力强的物质是较强的酸，接受质子能力强的物质是较强的碱。因此较强的酸（如 HCl）的共轭碱（如 Cl^-）必然是较弱的碱，反之亦然。碳酸是弱酸，而碳酸氢根（HCO_3^-）和碳酸根（CO_3^{2-}）却是强碱。

酸碱质子理论把传统的酸碱电离、酸碱中和及盐类水解反应等均归结为争夺质子和质子转移的过程，可以用一个通式表示：

$$酸_1 + 碱_2 \rightleftharpoons 碱_1 + 酸_2$$

式中，酸$_1$ 与碱$_1$、酸$_2$ 与碱$_2$ 互为共轭酸碱，称为共轭酸碱对。例如：

弱酸电离： $HAc + H_2O \rightleftharpoons Ac^- + H_3O^+$

酸碱中和： $H^+ + OH^- \rightleftharpoons H_2O$

盐的水解： $H_2O + CO_3^{2-} \rightleftharpoons OH^- + HCO_3^-$

上述反应中，实质上都是质子的转移过程，也就是参与反应的两对共轭酸碱争夺质子达到平衡的过程。反应进行的主要方向，也就是质子传递的方向，取决于反应物与生成物的酸碱性强弱，一般总是较强的酸与较强的碱发生反应，生成较弱的碱与酸。这些反应理论上都是可逆的，最后总会达到一种平衡，但反应正向或逆向进行的热力学可能性的大小，或者说反应正向或逆向进行实际所能达到的程度，通常是不一样的，甚至会有很大的差别。例如，HCl 在水中是强酸，HAc 在水中是弱酸，这是因为它们在水中给出质子的能力强弱不同：

$$HCl + H_2O \rightleftharpoons Cl^- + H_3O^+ \quad \text{(HCl 显强酸性)}$$

$$HAc + H_2O \rightleftharpoons H_3O^+ + Ac^- \quad \text{(HAc 显弱酸性)}$$

HCl 的酸性远强于 H_3O^+，在水溶液中 HCl 把质子传给 H_2O 生成 H_3O^+ 和 Cl^- 的倾向，远远超过 H_3O^+ 把质子给予 Cl^- 而生成 HCl 与 H_2O 的倾向。所以 HCl 在水溶液中的电离实际上是不可逆的，其逆反应的可能性实际上可忽略不计。

HAc 的酸性弱于 H_3O^+，它在水溶液中给出质子变成 H_3O^+ 和 Ac^- 的倾向，不如 H_3O^+ 把 H^+ 传给 Ac^- 而生成 HAc 和 H_2O 的倾向强。因此 HAc 在 H_2O 中只有部分电离，而其逆反应，即醋酸盐（Ac^-）水解的倾向却比醋酸电离的倾向更大。

根据酸碱质子理论，可以说明溶剂对弱酸酸性的影响。如前所述，在水溶液中，HCl 是强酸，完全电离；而 HAc 为弱酸，只能部分电离。若用比水碱性更强的 NH_3 作溶剂，则 HAc 的酸性将比其在水溶液中的酸性大大提高。因而在 NH_3 溶液中，HAc 是与 HCl 一样的强酸：

$$HAc + H_2O \rightleftharpoons Ac^- + H_3O^+ \quad \text{(HAc 显弱酸性)}$$

$$HAc + NH_3 \rightleftharpoons NH_4^+ + Ac^- \quad \text{(HAc 显强酸性)}$$

三、水解平衡

盐类的水解反应是酸碱中和反应的逆反应。按酸碱质子理论，无论水解还是中和反应，其实质都是质子转移过程，是两对共轭酸碱之间争夺质子的平衡，应属酸碱平衡。

$$Na_2CO_3 + 2H_2O \underset{\text{中和}}{\overset{\text{水解}}{\rightleftharpoons}} H_2CO_3 + 2NaOH$$

$$HCO_3^- + H_2O \underset{\text{中和}}{\overset{\text{水解}}{\rightleftharpoons}} H_2CO_3 + OH^-$$

水解平衡和一切酸碱平衡一样，可用平衡常数 $K_h^\ominus$ 来表征其平衡特征。$K_h^\ominus$ 称为水解常数。盐类的水解常数，可按相应的水解平衡式写出，并可方便地由组成盐的相应的弱酸、弱碱的酸碱电离常数及水的离子积常数求得。

例如：NaAc 的水解

$$Ac^- + H_2O \rightleftharpoons HAc + OH^-$$

$$K_h^\ominus(NaAc) = \frac{[HAc][OH^-]}{[Ac^-]} = \frac{[HAc][H^+][OH^-]}{[Ac^-][H^+]} = \frac{K_w^\ominus}{K_a^\ominus(HAc)}$$

多元弱酸盐或多元弱碱盐的水解是分步进行的。每步水解都独立构成一级水解平衡，可用相应的分级水解常数来表征。这和多元弱酸弱碱分步电离的原理是一样的，而每一步水解平衡的水解常数，可由相应的弱酸弱碱的分步电离常数及水的离子积常数求得。例如：

$$S^{2-} + H_2O \rightleftharpoons HS^- + OH^-, K_{h1}^\ominus = \frac{[HS^-][OH^-]}{[S^{2-}]} = \frac{K_w^\ominus}{K_{a2}^\ominus(H_2S)}$$

$$HS^- + H_2O \rightleftharpoons H_2S + OH^-, K_{h2}^\ominus = \frac{[H_2S][OH^-]}{[HS^-]} = \frac{K_w^\ominus}{K_{a1}^\ominus(H_2S)}$$

在多元弱酸盐（或多元弱碱盐）的分步水解中，第一级水解总是较强的。一般而言，$K_{h1}^\ominus > K_{h2}^\ominus > K_{h3}^\ominus \cdots\cdots$。因此，若要估计盐类水解对溶液 pH 的影响，通常只需考虑盐类的第一级水解即可。

四、同离子效应

1. 概念

在弱电解质溶液中,加入与弱电解质具有相同离子的强电解质,可使弱电解质的电离受到抑制,电离度降低。这种现象叫作同离子效应。

$HAc + H_2O \rightleftharpoons H_3O^+ + Ac^-$,在 HAc 溶液中加入含有 Ac^- 或 H^+ 的强电解质,如 NaAc 或 HNO_3 等,将抑制 HAc 的电离。

$NH_3 + H_2O \rightleftharpoons NH_4^+ + OH^-$,在氨水中加入含有 NH_4^+ 或 OH^- 的强电解质,如 NH_4Cl 或 NaOH 等,将抑制 NH_3 的电离。

这就是同离子效应。同离子效应实际上是勒夏特列(Le Chatelier)原理在电离平衡中的应用。

2. 缓冲作用及缓冲溶液

由弱酸或弱碱与它们的盐所组成的溶液,能保持其 pH 相对稳定。若向这种溶液中加入少量强酸、强碱或使溶液稍稍稀释或浓缩,溶液的 pH 不会发生明显变化。这种能在一定程度上抵消外来酸碱影响,而保持体系 pH 相对稳定的作用,称为缓冲作用。能起缓冲作用的体系称为缓冲体系或缓冲溶液。组成缓冲溶液的弱酸(或弱碱)与它们的盐,称为缓冲对。缓冲对实际就是一对共轭酸碱。缓冲作用的本质就是利用同离子效应,对组成缓冲溶液的共轭酸碱之间的电离平衡进行调节,以保持溶液 pH 稳定。

例如,醋酸与醋酸盐即组成了一组缓冲对:

$$HAc + H_2O \rightleftharpoons Ac^- + H_3O^+$$

在此电离平衡中,HAc 与 Ac^- 都是大量的。如果向此 HAc-Ac^-(NaAc)溶液中加入少量 H^+,电离平衡就会向左移动,减少因外加 H^+ 而引起的 pH 变化。反之,若外加少量 OH^- 使溶液中 H^+ 被中和而减少,则电离平衡就会向右移动,降低因外加 OH^- 而引起的 pH 变化。

同理,$NH_3 \cdot H_2O$ 和 NH_4^+ 这一对共轭酸碱,也能组成缓冲溶液:

$$NH_3 \cdot H_2O \rightleftharpoons NH_4^+ + OH^-$$

此溶液中 $NH_3 \cdot H_2O$ 和 NH_4^+ 都是大量的,无论外加少量强酸或强碱,都将导致电离平衡发生移动,而最终保持溶液 pH 的基本稳定。

缓冲溶液的应用十分广泛。不同的用途对缓冲溶液有不同的要求,为满足这些不同的要求,需选用不同成分和不同配比的共轭酸碱组成缓冲对。根据组成缓冲对的共轭酸碱间的电离平衡,可通过计算确定符合特定要求的缓冲对的组成和配比。

3. 缓冲溶液的 pH 及其缓冲范围

每种组成确定的缓冲溶液,都只能在某个特定的 pH 范围内起缓冲作用,即保持 pH 在一定范围内稳定。这个 pH 范围称为缓冲溶液的缓冲范围。缓冲溶液的缓冲范围是由缓冲对中弱酸或弱碱的电离特性决定的,也是人们选择缓冲液组成时需要满足的首要条件。

从组成缓冲对的共轭酸碱间的电离平衡可以求算指定缓冲溶液的 pH 及其缓冲范围。

对于由弱酸 HA 与其共轭碱 A^-(弱酸盐)组成的缓冲溶液:

$$HA + H_2O \rightleftharpoons A^- + H_3O^+ ; K_a^\ominus = \frac{[H^+][A^-]}{[HA]}$$

$$[H^+]=K_a^\ominus \frac{[HA]}{[A^-]}, pH=pK_a^\ominus -\lg \frac{[HA]}{[A^-]}$$

式中，$K_a^\ominus$ 是弱酸 HA 的电离常数；[HA]、[A$^-$] 分别为弱酸与弱酸盐的平衡浓度。

由于在缓冲溶液中弱酸 HA 及其共轭碱 A$^-$ 是大量的，其浓度远大于因缓冲作用而引起的变化。因此在上式中，用缓冲溶液中弱酸及弱酸盐的起始浓度近似代替其平衡浓度，即可方便求出溶液的 pH。

同样，对弱碱：$B+H_2O \rightleftharpoons HB^+ +OH^-$；

$$K_b^\ominus =\frac{[HB^+][OH^-]}{[B]}, [OH^-]=K_b^\ominus \frac{[B]}{[HB^+]}, pOH=pK_b^\ominus -\lg \frac{[B]}{[HB^+]}$$

$$[H^+]=\frac{K_w^\ominus}{[OH^-]}, pH=14-pOH=14-pK_b^\ominus +\lg \frac{[B]}{[HB^+]}$$

式中，$K_b^\ominus$ 为组成缓冲对的弱碱的电离常数；[B] 及 [HB$^+$] 分别为溶液中弱碱及弱碱盐的平衡浓度。实际上可用 B 及 HB$^+$ 的起始浓度进行计算。

此外，任何一种缓冲溶液保持缓冲作用的能力是有一定限度的，若外加 H$^+$ 或 OH$^-$ 的量超过了缓冲对中共轭酸碱的量，则缓冲对的电离平衡将不复存在。在这种情况下，缓冲溶液将失去其缓冲作用。一般而言，如果组成缓冲对的共轭酸碱的浓度比 [HA]/[A$^-$] 或 [B]/[HB$^+$] 由 1/10 变到 10/1，则缓冲溶液的 pH（或 pOH），将在下述范围（p$K^\ominus \pm 1$）内变化：

$$pH=pK_a^\ominus -\lg \frac{[HA]}{[A^-]}=pK_a^\ominus \pm 1$$

$$pOH=pK_b^\ominus -\lg \frac{[B]}{[HB^+]}=pK_b^\ominus \pm 1$$

$$pH=14-pOH$$

这就是指定缓冲溶液的缓冲范围。

第四节 ▶ 沉淀溶解平衡

所谓沉淀溶解平衡，是指某种难溶的强电解质固体在水溶液中与其组分离子间建立的平衡。如 AgCl 晶体与溶解在水溶液中的 Ag$^+$ 及 Cl$^-$ 间的平衡：

$$AgCl(s) \underset{沉淀}{\overset{溶解}{\rightleftharpoons}} Ag^+(aq)+Cl^-(aq)$$

这种平衡必须是建立在未溶解的固体（离子晶体）与其组分离子的溶液间的平衡，平衡涉及固相和溶液相，因而这种平衡又称为多相离子平衡。而作为沉淀溶解平衡中的固相物质（沉淀）是离子晶体，属强电解质，尽管其在水中溶解度可大可小，但凡是已溶解的部分，完全是以离子的形式存在于溶液中，在溶液中不存在未电离的盐分子。

一、溶度积常数与溶度积规则

当一种强电解质的晶体（如 AgCl 晶体）与其组分离子（如 Ag$^+$ 与 Cl$^-$）间达到沉淀溶解平衡时，溶液中相应离子的浓度 [Ag$^+$]、[Cl$^-$]，应该是确定的，不再随时间而改变。而对于固相晶体而言，只要平衡体系中还有固相存在，其平衡浓度就是一个定值，不受平衡的影响。其浓度项 [AgCl(s)] 可并入常数项，而不出现在常数表达式中。

例如，AgCl(s) ⇌ Ag^+(aq) + Cl^-(aq)，这一平衡可用一个平衡常数来表征其平衡特征：$K_{sp}^{\ominus}$ = [Ag^+][Cl^-]，常数 $K_{sp}^{\ominus}$ 称为难溶盐的溶度积常数。

一般而言，对于组分摩尔比不是1的盐类而言，溶度积常数的表达式中，相关离子的平衡浓度项，应以平衡式中相应离子项的系数作指数：

$$M_xA(s) \rightleftharpoons xM^+(aq) + A^{x-}(aq); \quad K_{sp}^{\ominus}(M_xA) = [M^+]^x[A^{x-}]$$

$$MA_y(s) \rightleftharpoons M^{y+}(aq) + yA^-(aq); \quad K_{sp}^{\ominus}(MA_y) = [M^{y+}][A^-]^y$$

溶度积常数 $K_{sp}^{\ominus}$ 是随温度而变化的条件常数，当温度一定时，每种固体强电解质都有确定的溶度积常数。若不特别指明温度，一般是指室温，通常采用298K时的常数值。表2-4列出了部分常见盐的溶度积常数值。

表 2-4 部分物质的溶度积常数（298K）

物质	化学式	溶度积常数 $K_{sp}^{\ominus}$
氯化银	AgCl	1.77×10^{-10}
溴化银	AgBr	5.35×10^{-13}
碘化银	AgI	8.51×10^{-17}
硫化银	Ag_2S	6.69×10^{-50}
铬酸银	Ag_2CrO_4	5.40×10^{-12}
硫酸钡	$BaSO_4$	1.07×10^{-10}
硫酸钙	$CaSO_4$	7.10×10^{-5}
碳酸钙	$CaCO_3$	4.96×10^{-9}
硫化镉	CdS	1.40×10^{-29}
硫化铜	CuS	1.27×10^{-36}
硫化亚铁	FeS	1.59×10^{-19}
氯化亚汞	Hg_2Cl_2	1.45×10^{-18}
硫化汞	HgS	6.44×10^{-53}
氢氧化镁	$Mg(OH)_2$	5.61×10^{-12}
碘化铅	PbI_2	8.49×10^{-9}
硫化铅	PbS	9.04×10^{-29}
硫酸铅	$PbSO_4$	1.82×10^{-8}
硫化锌	ZnS	2.93×10^{-25}

任何一种盐类 M_xA 晶体在水溶液中溶解变成离子 M^+ 与 A^{x-} 的过程，与溶液中 M^+ 与 A^{x-} 离子相互结合为 M_xA 晶体而从溶液中沉淀出来的过程互为逆过程：

$$M_xA \rightleftharpoons xM^+ + A^{x-}$$

当此可逆反应达到平衡时，溶解速率与沉淀速率相等，体系中固相的总量及相应离子的浓度 [M^+]、[A^{x-}] 都不再随时间改变，而且遵循下述关系：$K_{sp}^{\ominus}$ = [M^+]^x [A^{x-}]。

因此溶度积常数 $K_{sp}^{\ominus}$ 可用来检验、判断某一沉淀溶解过程进行的方向和程度。

（1）[M^+]^x [A^{x-}] = $K_{sp}^{\ominus}$ (M_xA)

此时该溶液是 M_xA 的饱和溶液。此时的 [M^+]、[A^{x-}] 即为各自的饱和浓度，也是它们的平衡浓度。M_xA 在水溶液中的溶解与沉淀达到平衡，体系处于沉淀溶解平衡状态。

（2）[M^+]^x [A^{x-}] < $K_{sp}^{\ominus}$ (M_xA)

此时该溶液对 M_xA 而言，是未饱和的。[M^+]、[A^{x-}] 都低于其饱和浓度，溶液中沉淀与溶解过程未达平衡。在此情况下溶液中的离子不会沉淀析出，而固相的 M_xA 会不断溶解,使 $[M^+]$、$[A^{x-}]$ 不断增加,直到固相全部溶解或者溶液达到饱和为止。

(3) $[M^+]^x [A^{x-}] > K_{sp}^{\ominus}(M_xA)$

此时该溶液对 M_xA 而言,是过饱和的。$[M^+]$、$[A^{x-}]$ 都高于其饱和浓度,溶液中沉淀与溶解尚未达到平衡。在此情况下,未溶解的固相 M_xA 不再溶解,而溶液中的 M^+ 与 A^{x-} 将不断结合成 M_xA 晶体而沉淀析出,使溶液中的 $[M^+]$、$[A^{x-}]$ 浓度不断下降,直至重新达到沉淀溶解平衡为止。

上述三条规则统称为溶度积规则。利用溶度积规则,可根据溶液中相应离子的实际浓度 $[M^+]$、$[A^{x-}]$,通过定量计算来判别在该溶液中是否可能有 M_xA 沉淀析出,或 M_xA 是否可能溶解,并可求得在什么样的条件下才可能使某种难溶盐溶解,或使某种离子沉淀析出,并进而应用于分析分离中。

二、分步沉淀

在实际体系中,经常碰到含有多种相似离子的混合溶液,如果想用沉淀剂使其中某种离子生成沉淀而除去,往往其他离子也会同时被沉淀,使分离提纯变得复杂困难。在此情况下,人们常利用溶度积规则,仔细控制外加试剂的量,使溶液中几种相似离子在不同的条件下分别先后沉淀,而不相互干扰。这种现象称为分步沉淀。事实上分步沉淀是几种不同的金属离子(或阴离子)对同一种沉淀剂离子(或阳离子)的争夺。在几个平行的竞争反应中,总是相应金属离子与沉淀剂离子的浓度积最先达到相应的溶度积常数者,最先沉淀析出。因此,分步沉淀的先后次序,以及相邻两步沉淀间是否能拉得很开,互不干扰,则主要取决于各竞争离子在溶液中的实际浓度及相应的溶度积常数 $K_{sp}^{\ominus}$ 的大小。

三、沉淀的溶解与转化

根据溶度积规则,利用沉淀溶解平衡移动,不仅可以使某些离子沉淀分离,而且也可使某些难溶盐溶解,或转化为另一种沉淀。

使沉淀溶解或转化的常用方法有以下几种。

1. 生成弱电解质使沉淀溶解

例如,向 $Mg(OH)_2$ 沉淀中加入酸使其溶解:

$$Mg(OH)_2(s) \rightleftharpoons Mg^{2+} + 2OH^-$$
$$+$$
$$2HCl \longrightarrow 2Cl^- + 2H^+$$
$$\rightleftharpoons$$
$$2H_2O$$

由于生成弱电解质 H_2O,使 OH^- 浓度不断降低,因而 $Mg(OH)_2$ 可不断溶解。

$$Mg(OH)_2(s) \rightleftharpoons Mg^{2+} + 2OH^-$$
$$+$$
$$2NH_4Cl \longrightarrow 2Cl^- + 2NH_4^+$$
$$\rightleftharpoons$$
$$2NH_3 \cdot H_2O$$

由于生成弱电解质 $NH_3 \cdot H_2O$，使 OH^- 浓度不断降低，因而 $Mg(OH)_2$ 可不断溶解。又如 $CaCO_3$ 能溶于酸：

$$CaCO_3(s) \rightleftharpoons Ca^{2+} + CO_3^{2-}$$
$$+$$
$$2HCl \longrightarrow 2Cl^- + 2H^+$$
$$\Updownarrow$$
$$H_2CO_3 \longrightarrow H_2O + CO_2\uparrow$$

由于生成弱电解质 H_2CO_3，并不断分解为 H_2O 和 CO_2，使 CO_3^{2-} 浓度不断降低，因而 $CaCO_3$ 可不断溶解。

2. 发生氧化还原反应而使沉淀溶解

例如，CuS 溶于硝酸：

$$3CuS(s) \rightleftharpoons 3Cu^{2+} + 3S^{2-}$$
$$+$$
$$8HNO_3 \longrightarrow 8H^+ + 8NO_3^-$$
$$\Updownarrow$$
$$3S + 2NO\uparrow + 4H_2O + 6NO_3^-$$

由于 HNO_3 将 S^{2-} 氧化成 S，使 S^{2-} 浓度不断降低，故 CuS 不断溶解。

3. 生成配合物使沉淀溶解

例如，$AgCl$ 溶于氨水的反应：

$$AgCl(s) \rightleftharpoons Cl^- + Ag^+$$
$$+$$
$$2NH_3 \cdot H_2O$$
$$\Updownarrow$$
$$Ag(NH_3)_2^+ + 2H_2O$$

由于 $NH_3 \cdot H_2O$ 与 Ag^+ 生成配离子 $Ag(NH_3)_2^+$ 降低了溶液中游离 Ag^+ 的浓度，因而可使 $AgCl$ 不断溶解。

4. 生成更难溶的物质而使沉淀转化

在实践中，有时需要将一种沉淀转化为另一种沉淀。例如，锅炉的锅垢含有 $CaSO_4$，不溶于酸。为此可用 Na_2CO_3 溶液处理，使 $CaSO_4$ 沉淀（$K_{sp}^{\ominus} = 7.10 \times 10^{-5}$）转化为疏松且可溶于酸但更难溶于水的 $CaCO_3$ 沉淀（$K_{sp}^{\ominus} = 4.96 \times 10^{-9}$），以利于锅垢的清除。反应如下：

$$CaSO_4(s) \rightleftharpoons SO_4^{2-} + Ca^{2+}$$
$$+$$
$$Na_2CO_3 \longrightarrow 2Na^+ + CO_3^{2-}$$
$$\Updownarrow$$
$$CaCO_3(s)$$

因为 $K_{sp}^{\ominus}(CaCO_3) < K_{sp}^{\ominus}(CaSO_4)$，所以 CO_3^{2-} 比 SO_4^{2-} 更易与 Ca^{2+} 生成难溶盐沉淀，在平行的竞争中处于优势，因而 $CaSO_4$ 溶解产生的 Ca^{2+} 不断与 CO_3^{2-} 生成 $CaCO_3$ 沉淀析出，使溶液中 Ca^{2+} 浓度降低，$CaSO_4$ 晶体则不断溶解，结果使 $CaSO_4$ 不断转化为更难溶的 $CaCO_3$。

第五节 ▶ 配位化合物与配位平衡

一、配位化合物

配位化合物（coordination compound）简称配合物，又称络合物（complex），是化合物中的一大类。这类化合物在组成和结构上的特点是：由一个或几个正离子或中性原子作为中心，若干个负离子或中性分子在其周围配位。即按确定的空间位置排列在中心离子（或原子）周围，并与其结合在一起，形成一种复杂的化合物。

例如，当人们将过量氨水加入硫酸铜浅蓝色溶液中，就会得到一种深蓝色溶液。从中可分离得到一种深蓝色的晶体，其化学组成为 $CuSO_4 \cdot 4NH_3$。进一步的性质试验及结构分析表明，$CuSO_4 \cdot 4NH_3$ 在水溶液中可像普通盐一样电离，但电离方式与电离结果却与普通复盐［如 $KAl(SO_4)_2$］不同：

$$KAl(SO_4)_2 \longrightarrow K^+ + Al^{3+} + 2SO_4^{2-}$$

$$CuSO_4 \cdot 4NH_3 \longrightarrow Cu(NH_3)_4^{2+} + SO_4^{2-}$$

普通复盐 $KAl(SO_4)_2$ 在水溶液中完全电离，其组分离子 K^+、Al^{3+}、SO_4^{2-} 在水溶液中完全以自由离子形式存在。而化合物 $CuSO_4 \cdot 4NH_3$ 在水中电离成 SO_4^{2-} 和另一种新型复合离子 $[Cu(NH_3)_4]^{2+}$。其中 Cu^{2+} 与 4 个 NH_3 分子稳定地结合在一起，在水溶液中主要是以复合离子 $Cu(NH_3)_4^{2+}$ 的形式存在，而不是以自由离子形式存在。这种复合离子即称为配离子或络合离子。虽然配离子在水溶液中能像简单离子一样稳定存在，独立运动，但配离子不是简单离子，而是由简单离子与其他独立的化学基元（分子、原子团或离子）通过特定的化学键进一步结合而成的复合离子。尽管在配离子与其组分基元间也存在下列平衡：

$$Cu(NH_3)_4^{2+} \rightleftharpoons Cu^{2+} + 4NH_3$$

但这种平衡的解离常数 $K_t^{\ominus}$ 通常是很小的，在溶液中配离子 $Cu(NH_3)_4^{2+}$ 十分稳定，而自由离子 Cu^{2+} 浓度极低，远小于相应配离子浓度，$[Cu^{2+}] \ll [Cu(NH_3)_4^{2+}]$。因此溶液中主要呈现配离子 $Cu(NH_3)_4^{2+}$ 的特性，而不呈现游离离子 Cu^{2+} 的特性。

配离子不仅在晶体中，而且在溶液中也仍然保持确定的空间构型，如 $Cu(NH_3)_4^{2+}$ 呈平面正方形，$Ag(NH_3)_2^+$ 呈直线形，$ZnCl_4^{2-}$ 呈正四面体，$Fe(CN)_6^{3-}$ 呈正八面体构型。在这些配离子中，Cu^{2+}、Ag^+、Zn^{2+}、Fe^{3+} 等离子处在配离子的中心，称为中心形成体或中心离子。而 NH_3 分子、Cl^-、CN^- 等，则按确定的空间位置在中心离子周围配位，称配位体，简称配体（ligand）。

配体与中心离子相互结合的键，称为配位键或配价键。这是一类新的化学键，不同于当时已知的化学键——共价键和离子键。因为无论是中心形成体还是配体中的元素，其化合价都已满足。它们的结合是当时的化学键理论所不能解释的，因此当时人们用 complex 来命名这类化合物。当然，现在人们已经清楚地知道，配位键的实质是由配体提供孤对电子，进入中心形成体的价层空轨道所形成的一种特殊的共价键。

配体中直接提供配位电子对的原子称为配位原子，含有配位原子的基团称为配位基。与同一个中心形成体配位的配位原子数称为该中心形成体（元素）的配位数。每种元素都具有其特征配位数，就像每种元素都具有其特征化合价一样。最常见的配位数是 2、4、6。以 $Fe(CN)_6^{3-}$ 配离子为例，其中 Fe^{3+} 为中心形成体或中心离子，CN^- 为配体，Fe^{3+} 的配位数为 6。

配合物中配体所带电荷总数与中心离子的电荷数之和即为配合物所带的电荷。若配体所带电荷与中心离子所带电荷正好抵消，则生成的配合物为中性分子，如 $Co(NH_3)_3Cl_3$。否则，生成的就是配离子，包括配阳离子 [如 $Cu(NH_3)_4^{2+}$、$Fe(H_2O)_6^{3+}$ 等] 与配阴离子 [如 $Fe(CN)_6^{3-}$、$Fe(CN)_6^{4-}$、BF_4^- 等]。配阳离子、配阴离子可以和其他简单的酸根离子或简单阳离子组成盐。如 $[Cu(NH_3)_4]SO_4$、$K_3[Fe(CN)_6]$、$NH_4[BF_4]$ 等。也可以由配阴离子与配阳离子彼此结合成盐。如 $[Cu(NH_3)_4]_2[Fe(CN)_6]$。这些盐即称为配盐或络盐。

二、配位化合物的命名

国际纯粹与应用化学联合会规定的配位化合物命名法则，即配合物的系统命名法，其关键在于正确命名配离子（或配位分子），然后再按普通盐类的方法命名。系统命名法的主要规则如下。

(1) 配离子或配位分子的命名

先命名配体，再命名中心形成体，两者中间用一个"合"字连接起来，表示这是一个配离子或配位分子。配体名前用中文数字代表该配体的数目，中心离子的名字后用圆括号加上罗马数字表示中心离子的化合价。

例如，$Cu(NH_3)_4^{2+}$　四氨合铜（Ⅱ）离子或四氨合铜（Ⅱ）阳离子

$Fe(CN)_6^{4-}$　六氰合铁（Ⅲ）离子或六氰合铁（Ⅲ）酸根离子

(2) 配离子或分子中含有不止一种配体

此时配体命名顺序为：先命名酸根离子，后命名中性分子。注意在写配离子的化学式时，不同配体的书写顺序刚好与命名顺序相反，先写中性配体，再写酸根配体。当同时有几种不同的酸根离子作配体时，命名顺序为先简单后复杂，先无机后有机。而若同时有几种不同的中性分子作配体时，命名顺序是先简单后复杂：水→氨→有机分子。

例如，$[Cr(NH_3)_2(NO_2)_2Cl_2]^-$　二氯二硝基二氨合铬（Ⅲ）酸根离子

$[Co(H_2O)_2(NH_3)_3Cl]^{2+}$　一氯二水三氨合钴（Ⅲ）阳离子

$[Co(NH_3)_3Cl_3]^0$　　　　　三氯三氨合钴（Ⅲ）（配位分子）

(3) 按普通盐类命名法则命名整个配盐分子

先命名阴离子（酸根部分），后命名阳离子部分，当中用"化"字或"配"字连接，称为"某化某"或"某酸某"，而不管配离子是阴离子还是阳离子。

例如，$[Co(NH_3)_6]Cl_3$　　三氯化六氨合钴（Ⅲ）

$[Cu(NH_3)_4]SO_4$　　硫酸四氨合铜（Ⅱ）

三、配位平衡及其平衡常数

在水溶液中,配离子本身或多或少地解离成它的组成部分——中心离子和配体,而中心离子和配体又会重新结合成配离子,这就是配合物或配离子的生成与解离间的平衡,也称配位平衡或配合物的解离平衡。

配位平衡是发生在水溶液中的一类重要的化学平衡,具有化学平衡的一切特点,遵循平衡的基本规律。当配合物或配离子的解离与配位达到平衡时,存在一个相应的平衡常数,按平衡式的不同写法,平衡常数的具体表示方式也不同。配合物的解离常数 $K_{离}^{\ominus}$(或不稳定常数 $K_{不稳}^{\ominus}$)表示配合物在水溶液中解离成中心离子和配体的倾向或程度的大小,$K_{离}^{\ominus}$ 愈大,表示配离子在水溶液中愈不稳定,越容易解离。而配合物的生成常数 $K_{生}^{\ominus}$(或稳定常数 $K_{稳}^{\ominus}$),则表示在水溶液中中心离子与配体生成配合物的倾向或程度大小。$K_{生}^{\ominus}$ 或 $K_{稳}^{\ominus}$ 愈大,表明由相应的中心离子与配体生成配离子或配合物的倾向愈大,而生成的配离子和配合物也愈稳定。例如:

$$[Ag(NH_3)_2]^+ \underset{K_{生}^{\ominus}(或 K_{稳}^{\ominus})}{\overset{K_{离}^{\ominus}(或 K_{不稳}^{\ominus})}{\rightleftharpoons}} Ag^+ + 2NH_3$$

$$K_{离}^{\ominus}(或 K_{不稳}^{\ominus}) = \frac{[Ag^+][NH_3]^2}{[Ag(NH_3)_2^+]} = 1/K_{生}^{\ominus}(或 K_{稳}^{\ominus})$$

常见配离子或配合物的解离常数或稳定常数值,可从化学手册中查到。表 2-5 中列出了部分常见配离子的稳定常数。

表 2-5　一些配离子的稳定常数

配离子	$K_{稳}^{\ominus}$	$\lg K_{稳}^{\ominus}$	配离子	$K_{稳}^{\ominus}$	$\lg K_{稳}^{\ominus}$
$[Ag(CN)_2]^-$	1.26×10^{21}	21.1	$[Cu(P_2O_7)_2]^{6-}$	1×10^9	9.0
$[Ag(NH_3)_2]^+$	1.12×10^7	7.05	$[FeF_6]^{3-}$	2.04×10^{14}	14.3
$[Ag(S_2O_3)_2]^{3-}$	2.89×10^{13}	13.46	$[Fe(CN)_6]^{3-}$	1×10^{42}	42.0
$[AgCl_2]^-$	1.10×10^5	5.04	$[Hg(CN)_4]^{2-}$	2.51×10^{41}	41.4
$[AgBr_2]^-$	2.14×10^7	7.33	$[HgI_4]^{2-}$	6.76×10^{29}	29.83
$[AgI_2]^-$	5.5×10^{11}	11.74	$[HgBr_4]^{2-}$	1.17×10^{15}	15.07
$[Ag(Py)_2]^+$	1×10^{10}	10.0	$[HgCl_4]^{2-}$	1×10^{21}	21.00
$[Co(NH_3)_6]^{2+}$	1.29×10^5	5.11	$[Ni(NH_3)_4]^{2+}$	5.50×10^8	8.74
$[Cu(CN)_2]^-$	1×10^{24}	24.0	$[Ni(en)_3]^{2+}$	2.14×10^{18}	18.33
$[Cu(SCN)]^+$	1.52×10^5	5.18	$[Zn(CN)_4]^{2-}$	5.0×10^{16}	16.7
$[Cu(NH_3)_2]^{2+}$	7.24×10^{10}	10.86	$[Zn(NH_3)_4]^{2+}$	2.87×10^9	9.46
$[Cu(NH_3)_4]^{2+}$	2.09×10^{13}	13.32	$[Zn(en)_2]^{2+}$	6.76×10^{10}	10.83

由此可按平衡法则进行有关配位平衡的计算。不过需要注意的是,在常见的配离子中,配体的数目往往不止一个,因而配位平衡也好,配离子的解离平衡也好,都是分步进行的,就像分步电离、分步沉淀一样。每步平衡都有它的平衡常数。例如:

$$Cu^{2+} + NH_3 \overset{K_{稳1}^{\ominus}}{\rightleftharpoons} Cu(NH_3)^{2+}; K_{稳1}^{\ominus} = \frac{[Cu(NH_3)^{2+}]}{[Cu^{2+}][NH_3]}$$

$$Cu(NH_3)^{2+} + NH_3 \overset{K_{稳2}^{\ominus}}{\rightleftharpoons} Cu(NH_3)_2^{2+}; K_{稳2}^{\ominus} = \frac{[Cu(NH_3)_2^{2+}]}{[Cu(NH_3)^{2+}][NH_3]}$$

$$Cu(NH_3)_2^{2+} + NH_3 \overset{K_{稳3}^{\ominus}}{\rightleftharpoons} Cu(NH_3)_3^{2+}; K_{稳3}^{\ominus} = \frac{[Cu(NH_3)_3^{2+}]}{[Cu(NH_3)_2^{2+}][NH_3]}$$

$$Cu(NH_3)_3^{2+} + NH_3 \xrightleftharpoons{K_{稳4}^{\ominus}} Cu(NH_3)_4^{2+} ; K_{稳4}^{\ominus} = \frac{[Cu(NH_3)_4^{2+}]}{[Cu(NH_3)_3^{2+}][NH_3]}$$

$K_{稳1}^{\ominus}$、$K_{稳2}^{\ominus}$、$K_{稳3}^{\ominus}$、$K_{稳4}^{\ominus}$ 分别为 $Cu(NH_3)_4^{2+}$ 配离子的 1、2、3、4 级逐级稳定常数（或逐级生成常数）。而 $Cu(NH_3)_4^{2+}$ 配离子的 1、2、3、4 级逐级解离常数（或逐级不稳常数）则分别为：

$$K_{离1}^{\ominus} = \frac{[Cu(NH_3)_3^{2+}][NH_3]}{[Cu(NH_3)_4^{2+}]} = 1/K_{稳4}^{\ominus}$$

$K_{离2}^{\ominus} = 1/K_{稳3}^{\ominus}, K_{离3}^{\ominus} = 1/K_{稳2}^{\ominus}, K_{离4}^{\ominus} = 1/K_{稳1}^{\ominus}$

通常情况下：$K_{稳1}^{\ominus} > K_{稳2}^{\ominus} > K_{稳3}^{\ominus} > K_{稳4}^{\ominus}$。

在配合物或配离子的配位-解离平衡中，不仅存在各级逐级平衡，而且存在连续各级的累积平衡，通常用 β_1、β_2、β_3、β_4 表示相应各级的累积平衡常数。例如：

$$Cu^{2+} + NH_3 \rightleftharpoons Cu(NH_3)^{2+} ; \beta_1 = K_{稳1}^{\ominus}$$

$$Cu^{2+} + 2NH_3 \rightleftharpoons Cu(NH_3)_2^{2+} ; \beta_2 = \frac{[Cu(NH_3)_2^{2+}]}{[Cu^{2+}][NH_3]^2} = K_{稳1}^{\ominus} K_{稳2}^{\ominus}$$

$$Cu^{2+} + 3NH_3 \rightleftharpoons Cu(NH_3)_3^{2+} ; \beta_3 = \frac{[Cu(NH_3)_3^{2+}]}{[Cu^{2+}][NH_3]^3} = K_{稳1}^{\ominus} K_{稳2}^{\ominus} K_{稳3}^{\ominus}$$

$$Cu^{2+} + 4NH_3 \rightleftharpoons Cu(NH_3)_4^{2+} ; \beta_4 = \frac{[Cu(NH_3)_4^{2+}]}{[Cu^{2+}][NH_3]^4} = K_{稳1}^{\ominus} K_{稳2}^{\ominus} K_{稳3}^{\ominus} K_{稳4}^{\ominus}$$

对任何配合物或配离子而言，总存在 $\beta_1 < \beta_2 < \beta_3 < \beta_4 \cdots\cdots$ 这样的顺序。

在研究水溶液中的配位平衡时，必须考虑到所有存在的各级平衡，及所有可能存在的平衡组分。但必须记住：①只有当所有可能存在的分步平衡都达到平衡，整个体系才可能达到平衡；②当整个体系达到平衡时，每种可能存在的组分各自都只能具有一个确定的浓度（即该组分的平衡浓度），而不管该组分实际上涉及多少个平衡；③在平衡体系中，任何一个平衡组分的平衡浓度必须同时满足涉及该组分的所有平衡。例如，在 Cu^{2+} 和氨水的配位平衡体系中，有四个逐级平衡和四个累积平衡都涉及 Cu^{2+} 和 NH_3，当体系整体达到配位平衡后，体系中的 Cu^{2+} 和 NH_3 都各自只存在一个确定的平衡浓度 $[Cu^{2+}]$、$[NH_3]$。而这个平衡浓度必须同时满足体系中每一个涉及 Cu^{2+} 或 NH_3 的平衡的要求。因此，在计算时可根据不同的已知条件选择体系中任何一个平衡公式来计算某一指定组分的平衡浓度。

四、有关配位平衡的计算

有关配位平衡的计算，基本与溶液中离子平衡的有关计算原理和方法相似。但必须考虑到配位平衡实际存在多步逐级平衡和多种平衡组分。

例如，对于 Fe^{3+} 与 CN^- 体系而言，其六级累积稳定常数 $\beta_6 = [Fe(CN)_6^{3-}]/[Fe^{3+}][CN^-]^6$ 代表了六级累积配位平衡 $Fe^{3+} + 6CN^- \rightleftharpoons Fe(CN)_6^{3-}$ 的平衡常数，而且还表明在整个体系达到平衡后，体系中游离 Fe^{3+} 及游离 CN^- 与生成的 $Fe(CN)_6^{3-}$ 配离子三者的平衡浓度间的关系，并可按此进行相应的计算。但是在 $[Fe(CN)_6^{3-}]$、$[Fe^{3+}]$ 及 $[CN^-]$ 三个平衡浓度中必须知道两个，才能进行计算，而不能直接用金属离子或配体的总浓度 $T(Fe^{3+})$ 或 $T(CN^-)$ 进行简单的近似计算。因为在体系中还存在各种平衡组分：$Fe(CN)^{2+}$、

$Fe(CN)_2^+$、$Fe(CN)_3$、$Fe(CN)_4^-$、$Fe(CN)_5^{2-}$ 等。因此体系中 Fe^{3+} 与配体 CN^- 的总浓度 $T(Fe^{3+})$ 和 $T(CN^-)$ 分别为：

$$T(Fe^{3+}) = [Fe^{3+}] + [Fe(CN)^{2+}] + [Fe(CN)_2^+] + [Fe(CN)_3] + [Fe(CN)_4^-] + [Fe(CN)_5^{2-}] + [Fe(CN)_6^{3-}]$$

$$T(CN^-) = [CN^-] + [Fe(CN)^{2+}] + 2[Fe(CN)_2^+] + 3[Fe(CN)_3] + 4[Fe(CN)_4^-] + 5[Fe(CN)_5^{2-}] + 6[Fe(CN)_6^{3-}]$$

严格地说，只有通过实验测出足够多组分的平衡浓度，才能进行精确的计算。不过在某些特定条件下，可采用合理的近似来简化计算。由于一般配离子的稳定常数都很大，而且每级累积稳定常数总比前一级的累积常数更大，因而当配体总浓度大大过量时，按平衡移动规律，金属离子倾向于生成最高配位数的配离子，其余中间逐级平衡的各种组分与最后产物相比可忽略不计。若配体总浓度远大于金属离子浓度时，可认为溶液中的金属离子基本上都生成了配离子，而游离金属离子的平衡浓度与其总浓度相比可忽略不计。

故对 $Fe^{3+} + 6CN^- \rightleftharpoons Fe(CN)_6^{3-}$ 而言，在配体起始浓度远远大于金属离子起始浓度时，可近似认为：

$$[Fe(CN)_6^{3-}] \approx T(Fe^{3+}) - [Fe^{3+}] \approx T(Fe^{3+})$$

$$[CN^-] \approx T(CN^-) - 6[Fe(CN)_6^{3-}] \approx T(CN^-) - 6T(Fe^{3+})$$

习题

1. 溶液的浓度通常可以用哪几种方法表示？各种方法之间存在着什么样的换算关系？

2. 用相似相溶原理，解释为什么 I_2 能溶于 CCl_4 而不溶于水，$KMnO_4$ 易溶于水但不溶于 CCl_4？

3. 比较下列各对物质，哪一种更易溶于苯，哪一种更易溶于水：CH_3COOH 和 CH_3COOCH_3；Ar 和 He；NaCl 和 CCl_4。

4. 分别在 0℃ 的纯水和食盐水中各加入一块冰块，有什么不同的现象发生？

5. 在一个钟罩内，放有一杯纯水和一杯浓糖水，经过足够长的时间后，发生什么？为什么？

6. 为什么鱼类不易在热水中生存，海水鱼不易在淡水中生存？

7. 强电解质和弱电解质电离方式有何不同？它们在水溶液中各主要以什么形式存在？

8. 酸碱质子理论的内容是什么？举例说明什么叫共轭酸、共轭碱？

9. 已知浓盐酸的质量分数为 37.5%，密度为 $1.19 kg \cdot dm^{-3}$，计算该溶液的：
(1) 物质的量浓度；(2) 质量摩尔浓度；(3) HCl 和 H_2O 的摩尔分数。

10. 把 60.0g 乙醇（CH_3CH_2OH）溶于 100.0g 四氯化碳（CCl_4）中，所得溶液的密度为 $1.28 kg \cdot dm^{-3}$，试计算：(1) 乙醇的质量分数；(2) 乙醇的物质的量浓度；(3) 乙醇的摩尔分数；(4) 乙醇的质量摩尔浓度。

11. 已知乙醇在 50℃ 时的蒸气压为 29.30kPa，当在 200g 乙醇中溶入 23g 某溶质后，蒸气压下降为 27.62kPa，求该溶质的摩尔质量。

12. 相同质量（10g）的下列各溶质分别溶于 1kg 水中，哪一种凝固点下降最多？若是相同物质的量（0.01mol）的各溶质溶入水中，凝固点下降多少的顺序是什么？(1) NaCl；(2) NH_4NO_3；(3) $(NH_4)_2SO_4$。

13. 已知下列两种溶液具有相同的凝固点，溶液①为 1.5g 尿素溶在 200g 水中得到，溶液②为 21.38g 某未知物溶在 1000g 水中得到，求未知物的摩尔质量。

14. 把 0.324g 硫溶解于 4.00g 苯中，苯的沸点由 80.15℃ 上升为 80.96℃，求算该溶液中单质硫由几个硫原子组成？

15. 要防止 1000g 水在 −8℃ 结冰，应加入多少克蔗糖（$C_6H_{12}O_6$）？

16. 把 0.014g 某有机物晶体与 0.20g 樟脑熔融混合后，测定得到的固熔体（固体溶液）的熔点比纯樟脑的熔点值下降了 16℃，请问该有机物的分子质为多少？

17. 在 53.2g 氯仿（$CHCl_3$）中溶入 0.804g 萘（$C_{10}H_8$），溶液的沸点比纯氯仿上升了 0.455℃，请问氯仿的沸点升高常数是多少？

18. 假设 25℃ 时某树干内部的树汁细胞液浓度为 $0.20 \text{mol} \cdot \text{dm}^{-3}$，当外部水分吸收进入树汁后，由于渗透压的作用，可把树汁在树内提升多少米？

19. 在草酸（$H_2C_2O_4$）溶液中加入 $CaCl_2$ 溶液，得到 CaC_2O_4 沉淀；将沉淀过滤后，在滤液中加入氨水，又有 CaC_2O_4 沉淀产生。试用离子平衡观点加以说明。

20. 命名下列配合物，并指出配离子的电荷数、中心离子的化合价：$[Cu(NH_3)_4]SO_4$、$K_2[PtCl_4]$、$Na_3[Ag(S_2O_3)_2]$、$Fe_3[Fe(CN)_6]_2$、$Fe_4[Fe(CN)_6]_3$。

21. 用氨水处理含有 Ni^{2+} 及 Al^{3+} 的溶液，起先形成一种有色沉淀，继续加氨水，沉淀部分溶解形成深蓝色溶液，剩下的沉淀是白色的，再加入过量的 OH^- 处理沉淀，则沉淀溶解，形成澄清溶液；如果向此澄清溶液中慢慢加入酸，则又有白色沉淀生成，继续加酸过量，则沉淀又溶解。试写出上述每步反应的方程式。

22. 分别计算在 25℃ 时浓度为 $0.10 \text{mol} \cdot \text{dm}^{-3}$ 的 HCl 溶液和浓度为 $0.10 \text{mol} \cdot \text{dm}^{-3}$ 的 HAc 溶液的氢离子浓度及 pH。

23. 试计算浓度为 $0.05 \text{mol} \cdot \text{dm}^{-3}$ 的次氯酸（HClO）溶液中 H^+、ClO^- 的浓度，及次氯酸的电离度。已知次氯酸的标准电离常数为 $K_a^\ominus = 3.5 \times 10^{-8}$。

24. 向浓度为 $0.30 \text{mol} \cdot \text{dm}^{-3}$ 的 HCl 溶液中通入 H_2S 达到饱和（此时 H_2S 的浓度为 $0.10 \text{mol} \cdot \text{dm}^{-3}$），求此溶液的 pH 和 S^{2-} 的浓度。

25. 在体积为 1.0dm^3、浓度为 $0.2 \text{mol} \cdot \text{dm}^{-3}$ 的 HAc 溶液中，需加入多少克无水 NaAc（假定总体积不变），才能使溶液的 H^+ 浓度保持为 $6.5 \times 10^{-5} \text{mol} \cdot \text{dm}^{-3}$？

26. 向体积为 0.10dm^3、浓度为 $2.0 \text{mol} \cdot \text{dm}^{-3}$ 的氨水中，加入质量为 13.2g 的 $(NH_4)_2SO_4$ 固体，再稀释到总体积为 1.0dm^3，求此溶液的 pH。

27. 取体积为 $5.0 \times 10^{-2} \text{dm}^{-3}$、浓度为 $0.10 \text{mol} \cdot \text{dm}^{-3}$ 的某一元弱酸（HA）溶液，与体积为 $2.0 \times 10^{-2} \text{dm}^3$、浓度为 $0.10 \text{mol} \cdot \text{dm}^{-3}$ 的 KOH 溶液混合，再将混合液稀释到总体积为 0.10dm^3。测得该溶液 pH=5.25，求此一元弱酸的标准电离常数 $K_a^\ominus$（HA）。

28. 在烧杯中盛有体积为 $2.0 \times 10^{-2} \text{dm}^{-3}$、浓度为 $0.10 \text{mol} \cdot \text{dm}^{-3}$ 的氨水，逐步向其中加入体积为 V_{HCl}、浓度为 $0.10 \text{mol} \cdot \text{dm}^{-3}$ 的 HCl 溶液，试计算当加入 HCl 溶液的体积分别为：（1）$V_{HCl} = 1.0 \times 10^{-2} \text{dm}^3$；（2）$V_{HCl} = 2.0 \times 10^{-2} \text{dm}^3$；（3）$V_{HCl} = 3.0 \times 10^{-2} \text{dm}^{-3}$ 时，混合液的 pH。

29. 根据 PbI_2 的溶度积常数，计算在 25℃ 时的下列参数：（1）PbI_2 在水中的溶解度；（2）PbI_2 饱和溶液中 Pb^{2+} 和 I^- 的浓度；（3）PbI_2 在浓度为 $0.010 \text{mol} \cdot \text{dm}^{-3}$ 的 KI 溶液中达到饱和时，溶液中 Pb^{2+} 的浓度；（4）PbI_2 在浓度为 $0.010 \text{mol} \cdot \text{dm}^{-3}$ 的 $Pb(NO_3)_2$ 溶液

中的溶解度。

30. 向体积为 $1.0 \times 10^2 \mathrm{dm}^3$、浓度为 $0.0015 \mathrm{mol} \cdot \mathrm{dm}^{-3}$ 的 $MnSO_4$ 溶液中，加入质量为 $0.495\mathrm{g}$ 的 $(NH_4)_2SO_4$ 固体，再加入体积为 $5.0 \times 10^{-3} \mathrm{dm}^3$、浓度为 $0.15 \mathrm{mol} \cdot \mathrm{dm}^{-3}$ 的氨水溶液，能否生成 $Mn(OH)_2$ 沉淀？设加入 $(NH_4)_2SO_4$ 固体后总体积不变。

31. 向下列两种溶液中不断通入 H_2S，保持溶液被 H_2S 饱和，假定溶液体积不变，试计算这两种溶液中留存的 Cu^{2+} 的浓度：(1) 浓度为 $0.10 \mathrm{mol} \cdot \mathrm{dm}^{-3}$ 的 $CuSO_4$ 溶液；(2) 浓度为 $0.10 \mathrm{mol} \cdot \mathrm{dm}^{-3}$ 的 $CuSO_4$ 溶液与浓度为 $1.0 \mathrm{mol} \cdot \mathrm{dm}^{-3}$ 的 HCl 溶液的混合液。

32. 试通过计算回答下列问题：(1) 在 $100 \mathrm{cm}^3$ 浓度 $0.15 \mathrm{mol} \cdot \mathrm{dm}^{-3}$ 的 $K[Ag(CN)_2]$ 溶液中加入 $50 \mathrm{cm}^3$ 浓度 $0.10 \mathrm{mol} \cdot \mathrm{dm}^{-3}$ 的 KI 溶液，是否有 AgI 沉淀产生？(2) 在上述混合液中再加入 $50 \mathrm{cm}^3$ 浓度为 $0.2 \mathrm{mol} \cdot \mathrm{dm}^{-3}$ 的 KCN 溶液，是否有 AgI 沉淀产生？

第三章
氧化还原反应——电化学基础

　　氧化还原反应是一类在自然界中普遍存在的重要化学反应，它与人类社会生产与生命活动紧密相关。氧化还原反应的本质是在反应中发生了电子转移，即发生了化合价的变化。通过氧化还原反应的电子转移可以产生电极电势，实现化学能与电能之间的转换。

　　电化学是研究电和化学反应相互关系的科学。电化学如今已形成了合成电化学、半导体电化学、有机导体电化学、生物电化学、光谱电化学、量子电化学等多个分支。电化学在化工、冶金、机械、电子、航空、航天、轻工、仪表、医学、材料、能源、环境科学等科技领域具有广泛的应用。当前世界上十分关注的研究课题，如能源、材料、环境保护、生命科学等都与电化学以各种各样的方式关联在一起。

　　在物理化学众多分支中，电化学是唯一以大工业为基础的学科。其应用分为以下几个方面。①电解工业：其中氯碱工业是仅次于合成氨和硫酸的无机物基础工业；尼龙66的中间单体己二腈是通过电解合成的；铝、钠等轻金属的冶炼，铜、锌等的精炼也都用的是电解法；②机械工业：用电镀、电抛光、电泳涂漆等来完成部件的表面精整；③环境保护：用电渗析的方法除去氰离子、铬离子等污染物；④化学电源；⑤金属防腐蚀：大部分金属腐蚀是电化学腐蚀问题；⑥许多生命现象如肌肉运动、神经的信息传递都涉及电化学机理；⑦应用电化学原理发展起来的各种电化学分析法，已成为实验室和工业检测不可缺少的手段。现在电化学热点问题很多，如电化学工业、电化学传感器、金属腐蚀、生物电化学、化学电源等。

 本章学习重点

1. 理解氧化还原反应的基本概念；
2. 掌握氧化还原方程式的配平方法；
3. 了解电势的概念及影响因素；
4. 熟悉能斯特公式。

第一节 ▶ 氧化还原反应的基本概念

一、氧化数

　　氧化数又叫氧化态，它是以化合价学说和元素电负性为基础发展起来的一个化学概念，它在一定程度上标志着元素在化合物中的化合状态。在根据化合价的升降值和电子转移情况来配平氧化还原反应方程式时，除简单的离子化合物外，一个原子得失电子形成的简单离子的化合价等于该元素的氧化数。对于其他物质，往往不易确定元素的化合价数。对于共价化合物来说，元素的氧化数与共价数是有区别的。第一，氧化数分正负，且可为分数；共价数不分正负，也不可能为分数。第二，同一物质中同种元素的氧化数和共价数的数值不一定相同。例如，H_2 分子和 N_2 分子中 H 和 N 的氧化数皆为 0，而它们的共价数分别为 1 和 3。在 H_2O_2 分子中 O 的共价数为 2，其氧化数为 -1。在 CH_3Cl 中，碳的共价数为 4，碳的氧化数为 -2，碳和氢原子之间的共价键数却为 3。对于一些结构复杂的化合物或原子团，更难确定它们在反应中的电子转移情况，因而难以表示物质中各元素所处的价态。为了解决这一问题，1970 年国际纯粹与应用化学联合会（IUPAC）通过了氧化数的概念，并为化学界普遍接受。

氧化数（oxidation number）是指某元素的一个原子的荷电数，该荷电数是假定把每一个化学键中的电子指定给电负性更大的原子而求得的。元素的氧化数又叫氧化态（或氧化值），是按一定规则给元素指定一个数字，它表征了元素在各物质中的表观电荷（又叫形式电荷）数。可见，氧化数是一个有一定人为性的、经验性的概念，它是按一定规则指定的数字，用来表征元素在化合状态时的形式电荷数（或表观电荷数）。这种形式电荷，顾名思义，只有形式上的意义。

在离子型化合物中，元素原子的氧化数等于原子的离子电荷数。例如在 $CaCl_2$ 中，钙的氧化数是 $+2$，氯的氧化数是 -1。在结构已知的共价化合物中，把属于两原子的共用电子对指定给两原子中电负性更大的一个原子以后，"电荷数"就是它们的氧化数。例如在 H_2S 中，氢的氧化数是 $+1$，硫的氧化数是 -2。在单质中，相同元素的电负性相同，没有发生电子的转移或偏移，元素的氧化数定为零。例如在 H_2、N_2、Cl_2 和 Zn、Fe 等单质中，元素的氧化数为零。在过氧化物（H_2O_2、Na_2O_2）中，氧的氧化数是 -1。在活泼金属的氢化物（NaH、CaH_2）中，氢的氧化数是 -1。在结构未知的化合物中，某元素的氧化数可以从该化合物中其他元素的氧化数算出，习惯规定是：

① 在一个中性化合物中，所有元素原子的氧化数总和等于零。

② 在一个复杂离子中，所有元素原子的氧化数的代数和等于该离子的电荷数。例如在 SO_4^{2-} 中，硫的氧化数是 $+6$，氧的氧化数是 -2，代数和是 $+6+(-2)\times 4=-2$。

例如：在 Fe_3O_4 中，氧的氧化数是 -2，铁的氧化数是 $\frac{8}{3}$。由此可见，氧化数只是为了说明氧化态而引入的人为规定的概念，它可以是正数、负数或分数。氧化数实质上是一种形式电荷数，表示元素原子平均的、表观的氧化状态。当一种元素的原子同时和电负性相差较大的两种元素的原子化合时，例如在 CH_3Cl 中，碳的氧化数是 -2，在 $CHCl_3$ 中，碳的氧化数是 $+2$。但是在上述两种化合物中，碳的化合价都是 4 价。

严格地说，化合价只表示元素的原子结合成分子时，原子数目的比例关系；从分子结构来看，化合价就是离子键的电价数和共价键的共价数，因此化合价不可能有分数，共价数也没有正负之分（表 3-1）。两者相比，化合价更能反映分子内部的基本属性，而氧化数在书写化学式和化学方程式配平中更加实用。

表 3-1　部分 C、H 化合物的化合价与氧化数

项目	CH_4	CH_3Cl	CH_2Cl_2	$CHCl_3$	CCl_4
化合价	4	4	4	4	4
氧化数	-4	-2	0	$+2$	$+4$

二、氧化还原反应基本特征

氧化还原过程中，某元素的原子或离子在反应前后氧化数发生改变的反应称为氧化还原反应。氧化数升高的过程称为氧化，氧化数降低的过程称为还原。氧化数升高的物质叫还原剂，还原剂被氧化；氧化数降低的物质叫氧化剂，氧化剂被还原。

氧化剂得电子，氧化数降低、被还原，产物具有弱还原性，是弱还原剂。氧化剂与被还原产物组成氧化还原电对。常见的氧化剂有活泼的非金属单质以及含较高氧化数元素的化合物或离子，如 O_2、F_2、$KMnO_4$、$K_2Cr_2O_7$ 等。

还原剂失电子氧化数升高、被氧化，产物具有弱的氧化性，是弱氧化剂。还原剂与被氧化的产物组成氧化还原电对。常用的还原剂有活泼的金属单质及含较低氧化数元素的化合物或离子，如 Na、Mg、Zn、H_2S、$H_2C_2O_4$ 等。

某些中间氧化数的物质，随反应条件的不同，既可以是氧化剂又可以是还原剂。例如 H_2O_2 既可以是氧化剂，又可以是还原剂。反应中氧化和还原同时进行，假如氧化数升高和降低都发生在同一个化合物中则为自身氧化还原反应。例如，反应物 $KClO_3$ 中 Cl 的氧化数为 +5，O 的氧化数是 -2，反应后它们的氧化数分别变为 -1 和 0，氧化数发生变化的元素 Cl 和 O 在同一化合物中。

$$2K\overset{+5}{Cl}\overset{-2}{O_3} = 2K\overset{-1}{Cl} + 3\overset{0}{O_2}$$

反应过程中，同一元素氧化数既有升高又有降低的反应叫歧化反应，歧化反应是自身氧化还原反应的特殊型。例如：

$$\overset{0}{Cl_2} + H_2O = H\overset{+1}{Cl}O + H\overset{-1}{Cl}$$

三、氧化还原电对

任何一个氧化还原反应都可以看成是两个半反应之和：一个是氧化剂（氧化型）在反应过程中氧化数降低转化为氧化数较低的还原型的半反应，另一个是还原剂（还原型）在反应过程中氧化数升高转化为氧化数较高的氧化型的半反应。

在半反应中，同一元素的两个不同氧化数的物种组成一个氧化还原电对，电对中氧化数较大的物种称为氧化型，氧化数较小的物种称为还原型。

一对氧化型和还原型构成的共轭体系称为氧化还原电对，可用"氧化型/还原型"表示，例如 Cu^{2+}/Cu 和 Zn^{2+}/Zn。非金属单质及其相应的离子，也可以构成氧化还原电对，如 H^+/H_2，O_2/OH^- 等。

氧化还原半反应可用通式表示：氧化型 + ne^- = 还原型

式中，n 表示互相转化时得失电子数。

一个氧化还原反应是由两个（或两个以上）氧化还原电对共同作用的结果。例如：Cu^{2+}/Cu 和 Zn^{2+}/Zn 两个电对构成如下化学反应：$Cu^{2+} + Zn = Cu + Zn^{2+}$。

两个电对的共轭关系可用氧化还原反应半反应式来表示：

还原半反应　　$Cu^{2+} + 2e^- = Cu$

氧化半反应　　$Zn - 2e^- = Zn^{2+}$

氧化还原反应中两个电对得失的电子数相等，将两个半反应相加，即得到氧化还原反应方程式：$Cu^{2+} + Zn = Cu + Zn^{2+}$。

四、氧化还原反应方程式的配平

配平氧化还原反应方程式的常见方法有两种：氧化数法和离子-电子法。

1. 氧化数法

氧化数法配平氧化还原反应方程式所依据的基本原则：一是反应中氧化剂元素氧化数降低值和还原剂元素氧化数增加值相等；二是反应前后各元素的原子总数相等。

例如，高锰酸钾和氯化氢反应的配平步骤如下。

① 根据实验确定反应物和产物，写出基本方程式；

$$KMnO_4 + HCl \longrightarrow MnCl_2 + Cl_2 \uparrow$$

② 标出有关元素的氧化数及其变化的数值；

氧化数升高的元素：$2Cl^- \longrightarrow Cl_2$ 升高 2

氧化数降低的元素：$Mn^{7+} \longrightarrow Mn^{2+}$ 降低 5

③ 根据氧化剂中氧化数降低的数值应与还原剂中氧化数升高的数值相等的原则，在相应的化学式前乘以适当的系数；

$$2KMnO_4 + 10HCl \longrightarrow 2MnCl_2 + 5Cl_2 \uparrow$$

④ 检查氢原子及其他原子的数目，找出参加反应的水的数目；

$$2KMnO_4 + 16HCl \longrightarrow MnCl_2 + 5Cl_2 + 2KCl + 8H_2O$$

⑤ 最后检查氧原子数，验证方程式配平与否，并再次核对反应方程式两边各元素原子的总数。若相等，则将箭头改为等号，得到配平的反应式。

$$2KMnO_4 + 16HCl =\!=\!= 2MnCl_2 + 5Cl_2 + 2KCl + 8H_2O$$

2. 离子-电子法

配平原则：根据氧化还原反应中氧化剂和还原剂得失电子总数相等和反应前后各元素的原子总数相等的原则配平。配平基本步骤如下。

① 写出反应物与生成物的化学式，并将氧化数发生变化的离子写成一个基本离子反应式：

$$KMnO_4 + K_2SO_3 + H_2SO_4 \longrightarrow MnSO_4 + K_2SO_4 + H_2O$$

$$MnO_4^- + SO_3^{2-} \longrightarrow Mn^{2+} + SO_4^{2-}$$

② 将基本离子反应式分解为两个半反应式，一个代表氧化剂的还原反应，另一个代表还原剂的氧化反应，并分别配平。配平时，不但要使两边各种原子的总数相等，而且也要使两边的净电荷数相等。方法是首先配平原子数，然后在半反应的左边或右边加上适当电子数来配平电荷数。

氧化反应：$\quad SO_3^{2-} + H_2O =\!=\!= SO_4^{2-} + 2H^+ + 2e^-$

还原反应：$\quad MnO_4^- + 8H^+ + 5e^- =\!=\!= Mn^{2+} + 4H_2O$

③ 根据氧化剂得到的电子数和还原剂失去的电子数必须相等的原则，给上述两半反应式各乘以适当系数，然后两式相加，并合并为一个总的离子反应方程式：

$$\begin{aligned} SO_3^{2-} + H_2O &=\!=\!= SO_4^{2-} + 2H^+ + 2e^- \quad &\times 5 \\ + \quad MnO_4^- + 8H^+ + 5e^- &=\!=\!= Mn^{2+} + 4H_2O \quad &\times 2 \\ \hline 2MnO_4^- + 5SO_3^{2-} + 6H^+ &=\!=\!= 2Mn^{2+} + 5SO_4^{2-} + 3H_2O \end{aligned}$$

④ 将未参加氧化还原反应的离子考虑进去，该反应是在酸性溶液中进行的，所加入的酸一般应以不引进其他杂质和引进的酸根离子不参与氧化还原反应为原则。上述反应的产物是 SO_4^{2-}，所以应加入稀 H_2SO_4。因此，反应的分子反应式应为：

$$2KMnO_4 + 5K_2SO_3 + 3H_2SO_4 = 2MnSO_4 + 6K_2SO_4 + 3H_2O$$

最后进行核对。

氧化数法与离子-电子法各有优缺点。氧化数法能够较迅速地配平简单的氧化还原反应，它的适用范围较广，不只限于水溶液中的反应，特别是对高温反应及熔融态物质间的反应更为适用。而离子-电子法能反映水溶液中反应的实质，特别是对有介质参加的复杂反应配平比较方便。此方法不仅有助于书写半反应式，而且对根据反应设计电池，书写电极反应及电化学计算都有帮助。但是，离子-电子法仅适用于配平水溶液中的反应。

第二节 ▶ 原电池与电动势

一、原电池

一切氧化还原反应均为电子从还原剂转移到氧化剂的过程。如将金属锌片置于 $CuSO_4$ 溶液中，就可看到锌片上开始形成红棕色的海绵状薄层。同时 $CuSO_4$ 溶液的蓝色开始消失。这是由于发生了如下氧化还原反应：

$$Zn(s) + Cu^{2+}(aq) = Zn^{2+}(aq) + Cu(s)$$

上述反应显然发生了电子从 Zn 转移到 Cu^{2+} 的过程，然而电子的转移没有形成有秩序的电子流，反应的化学能没有变成电能而变为热能。如果设计一个装置，使 Zn 不直接把电子给予 Cu^{2+}，让电子经过一段导线有秩序地转移给 Cu^{2+}，这样，电子沿导线按一定方向移动，就可以获得电流。

如图 3-1 所示。两个烧杯中分别盛有 $ZnSO_4$ 溶液和 $CuSO_4$ 溶液，在 $ZnSO_4$ 溶液中插入 Zn 片，在 $CuSO_4$ 溶液中插入 Cu 片，两个烧杯的溶液以盐桥相连。盐桥中装有 KCl 溶液和琼脂制成的胶冻，胶冻的作用是防止管中溶液流出，而溶液中的正、负离子则可以在管内定向迁移。用金属导线将两金属片、负载及安培计串联起来，则安培计的指针发生偏移，说明回路中有了电流。

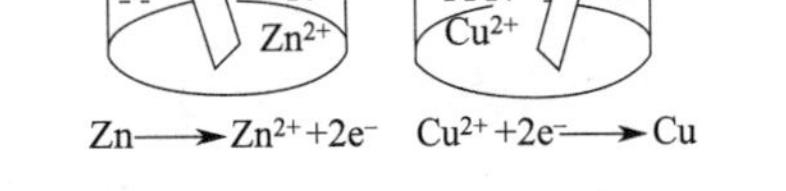

图 3-1 锌-铜原电池示意图

锌-铜原电池之所以能够产生电流，主要是由于 Zn 比 Cu 活泼，Zn 易放出电子成为 Zn^{2+} 而进入溶液：

$$Zn \longrightarrow Zn^{2+} + 2e^-$$

电子沿金属导线移向 Cu 片，溶液中的 Cu^{2+} 在铜片上接受电子变成金属铜而沉积下来：

$$Cu^{2+} + 2e^- \longrightarrow Cu$$

电子经导线由 Zn 片流向 Cu 片而形成了电流。

将上述两个反应式相加，则得到 Zn-Cu 原电池的电池反应：

$$Zn + Cu^{2+} \longrightarrow Zn^{2+} + Cu$$

这个反应与锌置换铜所发生的氧化还原反应完全一样。所不同的是，在原电池中氧化剂与还原剂互不接触，氧化与还原分开进行，电子沿着金属导线定向转移，使化学能变成电能和热能；而在锌置换铜的氧化还原反应中，氧化剂与还原剂互相接触，直接进行了电子的转移，因此化学能只能转变成热能。

这种能使化学能转变为电能的装置叫作原电池（primary cells）。在原电池中，将组成原电池的导体（如 Cu 片和 Zn 片）称为电极。同时规定，电子流出的电极为负极（如 Zn 电极），又称阳极，该电极发生氧化反应；电子流入的电极为正极（如 Cu 电极），又称阴极，该电极发生还原反应。

一般来说，由两种金属电极构成的原电池，较活泼的金属是负极，另一金属是正极。负极金属失去电子成为离子而进入溶液，所以它总是逐渐溶解。

盐桥的作用有两个：一是它可以消除因溶液直接接触而形成的液体接界电势；二是它可使由它连接的两溶液保持电中性，否则锌盐溶液会由于锌溶解成为 Zn^{2+} 而带正电，铜盐溶液会由于铜的析出减少了 Cu^{2+} 而带负电。很明显，随着反应的进行，盐桥中的负离子（如 Cl^-）移向锌盐溶液，正离子（如 K^+）移向铜盐溶液，使锌盐和铜盐溶液一直保持电中性，从而保证电子通过外电路从锌到铜的不断转移，使锌的溶解和铜的析出过程得以继续进行。

所以在原电池中，电子总是由负极流向正极，与规定的电流的方向（由正极流向负极）恰好相反。例如在 Zn-Cu 原电池中：

（-）锌电极： $Zn \longrightarrow Zn^{2+} + 2e^-$ 氧化反应

（+）铜电极： $Cu^{2+} + 2e^- \longrightarrow Cu$ 还原反应

总反应： $Zn + Cu^{2+} \Longleftrightarrow Zn^{2+} + Cu$ 氧化还原反应

上述原电池可以用符号表示：（-）$Zn|ZnSO_4(c_1)\|CuSO_4(c_2)|Cu$（+）

习惯上把负极（-）写在左边，正极（+）写在右边。其中"｜"表示金属和溶液之间的接触界面；"‖"表示盐桥；c 表示溶液的浓度。

我们发现，每一个原电池实际上都是由两个不同的氧化还原电对组成的。如上述 Zn-Cu 原电池就是由 Zn^{2+}/Zn 和 Cu^{2+}/Cu 这两个氧化还原电对所构成的。从理论上讲，任何两个氧化还原电对均可构成原电池，但实际上除了考虑其可能性外，更重要的是还需考虑它的现实性。如 Zn-Cu 原电池，当 $ZnSO_4$、$CuSO_4$ 溶液浓度均为 $1mol \cdot L^{-1}$ 时，尽管该原电池的电动势可达 1.1V 左右，但电流密度很小，所以 Zn-Cu 原电池只有理论意义而无实用价值。

二、电极电势

1. 电极电势的产生

在锌铜原电池中，将两个电极用导线连接后就有电流产生，可见两电极之间存在着电势差，即构成原电池的两个电极的电势不等。现以金属及其盐溶液组成的电极为例说明电极电势的产生。

早在 1889 年，德国化学家能斯特（H. W. Nernst）就提出了一个双电层理论，解释了电极电势的产生原因。当金属放入溶液中时，一方面，金属晶体中处于热运动的金属离子在极性水分子的作用下离开金属表面进入溶液，金属性质愈活泼，这种趋势就愈大；另一方面，溶液中的金属离子由于受到金属表面电子的吸引而在金属表面沉积，溶液中金属离子的浓度愈大，这种趋势也愈大。在一定浓度的溶液中达到平衡后，在金属和溶液两相界面上形成了一个带相反电荷的双电层（electron double layer），双电层的厚度虽然很小（约为 10^{-8} cm 数量级），但却在金属和溶液之间产生了电势差。通常人们把金属和盐溶液之间的双电层间的电势差称为金属的电极电势，并以此描述电极得失电子能力的相对强弱。电极电势以符号 $\varphi(M^{n+}/M)$ 表示，单位为 V（伏）。如锌的电极电势以 $\varphi(Zn^{2+}/Zn)$ 表示，铜的电极电势以 $\varphi(Cu^{2+}/Cu)$ 表示。

电极电势的大小主要取决于电极的本性，并受温度、介质和离子浓度等因素的影响。

2. 标准电极电势

电极电势的绝对值迄今仍无法测量，通常所说的某电极的"电极电势"是指相对电极电势，在这里规定：离子浓度为 $1.0 \text{mol} \cdot L^{-1}$（严格讲应为离子的活度 $a=1$），气体、液体及固体均处于热力学标准状态，则此状态即为标准状态，在标准状态下的电极电势称为标准电极电势，用符号 $\varphi^{\ominus}$ 表示。在此以标准氢电极作为比较的标准，即规定标准氢电极的电极电势为零。当以标准氢电极与待测电极组成电池后，测量该电池的电动势 $E^{\ominus}$，就可得出相应电极的电极电势。

由于原电池的电动势应为正值，即两个电极的电势差大于零时才有电流产生，所以原电池的电动势与电极电势之间的关系为：

$$E = \varphi_{(+)} - \varphi_{(-)} = \varphi_{(\text{待测})} - \varphi_{(H^+|H_2,Pt)}$$

若在标准状态下，则：$E^{\ominus} = \varphi^{\ominus}_{(+)} - \varphi^{\ominus}_{(-)} = \varphi^{\ominus}_{(\text{待测})} - \varphi^{\ominus}_{(H^+|H_2,Pt)}$

(1) 标准氢电极

将铂片表面镀上一层多孔的铂黑（细粉状的铂），放入氢离子浓度为 $1 \text{mol} \cdot L^{-1}$ 的稀硫酸溶液中，如图 3-2，并不断地通入压力为 100kPa 的纯净氢气，使铂黑电极上吸附的氢气达到饱和。这时，铂片上的 H_2 与溶液中的 H^+ 可达到以下平衡：$2H^+ + 2e^- \rightleftharpoons H_2$。

H_2 与 H^+ 在界面形成双电层，此双电层的电势差就是标准氢电极的电极电势，规定为零，即 $\varphi^{\ominus}(H^+/H_2) = 0V$。

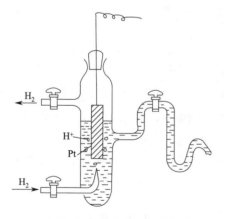

图 3-2 标准氢电极组成示意图

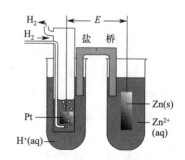

图 3-3 标准 Zn 电极电势测定示意图

(2) 标准电极电势

当以标准氢电极与待测电极（标准状态）组成电池后，通过直流电压表确定电池的正负极，即可根据 $E = \varphi_{(+)} - \varphi_{(-)}$，计算各种电极的标准电极电势的相对数值。

例如：如图 3-3，在 298K，标准氢电极和标准 Zn 电极所组成的原电池，电池符号为：
$(-)Zn|Zn^{2+}(1\text{mol} \cdot L^{-1}) \| H_3O^+(1\text{mol} \cdot L^{-1})|H_2(1\times10^5 \text{Pa}),Pt(+)$。

实验测得电池的电动势为 0.7628V，即：
$$0.7628V = 0V - \varphi^{\ominus}(Zn^{2+}/Zn)$$
$$\varphi^{\ominus}(Zn^{2+}/Zn) = -0.7628V$$

用类似的方法可以测得一系列电对的标准电极电势，附录列出了 298.15K 时一些氧化还原电对的标准电极电势数据。它们是按电极电势的代数值递增顺序排列的。该表称为标准电极电势表。

（3）参比电极

在实际应用中，由于标准氢电极的制备和使用均不方便，所以常以参比电极代替。最常用的参比电极有甘汞电极和氯化银电极等。它们制备简单、使用方便、性能稳定，其中有几种电极的电极反应的标准电势已用标准氢电极精确测定，并且已得到公认，所以也称它们为二级标准电极。甘汞电极由 $Hg(l)$、$Hg_2Cl_2(s)$ 以及 KCl 溶液组成，其电极反应的电势取决于 Cl^- 的浓度。若 KCl 溶液是饱和的，则该电极称为饱和甘汞电极，25℃时其电极电势为 0.2412V，见图 3-4。

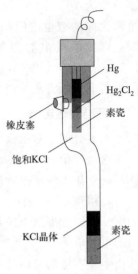

图 3-4 饱和甘汞电极示意图

三、能斯特（Nernst）方程

电极反应的电势泛指任意电极的界面电势差，它不仅取决于电极中氧化还原电对的本性，还与温度、浓度或分压以及介质的酸度有关。溶液中的反应一般是在常温下进行，因此温度对电极电势的影响较小，而氧化态和还原态物质的浓度变化及溶液的酸度变化，则是影响电极电势的重要因素。这种影响的关系可用能斯特方程表示。能斯特方程描述了电极电势与浓度、温度之间的关系。

设任意电极的电极反应为：

$$a \text{ 氧化态} + ne^- \Longrightarrow b \text{ 还原态}$$

或

$$a\,Ox + ne^- \Longrightarrow b\,Red$$

则

$$\varphi = \varphi^{\ominus} + \frac{RT}{nF} \ln \frac{[c(Ox)/c^{\ominus}]^a}{[c(Red)/c^{\ominus}]^b}$$

式中，φ 为电对在非标准状态时的电极电势，V；$\varphi^{\ominus}$ 为电对的标准电极电势，V；R 为摩尔气体常数，$8.314 \text{J} \cdot \text{mol}^{-1} \cdot \text{K}^{-1}$；$T$ 为热力学温度，K；n 为电极反应中转移的电子数；F 为法拉第常数，$96500 \text{J} \cdot \text{V}^{-1} \cdot \text{mol}^{-1}$；$c(Ox)/c^{\ominus}$、$c(Red)/c^{\ominus}$ 分别为氧化态、还原态物质浓度与 $c^{\ominus}$ 的相对值；a、b 分别表示在电极反应中氧化态和还原态物质的计量系数。

这个关系式称为能斯特方程。

若将自然对数转变为常用对数，将 R、F、T（298.15K）的数值代入，则：

$$\frac{2.303RT}{F} = \frac{2.303 \times 8.314 \times 298.15}{96500} V = 0.0592V$$

将此值代入，能斯特方程可写为：$\varphi = \varphi^{\ominus} + \frac{0.0592V}{n} \lg \frac{[c(Ox)/c^{\ominus}]^a}{[c(Red)/c^{\ominus}]^b}$

应用能斯特方程时应注意：

① 如果电对中某一物质为固体或纯液体，则它的浓度均视为常数，已并入 $\varphi^{\ominus}$。如果是

气体，则气体物质的浓度应以分压表示。例如：

$$Zn^{2+}+2e^- {=\!=\!=} Zn \qquad \varphi(Zn^{2+}/Zn)=\varphi^{\ominus}(Zn^{2+}/Zn)+\frac{0.0592V}{2}\lg[c(Zn^{2+})/c^{\ominus}]$$

$$Br_2(l)+2e^- {=\!=\!=} 2Br^- \qquad \varphi(Br_2/Br^-)=\varphi^{\ominus}(Br_2/Br^-)+\frac{0.0592V}{2}\lg\frac{1}{[c(Br^-)/c^{\ominus}]^2}$$

$$Cl_2(g)+2e^- {=\!=\!=} 2Cl^- \qquad \varphi(Cl_2/Cl^-)=\varphi^{\ominus}(Cl_2/Cl^-)+\frac{0.0592V}{2}\lg\frac{p(Cl_2)/p^{\ominus}}{[c(Cl^-)/c^{\ominus}]^2}$$

② 如果在电极反应中，除氧化态和还原态物质外，还有参加电极反应的其他物质如 H^+、OH^- 存在时，也应把这些离子的浓度代入能斯特方程中。例如：

$$Cr_2O_7^{2-}+14H^++6e^- {=\!=\!=} 2Cr^{3+}+7H_2O \qquad \varphi^{\ominus}(Cr_2O_7^{2-}/Cr^{3+})=+1.33V$$

若 $c(Cr_2O_7^{2-})=c(Cr^{3+})=1mol \cdot L^{-1}$，$c(H^+)=10mol \cdot L^{-1}$ 时，则：

$$\varphi(Cr_2O_7^{2-}/Cr^{3+})=\varphi^{\ominus}(Cr_2O_7^{2-}/Cr^{3+})+\frac{0.0592V}{6}\lg\frac{[c(Cr_2O_7^{2-})/c^{\ominus}][c(H^+)/c^{\ominus}]^{14}}{[c(Cr^{3+})/c^{\ominus}]^2}$$

$$=+1.33V+\frac{0.0592V}{6}\lg\frac{1\times 10^{14}}{1^2}=+1.47V$$

四、影响电极电势的因素

1. 离子浓度改变对电极电势的影响

【例题 3-1】 计算 25℃时，(一) $Zn|Zn^{2+}$ (0.01mol·L^{-1}) 的电极电势。

解： 查表得 $\varphi^{\ominus}(Zn^{2+}/Zn)=-0.763V$

根据能斯特方程：$\varphi(Zn^{2+}/Zn)=\varphi^{\ominus}(Zn^{2+}/Zn)+\frac{0.0592V}{2}\lg[c(Zn^{2+})/c^{\ominus}]$

$$=-0.763V+\frac{0.0592V}{2}\lg 0.01=-0.822V$$

计算结果表明，氧化态物质浓度减小时，电极电势的代数值减小，还原剂失电子的能力增强。

【例题 3-2】 计算 25℃时，非金属碘在 0.01mol·L^{-1} KI 溶液中的电极电势。

解： 查表得 $\varphi^{\ominus}(I_2/I^-)=+0.5345V$

$$\varphi(I_2/I^-)=\varphi^{\ominus}(I_2/I^-)+\frac{0.0592V}{2}\lg\frac{1}{[c(I^-)/c^{\ominus}]^2}$$

$$=+0.5345V+\frac{0.0592V}{2}\lg\frac{1}{(0.01)^2}=+0.6529V$$

计算结果表明，还原态物质浓度减小时，电极电势增大，氧化剂得电子能力增强。

【例题 3-3】 计算 25℃时，$Pt|Fe^{3+}$ (0.1mol·L^{-1})，Fe^{2+} (0.1mol·L^{-1}) 的电极电势。

解： 查表得 $\varphi^{\ominus}(Fe^{3+}/Fe^{2+})=+0.771V$

$$c(Fe^{3+})/c(Fe^{2+})=1$$

$$\varphi(Fe^{3+}/Fe^{2+})=\varphi^{\ominus}(Fe^{3+}/Fe^{2+})=+0.771V$$

计算结果表明，当氧化态物质与还原态物质浓度变化一致时，对电极电势无影响，即 φ 值与氧化态和还原态物质浓度的比值有关。

2. 金属离子生成沉淀对电极电势的影响

【例题 3-4】 已知 $Ag^+ + e^- \rightleftharpoons Ag(s)$，$\varphi^{\ominus}(Ag^+/Ag) = +0.799V$，$K_{sp}^{\ominus}(AgCl) = 1.8 \times 10^{-10}$。在此半电池中加入 KCl，若沉淀达到平衡后 $c(Cl^-) = 1.00 mol \cdot L^{-1}$，求此时的电极电势。

解: $c(Cl^-) = 1.00 mol \cdot L^{-1}$ 时，$c(Ag^+)$ 为：

$$c(Ag^+)/c^{\ominus} = \frac{K_{sp}^{\ominus}(AgCl)}{c(Cl^-)/c^{\ominus}} = \frac{1.8 \times 10^{-10}}{1.00} = 1.8 \times 10^{-10} mol \cdot L^{-1}$$

代入能斯特方程：$\varphi(Ag^+/Ag) = \varphi^{\ominus}(Ag^+/Ag) + 0.0592V lg[c(Ag^+)/c^{\ominus}]$
$$= 0.799V + 0.0592V lg(1.8 \times 10^{-10}) = +0.222V$$

以上计算所得的电极电势实际上为下列电对的电极电势：

$$AgCl(s) + e^- \rightleftharpoons Ag(s) + Cl^-(aq)$$

当 $c(Cl^-) = 1.00 mol \cdot L^{-1}$ 时，为 AgCl-Ag 电对的标准电极。与 $\varphi^{\ominus}(Ag^+/Ag)$ 相比，由于 AgCl 沉淀的生成，电极电势降低了 0.577V。

结合能斯特方程判断，若沉淀剂与氧化态离子作用，则电极电势降低，氧化态物质的氧化能力降低；反之，沉淀剂与还原态离子作用，则电极电势升高，氧化态物质的氧化能力增强。

3. 酸度对电极电势的影响

在有 H^+ 或 OH^- 参加电极反应时，溶液的酸度改变将使电极电势有显著的改变。如氧化态物质是含氧酸根 MnO_4^-、$Cr_2O_7^{2-}$、AsO_4^{3-}、$C_2O_4^{2-}$ 等，它们的氧化能力与介质的酸度有密切关系。

【例题 3-5】 在 MnO_4^-/Mn^{2+} 电对中，若 $c(MnO_4^-) = c(Mn^{2+}) = 1 mol \cdot L^{-1}$，试计算 $c(H^+) = 1 mol \cdot L^{-1}$、$0.01 mol \cdot L^{-1}$、$10 mol \cdot L^{-1}$ 时，电对的电极电势。已知 $\varphi^{\ominus}(MnO_4^-/Mn^{2+}) = +1.51V$。

解: 电极反应 $MnO_4^- + 8H^+ + 5e^- \rightleftharpoons Mn^{2+} + 4H_2O$

电极电势 $\varphi^{\ominus}(MnO_4^-/Mn^{2+}) = +1.51V$

$$\varphi(MnO_4^-/Mn^{2+}) = \varphi^{\ominus}(MnO_4^-/Mn^{2+}) + \frac{0.0592V}{5} lg \frac{[c(MnO_4^-)/c^{\ominus}][c(H^+)/c^{\ominus}]^8}{c(Mn)^{2+}/c^{\ominus}}$$

当 $c(H^+) = 1 mol \cdot L^{-1}$ 时，

$$\varphi(MnO_4^-/Mn^{2+}) = +1.51V + \frac{0.0592V}{5} lg \frac{1 \times 1^8}{1} = +1.51V$$

当 $c(H^+) = 0.01 mol \cdot L^{-1}$ 时，

$$\varphi(MnO_4^-/Mn^{2+}) = +1.51V + \frac{0.0592V}{5} lg \frac{1 \times 0.01^8}{1} = +1.32V$$

当 $c(H^+) = 10 mol \cdot L^{-1}$ 时，

$$\varphi(MnO_4^-/Mn^{2+}) = +1.51V + \frac{0.0592V}{5} lg \frac{1 \times 10^8}{1} = +1.60V$$

由此例可见，MnO_4^- 的氧化性随 H^+ 浓度的降低而减弱，随 H^+ 浓度的增大而增强。同理可以推出如果氧化态物质为含氧酸根，则它们的氧化能力随溶液酸度增大而增强，随溶液酸度降低而减弱。

五、电极电势的应用

1. 判断氧化还原反应进行的方向

根据电极电势，可以判断氧化剂和还原剂的相对强弱，而根据氧化剂和还原剂的相对强弱，又可以判断氧化还原反应进行的方向。氧化还原反应由较强的氧化剂和较强的还原剂相互作用，向着生成较弱还原剂和较弱氧化剂的方向进行，即 φ 值较大电对的氧化态物质与 φ 值较小电对的还原态物质反应生成它们对应的还原态物质和氧化态物质。

【例题 3-6】 在标准状态下，判断反应 $Zn+Fe^{2+}\Longrightarrow Zn^{2+}+Fe$ 能否自左向右进行。

解： 查表得，$\varphi^{\ominus}(Zn^{2+}/Zn)=-0.763V$，$\varphi^{\ominus}(Fe^{2+}/Fe)=-0.44V$

比较两电对的 $\varphi^{\ominus}$ 值，$\varphi^{\ominus}(Fe^{2+}/Fe)>\varphi^{\ominus}(Zn^{2+}/Zn)$，可知 Fe^{2+} 是较强的氧化剂，Zn 是较强的还原剂，因此上述反应能够自左向右进行。

【例题 3-7】 判断反应 $H_3AsO_4+2I^-+2H^+\Longrightarrow HAsO_2+I_2+2H_2O$ 在下列条件下向哪个方向进行。已知：$\varphi^{\ominus}(H_3AsO_4/HAsO_2)=+0.559V$，$\varphi^{\ominus}(I_2/I^-)=+0.5345V$。

(1) 在标准状态下；
(2) 溶液的 pH=7.00，其他物质均为标准状态；
(3) $c(H^+)=6mol\cdot L^{-1}$，其他物质均为标准状态。

解： 电极反应　　$H_3AsO_4+2H^++2e^-\Longrightarrow HAsO_2+2H_2O$　　0.599V

$$I_2+2e^-\Longrightarrow 2I^-\qquad 0.5345V$$

(1) 标准状态下，$\varphi^{\ominus}(H_3AsO_4/HAsO_2)>\varphi^{\ominus}(I_2/I^-)$，因此反应向右进行。

(2) 溶液 pH=7.00，即 $c(H^+)=10^{-7} mol\cdot L^{-1}$ 时：

$$\varphi(H_3AsO_4/HAsO_2)=\varphi^{\ominus}(H_3AsO_4/HAsO_2)+\frac{0.0592V}{2}\lg\frac{[c(H_3AsO_4)/c^{\ominus}][c(H^+)/c^{\ominus}]^2}{c(HAsO_2)/c^{\ominus}}$$

$$=+0.559V+\frac{0.0592V}{2}\lg\frac{1\times(10^{-7})^2}{1}=+0.145V$$

在 $I_2+2e^-\Longrightarrow 2I^-$ 电极反应中，无 H^+ 参与，故改变溶液酸度不会影响其电对的电极电势。

$\varphi(H_3AsO_4/HAsO_2)<\varphi^{\ominus}(I_2/I^-)$，因此反应向左进行。

(3) $c(H^+)=6mol\cdot L^{-1}$

$$\varphi(H_3AsO_4/HAsO_2)=+0.559V+\frac{0.0592V}{2}\lg\frac{1\times 6^2}{1}=+0.605V$$

$\varphi(H_3AsO_4/HAsO_2)>\varphi^{\ominus}(I_2/I^-)$，因此反应向右进行。

由此得知，在标准状态下可用 $\varphi^{\ominus}$ 直接判断氧化还原反应进行的方向，即 $\varphi^{\ominus}$ 值较大电对的氧化态物质与 $\varphi^{\ominus}$ 值较小电对的还原态物质反应，向生成它们对应的还原态物质与氧化态物质的方向进行。但在非标准状态下，尤其是在 $E^{\ominus}=\varphi^{\ominus}_{(+)}-\varphi^{\ominus}_{(-)}<0.2V$ 时，必须根据实际情况计算所得的 φ 值，才能正确判断氧化还原反应进行的方向。

2. 选择适当的氧化剂和还原剂

如果对一个复杂化学体系中的某一（或某些）组分进行选择性的氧化或还原，而要求体系中其他组分不发生氧化还原反应，这就需要根据上述规律，选择合适的氧化剂和还原剂。

【例题 3-8】 在含有 Cl^-、Br^-、I^- 三种离子的溶液中，欲使 I^- 氧化为 I_2，而不使 Br^- 和 Cl^- 被氧化，应选 $KMnO_4$ 与 $Fe_2(SO_4)_3$ 中哪个？已知：$\varphi^{\ominus}(I_2/I^-)=+0.5345V$，$\varphi^{\ominus}(Br_2/Br^-)=+1.065V$，$\varphi^{\ominus}(Cl_2/Cl^-)=+1.36V$，$\varphi^{\ominus}(Fe^{3+}/Fe^{2+})=+0.771V$，$\varphi^{\ominus}(MnO_4^-/Mn^{2+})=+1.51V$。

$$\varphi^{\ominus}(Fe^{3+}/Fe^{2+})>\varphi^{\ominus}(I_2/I^-)$$

$$\varphi^{\ominus}(Fe^{3+}/Fe^{2+}) < \varphi^{\ominus}(Br_2/Br^-)$$

$$\varphi^{\ominus}(Fe^{3+}/Fe^{2+}) < \varphi^{\ominus}(Cl_2/Cl^-)$$

因此，$Fe_2(SO_4)_3$ 只能氧化 I^-，而不能氧化 Br^- 和 Cl^-，故可选用 $Fe_2(SO_4)_3$ 作氧化剂。而 $\varphi^{\ominus}(MnO_4^-/Mn^{2+}) > \varphi^{\ominus}(Cl_2/Cl^-) > \varphi^{\ominus}(Br_2/Br^-) > \varphi^{\ominus}(I_2/I^-)$，即 $KMnO_4$ 可氧化 Cl^-、Br^- 及 I^-，不符合题意，因此不能选用 $KMnO_4$ 作氧化剂。

3. 判断氧化还原反应进行的次序

【例题 3-9】 某一水溶液中同时存在着几种离子（如 Fe^{2+}、Cu^{2+}），都能与所加入的还原剂（如 Zn）发生氧化还原反应。

$$Zn(s) + Fe^{2+}(aq) \Longrightarrow Zn^{2+}(aq) + Fe(s)$$

$$Zn(s) + Cu^{2+}(aq) \Longrightarrow Zn^{2+}(aq) + Cu(s)$$

Fe^{2+} 和 Cu^{2+} 是同时被还原，还是按一定的先后次序被还原呢？

从标准电极电势看出：

$$\left.\begin{array}{l}\left.\begin{array}{l}\varphi^{\ominus}(Zn^{2+}/Zn) = -0.763V \\ \varphi^{\ominus}(Fe^{2+}/Fe) = -0.44V\end{array}\right\} E_1^{\ominus} = 0.323V \\ \varphi^{\ominus}(Cu^{2+}/Cu) = +0.337V\end{array}\right\} E_2^{\ominus} = 1.100V$$

Fe^{2+} 和 Cu^{2+} 都能被 Zn 还原，但由于 $E_2^{\ominus} > E_1^{\ominus}$，因此必然是 Cu^{2+} 首先被还原，当 Cu^{2+} 被还原到一定程度时 Fe^{2+} 开始被还原。

由此得知，在一定条件下，氧化还原反应首先发生在电极电势差值最大的两个电对之间。

4. 计算氧化还原反应的平衡常数

氧化还原反应属可逆反应，当反应达到平衡时，有一平衡常数 $K^{\ominus}$。欲计算此 $K^{\ominus}$，首先应将反应设计为电池，再由相应电极反应的电势进行计算。现仍以锌铜原电池及其电池反应为例进行说明。

随着锌铜原电池反应的进行，$c(Zn^{2+})$ 不断增加，$c(Cu^{2+})$ 不断减少。若反应温度为 25℃，根据能斯特方程得：

$$\varphi(Zn^{2+}/Zn) = \varphi^{\ominus}(Zn^{2+}/Zn) + \frac{0.0592V}{2} \lg[c(Zn^{2+})/c^{\ominus}]$$

$$\varphi(Cu^{2+}/Cu) = \varphi^{\ominus}(Cu^{2+}/Cu) + \frac{0.0592V}{2} \lg[c(Cu^{2+})/c^{\ominus}]$$

所以，$\varphi(Zn^{2+}/Zn)$ 的值逐渐增大，$\varphi(Cu^{2+}/Cu)$ 的值逐渐减小。当反应达到平衡时，二者相等。于是，

$$\varphi^{\ominus}(Zn^{2+}/Zn) + \frac{0.0592V}{2} \lg[c(Zn^{2+})/c^{\ominus}] = \varphi^{\ominus}(Cu^{2+}/Cu) + \frac{0.0592V}{2} \lg[c(Cu^{2+})/c^{\ominus}]$$

$$\frac{0.0592V}{2} \lg \frac{c(Zn^{2+})/c^{\ominus}}{c(Cu^{2+})/c^{\ominus}} = \varphi^{\ominus}(Cu^{2+}/Cu) - \varphi^{\ominus}(Zn^{2+}/Zn)$$

式中，$\dfrac{c(Zn^{2+})/c^{\ominus}}{c(Cu^{2+})/c^{\ominus}}$ 即为反应 $Zn + Cu^{2+} \Longrightarrow Zn^{2+} + Cu$ 在 25℃ 时的平衡常数 $K^{\ominus}$。

所以，$\lg K^{\ominus} = \dfrac{2}{0.0592\text{V}} \times [0.337\text{V} - (-0.763\text{V})]$

$K^{\ominus} = 1.45 \times 10^{37}$

$K^{\ominus}$ 值很大，说明锌置换铜的反应可以进行完全。由此可见，利用电极反应的标准电势可以计算相应氧化还原反应的平衡常数 $K^{\ominus}$。

298K 时，$K^{\ominus}$ 与 $\varphi_{电极}^{\ominus}$ 的关系可写为如下通式：$\lg K^{\ominus} = \dfrac{n(\varphi_{+}^{\ominus} - \varphi_{-}^{\ominus})}{0.0592\text{V}} = \dfrac{nE^{\ominus}}{0.0592\text{V}}$

注意：此处的 n 为进行氧化还原反应时两电对得失电子数的最小公倍数。

显然，$\varphi_{+}^{\ominus}$ 与 $\varphi_{-}^{\ominus}$ 的差值愈大，$K^{\ominus}$ 愈大，即氧化剂和还原剂间进行的电极反应愈完全。

【例题 3-10】计算下列反应在 25℃时的标准平衡常数 $K^{\ominus}$。$2Fe^{3+} + Cu = Cu^{2+} + 2Fe^{2+}$

解：$\lg K^{\ominus} = \dfrac{n(\varphi_{Fe^{3+}/Fe^{2+}}^{\ominus} - \varphi_{Cu^{2+}/Cu}^{\ominus})}{0.0592\text{V}} = \dfrac{2 \times (0.771\text{V} - 0.337\text{V})}{0.0592\text{V}} = 14.66$

$K^{\ominus} = 4.6 \times 10^{14}$

这里需要注意，虽然可以根据电极反应的电势判断氧化还原反应进行的方向及计算平衡常数 $K^{\ominus}$，但却不能由之决定反应进行的速率。即电极电势只能判断反应发生的可能性、完成程度，而实际所发生反应的现实性，还应考虑反应速率的动力学特征。如：在酸性 $KMnO_4$ 溶液中，加入纯 Zn 粉，其反应为 $2MnO_4^- + 5Zn + 16H^+ = 2Mn^{2+} + 5Zn^{2+} + 8H_2O$，虽然此电池反应的标准电动势 $E^{\ominus} = 2.27\text{V}$，$K^{\ominus} \approx 10^{384}$，但反应速率非常缓慢。只有在溶液中加入少量 Fe^{3+}，上述反应才能进行。这是因为 Fe^{3+} 作为该反应的催化剂，大大加快了该反应的速率。

六、吉布斯自由能变和氧化还原反应进行的程度

电子在原电池的外电路流动所产生的电流可以做电功，这是一种非体积功。电流所做电功等于电路中所通过的电量与电势差的乘积，即：电功(J) = 电量(C) × 电势差(V)。

通常，原电池是在恒温恒压下进行电池反应而产生电流的，它所做的最大电功 W_{max} 等于外电路中所通过的电量与电池电动势的乘积，可表示为：$W_{max} = QE$。

式中，外电路所通过的电量就是电子从原电池的负极转移到正极时所携带的电荷数。1mol 电子所带电量为 1F（法拉第常数，$1F = 96500\text{C} \cdot \text{mol}^{-1}$）。当有 n mol 电子通过原电池的外电路时，$Q = nF$，$W_{max} = nFE$。

热力学研究得出原电池所做的最大电功等于反应的吉布斯自由能变的减少，即

$$-\Delta_r G_m = nFE \text{ 或 } \Delta G = -nFE$$

由此判断反应的自发性，判断方法如下：

$\Delta G < 0$ 时，$E > 0$，反应可自发进行；

$\Delta G = 0$ 时，$E = 0$，系统处于平衡状态；

$\Delta G > 0$ 时，$E < 0$，反应非自发或反应可逆向自发。

如果电池反应是在标准状态下进行，则 $-\Delta_r G_m^{\ominus} = nFE^{\ominus}$ 或 $\Delta_r G_m^{\ominus} = -nFE^{\ominus}$。

根据 $\Delta_r G_m^{\ominus} = -nFE^{\ominus}$，可以用热力学函数来计算原电池的标准电动势。反之，也可以通过实验测得的标准电动势，计算反应的标准吉布斯自由能变。

【例题 3-11】已知锌铜原电池的标准电动势为 1.10V，试计算该原电池反应的标准吉布斯自由能变。

解：$Zn(s)+Cu^{2+}(aq)\!=\!=\!Zn^{2+}(aq)+Cu(s)$

$$\Delta_r G_m^{\ominus}=-nFE^{\ominus}=-2\times 96500\times 1.10 \text{kJ}\cdot\text{mol}^{-1}=-212\text{kJ}\cdot\text{mol}^{-1}$$

【例题 3-12】试根据标准吉布斯自由能变计算下列反应的 $E^{\ominus}$、$\Delta_r G_m^{\ominus}$。

$$2H_2(g)+O_2(g)\!=\!=\!2H_2O(l) \quad \Delta_r G_m^{\ominus}=-474.4\text{kJ}\cdot\text{mol}^{-1}$$

解：两个电极的半反应分别为

$$O_2+4H^++4e^-\!=\!=\!2H_2O$$

$$4H^++4e^-\!=\!=\!2H_2$$

电子转移数 $n=4$，由 $\Delta_r G_m^{\ominus}=-nFE^{\ominus}$ 得：$-474.4\times 10^3\text{kJ}\cdot\text{mol}^{-1}=-4\times 96500 \text{J}\cdot\text{V}^{-1}\cdot\text{mol}^{-1} E^{\ominus}$，$E^{\ominus}=1.23\text{V}$

【例题 3-13】根据标准电极电势，计算 25℃时下列反应的 $E^{\ominus}$、$\Delta_r G_m^{\ominus}$。

$$Zn(s)+Fe^{2+}(aq)\!=\!=\!Zn^{2+}(aq)+Fe(s)$$

解：查 $\varphi^{\ominus}$ 表得，$\varphi^{\ominus}(Zn^{2+}/Zn)=-0.763\text{V}$，$\varphi^{\ominus}(Fe^{2+}/Fe)=-0.44\text{V}$

在原电池中，Fe 为正极，Zn 为负极。$\varepsilon^{\ominus}=\varphi_{(+)}^{\ominus}-\varphi_{(-)}^{\ominus}=-0.44\text{V}-(-0.763\text{V})=0.323\text{V}$

$$\Delta_r G_m^{\ominus}=-nFE^{\ominus}=-2\times 96500\times 0.323 \text{kJ}\cdot\text{mol}^{-1}=-62.34\text{kJ}\cdot\text{mol}^{-1}$$

第三节 ▶ 电解

一、电解池与电解原理

电解池是把电能转化为化学能的装置。

1. 电解原理

电解是外加电流迫使本来不能自发进行的反应沿着人们设计的方向进行，是非自发的反应，是在电能的推动下进行的过程。

例如，$2H_2+O_2\longrightarrow 2H_2O$，这是一个自发反应，可以设计成一个原电池即氢氧燃料电池，使其化学能直接转变为电能。而其逆反应，即 $2H_2O\longrightarrow 2H_2+O_2$，则不能自发进行。但人们可以外加电能迫使 H_2O 分解成 H_2 和 O_2，这就是水的电解过程。实现电解的装置称为电解池（或电解槽），如图 3-5 所示。

2. 电解池

由外电源提供的直流电通过阳极流入电解池，再经过电解池中的电解质流向阴极，并由阴极流回电源的负极，同时引发并完成了电解反应。以水的电解为例。

阴极：和外电源的负极相连，阴极发生还原反应。

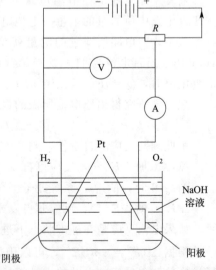

图 3-5 电解装置示意图

$$2H^+ + 2e^- =\!=\!= H_2 \quad (H^+ 还原成 H_2)$$

阳极：和外电源的正极相连，阳极发生氧化反应。

$$4OH^- =\!=\!= 2H_2O + O_2 + 4e^- \quad (OH^- 氧化为 O_2)$$

总反应：
$$2H_2O =\!=\!= 2H_2 + O_2$$

二、分解电压

以电解池两极间的电压对流过电解池的电流密度作图（图 3-6），可以看出随外加电压的增加，开始电流密度很低，表明电解并未开始，当外加电压达某一阈值（D）之后，电流密度迅速上升，曲线出现一个突跃，表明电解开始。之后可以观察到电解产生的各种变化。这样一个保证电解真正开始并能顺利进行下去所需的最低外加电压称为分解电压（$E_{分解}$）。分解电压的大小主要取决于被电解物质的本性，也与其浓度有关。

那么，产生分解电压的原因是什么？

以原电池 $(-)Pt|H_2(1\times10^5Pa)|NaOH(0.1mol\cdot L^{-1})|O_2(1\times10^5Pa)|Pt(+)$ 为例，此原电池电动势为 1.23V，且方向和外加电压相反。显然，要使电解过程顺利进行，外加电压必须克服这一反向电动势。可见，分解电压是由电解产物在电极上形成某种原电池，产生反向电动势（理论分解电压）而引起的。但实际上，实验测得的使电解得以顺利进行的分解电压（实际分解电压）总是高于理论分解电压，二者的差值是由电极极化引起的。

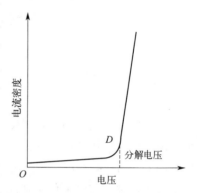

图 3-6　电解池分解电压的电流密度-电压曲线

三、电解产物

电解熔融盐的情况比较简单，但是大量的电解是在水溶液中进行的。在电解质溶液中，除电解质的正、负离子外，还有 H_2O 解离出来的 H^+ 和 OH^-。因此，在电解时，两极上一般至少有两种离子可能放电。究竟哪种离子先放电，不仅取决于它们的标准电极电势，而且取决于这些离子的浓度，此外，其还与电极材料、电极的表面状况、电流密度等有关。例如，用石墨、铂等作电极，它们通常不参加反应，称为惰性电极；用铜、锌、铁等作电极，电极本身也要参加反应。

大量实验结果表明，盐类水溶液电解时，两极的产物是有一定规律的：

① 在阴极，H^+ 相对于金属活动顺序表中 Al 以前的金属离子（K^+、Ca^{2+}、Na^+、Mg^{2+}、Al^{3+}）更易放电。因此，电解这些金属的盐溶液时，阴极析出氢气；电解其他金属的盐溶液时，阴极则析出相应的金属。

② 在阳极，OH^- 相对于含氧酸根离子更易放电。因此，电解含氧酸盐溶液时，阳极析出氧气；而电解卤化物或硫化物时，阳极则析出卤素或硫。但是，如果阳极导体是可溶性金属，则阳极金属首先放电，这种现象称为阳极溶解。

电解原理在工业中应用十分广泛，可用于精炼铜、镍等金属，也可用于进行电镀、电铸、电沉积、电抛光、电解切削等。例如，电解法精炼铜时，用 $CuSO_4$ 作电解液，粗铜板（含有 Zn、Fe、Ni、Ag、Au 等杂质）作阳极，薄的纯铜片（预先经过提纯的紫铜片）作阴极。随电解的进行，阳极板的粗铜及其中夹杂的少量活泼金属杂质（如 Fe、Zn、Ni 等）都溶解

(即阳极溶解)了,以离子形式进入溶液,而粗铜中所含的不活泼金属杂质(如 Au、Ag 等贵重金属)则不溶解,但也从阳极板上掉下来,以极细的微粒沉积在阳极附近的电解池底部,叫作阳极泥。从阳极泥中可以富集回收贵重金属。而进入溶液中的活泼金属离子,如 Zn^{2+}、Ni^{2+}、Fe^{2+}、Fe^{3+} 等,由于其本身较 Cu^{2+} 更难被还原,相对浓度又低,则不会在阴极上放电析出,故在阴极上只有 Cu^{2+} 被还原成 Cu 析出,这样在阴极上沉积得到的是纯度很高的纯铜(含铜量>99.9%),从而达到电解提纯的目的。

第四节 ▶ 金属腐蚀与防护

一、金属腐蚀的分类

1. 化学腐蚀

金属跟接触到的物质直接发生化学反应而引起的腐蚀叫作化学腐蚀。其特点是腐蚀介质为非电解质溶液或干燥气体,腐蚀过程中无电流产生。电绝缘油、润滑油、液压油及干燥空气中的 O_2、H_2S、SO_2、Cl_2 等物质与金属接触时,在金属表面生成相应的氧化物、硫化物、氯化物等,都属于化学腐蚀。例如:在高温轧制、铸压过程中钢铁制品表面产生氧化铁皮碎片,输油管道及盛装有机化合物的金属容器的腐蚀等都是化学腐蚀的结果。

2. 电化学腐蚀

当金属和电解质溶液接触时,由电化学作用引起的腐蚀叫作电化学腐蚀。它和化学腐蚀不同,是由于形成原电池(腐蚀电池)而引起的。在这种腐蚀电池中,负极上进行氧化反应,通常叫作阳极;正极上进行还原反应,通常叫作阴极。在讨论腐蚀问题时,通常称阴、阳极,而不称正、负极。

电化学腐蚀的主要形式有析氢腐蚀、吸氧腐蚀及浓差腐蚀等。

(1) 析氢腐蚀

当钢铁暴露在潮湿的空气中时,在表面会形成一层极薄的水膜。空气中 CO_2、SO_2 等气体溶解在水膜中,使其呈酸性。通常的钢铁常含有不活泼的合金成分(如 Fe_3C)或能导电的杂质。它们分布在铁质的基体上,形成许多微小的腐蚀电池(微电池)。铁为阳极,Fe_3C 或杂质为阴极(图 3-7)。由于阴、阳极彼此紧密接触,电化学腐蚀过程不断进行。阳极的铁被氧化成 Fe^{2+} 进入水膜,同时电子移向阴极;H^+ 在阴极(Fe_3C 或杂质)结合电子,被还原成氢气析出。水膜中的 Fe^{2+} 和由水解离出的 OH^- 结合,生成 $Fe(OH)_2$。其反应如下:

阴极:　　　　　　　$2H^+ + 2e^- =\!=\!= H_2$(在 Fe_3C 或杂质上进行)

阳极:　　　　　　　$Fe =\!=\!= Fe^{2+} + 2e^-$

　　　　　　$Fe^{2+} + 2H_2O =\!=\!= Fe(OH)_2 + 2H^+$

总反应:　　　　　　$Fe + 2H_2O =\!=\!= Fe(OH)_2 + H_2$

这种腐蚀过程中有氢气析出,所以叫作析氢腐蚀。当介质的酸性较强时,钢铁发生析氢腐蚀。$Fe(OH)_2$ 进一步被空气中的 O_2 氧化成 $Fe(OH)_3$,$Fe(OH)_3$ 及其脱水产物 Fe_2O_3 是红褐色铁锈的主要成分。

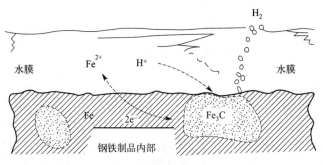

图 3-7　铁制品的析氢腐蚀

(2) 吸氧腐蚀

当介质呈中性或酸性很弱时,则主要发生吸氧腐蚀。这是一种"吸收"氧气的电化学腐蚀,此时溶解在水膜中的氧气是氧化剂。在阴极上,O_2 结合电子被还原成 OH^-;在阳极上,铁被氧化成 Fe^{2+}。其反应式如下:

阴极　　　　　　　　　　$O_2+2H_2O+4e^- \rlap{=}= 4OH^-$

阳极　　　　　　　　　　$2Fe \rlap{=}= 2Fe^{2+}+4e^-$

总反应　　　　　　　　　$2Fe+O_2+2H_2O \rlap{=}= 2Fe(OH)_2$

由于 O_2 的氧化能力比 H^+ 强,故在大气中金属的电化学腐蚀一般以吸氧腐蚀为主。吸氧腐蚀是电化学腐蚀的主要形式,几乎无处不在。只要是处在天然的大气环境中,总会含有一定的水汽和氧气;而只要环境中有水汽和氧气,就可能发生吸氧腐蚀。析氢腐蚀只有当酸性较强时才会发生。

(3) 浓差腐蚀——在水中深度不同的钢铁上发生

浓差腐蚀是指由于氧浓度不同而造成的腐蚀。浓差腐蚀是金属腐蚀中的常见现象。如埋在地下的金属管道的腐蚀、海水对船坞的"水线腐蚀"等。其原理简单介绍如下。例如,把一滴含有酚酞指示剂的 NaCl 溶液滴在磨光的锌表面。过一定时间后,可以看到液滴边缘变成了红色,这表明有 OH^- 生成。在液滴遮盖住的部位生成白色 $Zn(OH)_2$ 沉淀。擦去液滴后,发现腐蚀仅发生于液滴遮盖住的部位。这是因为,在液滴的边缘空气较充足,氧气浓度较大,而液滴遮盖的部位氧气浓度较小。

氧的电极反应:$O_2+2H_2O+4e^- \rlap{=}= 4OH^-$

由能斯特方程可知:$\varphi(O_2/OH^-)=\varphi^{\ominus}(O_2/OH^-)+\dfrac{0.0592\text{V}}{4}\lg\dfrac{p(O_2)/p^{\ominus}}{[c(OH^-)/c^{\ominus}]^4}$

在 $p(O_2)$ 大的地方,$\varphi(O_2/OH^-)$ 也大;在 $p(O_2)$ 小的地方,$\varphi(O_2/OH^-)$ 也小。根据电池组成原则,电极电势大的电极为正极,电极电势小的电极为负极,于是组成了一个氧的浓差电池(又称差异充气腐蚀)。结果使溶解氧浓度小的地方的金属成为阳极,发生失电子反应而被腐蚀;氧浓度大的地方(必须有水)即液滴周围成为阴极,发生得电子反应,产生 OH^-,而使酚酞变红。浓差腐蚀对工程材料的影响很大,工件上的一条裂缝、一个微孔,往往因浓差腐蚀而毁坏整个工件,甚至造成事故。

二、金属腐蚀的防护

金属腐蚀的防护方法很多,常用的有下列几种。

1. 组成合金

将不同物料与金属组成合金，既可改变金属的使用性能，又可改善金属的耐腐蚀性能。例如，在钢中加入 Cr、Ti、V 等可防止氧的腐蚀。

2. 覆盖保护层法

由于在腐蚀过程中介质总是参加反应的，因此在可能的情况下，设法将金属制品和介质隔离，从而起到防护作用。例如：

① 在钢铁制件表面涂上机油、凡士林、油漆或覆盖搪瓷、塑料等耐腐蚀的非金属材料。

② 用电镀、热镀、喷镀等方法，在钢铁表面镀上一层不易被腐蚀的金属，如锌、锡、铬、镍等。这些金属常因氧化形成一层致密的氧化物薄膜而阻止水和空气等对钢铁的腐蚀。

③ 用化学方法使钢铁表面生成一层细密稳定的氧化膜。如在机器零件、枪炮等钢铁制件表面形成一层细密的黑色四氧化三铁薄膜等。

3. 电化学保护法

利用原电池原理进行金属保护，设法消除引起电化学腐蚀的原电池反应。电化学保护法分为阳极保护和阴极保护两大类。应用较多的是阴极保护法，主要有以下两种：

① 牺牲阳极保护法。此法是将活泼金属（如锌或锌的合金）连接在被保护的金属上，当发生电化学腐蚀时，这种活泼金属作为负极发生氧化反应，因而减少或防止被保护金属的腐蚀。这种方法常用于保护水中的钢桩和海轮外壳等，通常在轮船的外壳水线以下或在靠近螺旋桨的舵上焊上若干块锌块，来防止船壳等的腐蚀。

② 外加电流保护法。将被保护的金属和电源的负极连接，另选一块能导电的惰性材料接电源正极。通电后，使金属表面产生负电荷（电子）的聚积，从而抑制金属失电子而达到保护目的。此法主要用于防止在土壤、海水及河水中的金属设备受到腐蚀。

电化学保护的另一种方法即阳极保护法，是通过外加电压，使阳极在一定的电位范围内发生钝化的过程，可有效地阻滞或防止金属设备在酸、碱、盐类中腐蚀。

第五节 ▶ 电化学简介

电化学是研究两类导体形成的带电界面现象及其上所发生的变化的科学。如今已形成了合成电化学、量子电化学、半导体电化学、有机导体电化学、光谱电化学、生物电化学等多个分支。电化学在化工、冶金、机械、电子、航空、航天、轻工、仪表、医学、材料、能源、金属腐蚀与防护、环境科学等领域获得了广泛的应用。当前世界上十分关注的研究课题，如能源、材料、环境保护、生命科学等等，都与电化学以各种各样的方式关联在一起。

电化学是研究电和化学反应相互关系的科学，是研究化学能与电能相互转化的过程及其规律的科学。在化学电源、电解、电化学加工、金属腐蚀及防护等许多方面有广泛的应用。电化学反应不同于其他化学反应的本质特点是，在反应中发生了电子转移，即发生了化合价的变化，称为氧化还原反应。发生在溶液中的氧化还原反应是溶液中一类主要的化学平衡。

电和化学反应相互作用可通过电池来完成，也可利用高压静电放电来实现（如氧通过无声放电管转变为臭氧），二者统称为电化学，后者为电化学的一个分支，称放电化学。由于放电化学有了专门的名称，因而电化学往往专门指"电池的科学"。

在物理化学众多分支中，电化学是唯一以大工业为基础的学科。其应用分为以下几个方面：①电解工业，其中氯碱工业是仅次于合成氨和硫酸的无机物基础工业，尼龙 66 的中间单体己二腈就是通过电解合成的；铝、钠等轻金属的冶炼，铜、锌等的精炼也都用的是电解法；②机械工业，用电镀、电抛光、电泳涂漆等来完成部件的表面精整；③环境保护，用电渗析的方法除去氰离子、铬离子等污染物；④化学电源；⑤金属防腐蚀，大部分金属腐蚀是电化学腐蚀问题；⑥许多生命现象如肌肉运动、神经的信息传递都涉及电化学机理；⑦应用电化学原理发展起来的各种电化学分析法，已成为实验室和工业监控不可缺少的手段。现在电化学热点很多，如电化学工业、电化学传感器、金属腐蚀、生物电化学、化学电源等。

一、电化学的两种原理

原电池：原电池是将化学能转变成电能的装置。根据定义，普通的干电池、燃料电池等都可以称为原电池。与蓄电池相对，原电池又称非蓄电池，是利用两个电极之间金属性的不同，产生电势差，从而使电子流动产生电流，是电化学电池的一种，其电化学反应不能逆转，只能将化学能转换为电能，简单来讲就是不能重新储存电力。原电池工作原理：原电池是将一个能自发进行的氧化还原反应的氧化反应和还原反应分别在原电池的负极和正极上发生，从而在外电路中产生电流。

电解池：电解池是将电能转化为化学能的装置。电解是使电流通过电解质溶液（或熔融的电解质）而在阴、阳两极引起氧化还原反应的过程。

二、电化学的发展

1791 年伽伐尼发表了金属能使蛙腿肌肉抽缩的"动物电"现象，一般认为这是电化学的起源。1799 年伏打在伽伐尼工作的基础上发明了用不同的金属片夹湿纸组成的"电堆"，即现今所谓"伏打堆"，这是化学电源的雏形。在直流电机发明以前，各种化学电源是唯一能提供恒稳电流的电源。1834 年法拉第电解定律的发现为电化学奠定了定量基础。

19 世纪下半叶，亥姆霍兹和吉布斯的工作，赋予电池的"起电力"（今称"电动势"）以明确的热力学含义；1889 年能斯特用热力学导出了参与电极反应的物质浓度与电极电势的关系，即著名的能斯特公式；1923 年德拜和休克尔提出了人们普遍接受的强电解质稀溶液静电理论，大大促进了电化学在理论探讨和实验方法方面的发展。

20 世纪 40 年代以后，电化学暂态技术的应用和发展、电化学方法与光学和表面技术的联用，使人们可以研究快速和复杂的电极反应，可提供电极界面上分子的信息。电化学一直是物理化学中比较活跃的分支学科，它的发展与固体物理、催化、生命科学等学科的发展相互促进、相互渗透。

三、电化学研究内容

电池由两个电极和电极之间的电解质构成，因而电化学的研究内容应包括两个方面：一是电解质的研究，即电解质学，其中包括电解质的导电性质、离子的传输性质、参与反应离子的平衡性质等，其中电解质溶液的物理化学研究常称作电解质溶液理论；另一方面是电极的研究，即电极学，其中包括电极的平衡性质和通电后的极化性质，也就是电极和电解质界面上的电化学行为。电解质学和电极学的研究都会涉及化学热力学、化学动力学和物质结构。

四、电化学分析方法

电化学分析法也称电分析化学法,是基于物质在溶液中的电化学性质基础的一类仪器分析方法,由德国化学家 C. 温克勒尔在 19 世纪首先引入分析领域。通常将试液作为化学电池的一个组成部分,根据该电池的某种电参数(如电阻、电导、电位、电流、电量或电流-电压曲线等)与被测物质的浓度之间存在一定的关系而进行测定。

电分析化学是利用物质的电学和电化学性质进行表征和测量的科学,它是电化学和分析化学学科的重要组成部分,与其他学科如物理学、电子学、计算机科学、材料科学以及生物学等有着密切的关系。电分析化学已经建立了比较完整的理论体系。电分析化学既是现代分析化学的一个重要分支,又是一门表面科学,在研究表面现象和相界面过程中发挥着越来越重要的作用。

电化学分析法是应用电化学原理和技术,利用化学电池内被分析溶液的组成及含量与其电化学性质的关系而建立起来的一类分析方法,操作方便。许多电化学分析法既可定性又可定量;既能分析有机物又能分析无机物,并且许多方法便于自动化,在生产等各个领域有着广泛的应用。

电化学分析法的基础是在电化学池中所发生的电化学反应。电化学池由电解质溶液和浸入其中的两个电极组成,两电极与外电路接通。在两个电极上发生氧化还原反应,电子通过连接两电极的外电路从一个电极流到另一个电极。根据溶液的电化学性质(如电极电位、电流、电导、电量等)与被测物质的化学或物理性质(如电解质溶液的化学组成、浓度、氧化态与还原态的比率等)之间的关系,将被测物质的浓度等性质转化为一种电学参量加以测量。

国际纯粹与应用化学联合会倡议,电化学分析法分为三大类:①既不涉及双电层也不涉及电极反应,包括电导分析法、高频滴定法等。②涉及双电层但不涉及电极反应,例如通过测量表面张力或非法拉第阻抗来测定浓度的分析方法。③涉及电极反应,又分为两类,一类是电解电流为 0,如电位滴定;另一类是电解电流不等于 0,如计时电位法、计时电流法、阳极溶出法、交流极谱法、单扫描极谱法、方波极谱法、示波极谱法、库仑分析法等。

根据不同的分类条件,电化学分析法有不同的分类,下面是几种常见的分类。

① 根据某一特定条件下,化学电池中的电极电位、电量、电流、电压及电导等物理量与溶液浓度的关系进行分析的方法。例如:电位测定法、恒电位库仑法、极谱法和电导法等。

② 以化学电池中的电极电位、电量、电流和电导等物理量的突变作为指示终点的方法。例如,电位滴定法、库仑滴定法、电流滴定法和电导滴定法等。

③ 将试液中某一被测组分通过电极反应使其在工作电极上析出金属或氧化物,称量此电沉积物的质量求得被测组分的含量。例如,电解分析法。

电化学分析方法根据测量的电信号不同,可分为电位法、电解法、电导法和伏安法。无论是哪一种类型的电化学分析法,都必须在一个化学电池中进行,因此化学电池的基本原理是各种电化学方法的基础。

电位法是通过测量电极电位以求得待测物质含量的分析方法。若根据电极电位测量值,直接求算待测物的含量,称为直接电位法。直接电位法是利用电极电位与被测组分活(浓)

度之间的函数关系，直接测定样品溶液中被测组分活（浓）度的电位法，如溶液 pH 值的测定和其他离子浓度的测定。若根据滴定过程中电极电位的变化来确定滴定的终点，称为电位滴定法。电位滴定法是在用标准溶液滴定待测离子的过程中，用指示电极的电位变化指示滴定终点的到达，是把电位测定与滴定分析结合起来的一种测试方法。

电解法是根据通电时待测物在电池电极上发生定量沉积的性质来确定待测物含量的分析方法。电解分析法是将直流电压施加于电解池的两个电极上，根据电极增加的质量计算被测物的含量。

电导法是测量分析溶液的电导以确定待测物含量的分析方法，即用电导仪直接测量电解质溶液的电导率的方法。

伏安法是根据电解过程中的电流-电压曲线（伏安曲线）来进行分析的方法。将一微电极插入待测溶液中，利用电解时得到的电流-电压曲线进行分析。包括：①溶出伏安法，将恒电位电解富集法与伏安法结合的一种极谱分析方法。它首先将待测物质在适当电位下进行电解并富集在固定表面积的特殊电极上，然后反向改变电位，让富集在电极上的物质重新溶出，同时记录电流-电压曲线。根据溶出峰电流的大小进行定量分析。②电位溶出分析法，在恒电位下将被测物质电解富集在工作电极上，然后断开恒电位电路，由电解液中的氧化剂将被富集的物质溶解出来，同时记录溶出时的电位-时间曲线，根据曲线上溶出阶的长度进行定量分析，这种方法简称为 PSA。电位溶出分析法与溶出伏安法之间的主要区别在于前者在溶出时没有电流流过工作电极，而后者具有背景电流，在某些情况下可能淹没溶出峰。

五、电化学的应用

1. 化学电源

化学电源又称电池，是一种将化学能直接转变成电能的装置，它通过化学反应，消耗某种化学物质，输出电能。航空航天飞行器中会使用化学电源，如飞机、人造卫星和宇宙飞船等；在所有的机动车辆上都安装有蓄电池，用于启动、点火、照明或提供动力；大型发电站使用大型电池组储备、传输电能；医院、邮电等部门使用蓄电池作为应急电源；各种家用应急灯、监视报警器、移动电话、计算机、摄像机、电动车辆和电动玩具等也都使用化学电源。因此，电池是电化学应用的主要领域，也是电化学工业的主要组成部分。

一般把化学反应产生的化学能转换成电能的装置叫作化学电源或化学电池。化学电源有三种主要类型：活性物质仅能使用一次的电池叫一次电池；放电后经充电可继续使用的电池叫二次电池；活性物质由外部连续不断地供给电极的电池叫燃料电池。

（1）一次电池

锌锰电池是目前使用量最大的一次电池。其中常用的锰干电池以二氧化锰为正极，锌为负极，并以氯化铵水溶液为主电解液，用纸、棉或淀粉等使电解质凝胶化。一次电池主要用于照明、便携式收音机等。

（2）二次电池

常用的二次电池有铅酸蓄电池和碱性蓄电池。铅酸蓄电池是一种最有代表性的二次电池，在各种电池中其用途最广，用量最大，是广泛用于各种机动车车辆、各种场合的备用电源、电站的负荷调整，各种电动工具的电源。使用碱性水溶液为电解液的二次电池称为碱性蓄电池，目前使用的碱性蓄电池按正负极活性物质的种类可分为镍-镉蓄电池、镍-铁蓄电池、镍-锌蓄电池、氧化银-锌蓄电池、氧化银-镉蓄电池、空气-锌蓄电池及镍-氢蓄电池等。

锂离子电池也是一种二次电池，它主要依靠锂离子在正极和负极之间的移动来工作。在充放电过程中，Li^+ 在两个电极之间往返嵌入和脱嵌：充电时，Li^+ 从正极脱嵌，经过电解质嵌入负极，负极处于富锂状态；放电时则相反。正极材料常用 Li_xCoO_2、Li_xNiO_2、Li_xMnO_4、$LiFePO_4$ 等，负极材料常用锂离子嵌入的碳。手机和笔记本电脑使用的都是锂离子电池。

(3) 燃料电池

1839 年 W. Grove 通过电解水生成氢气和氧气的逆过程制造出第一个燃料电池；1889 年 L. Mond 和 C. Langer 组装出燃料电池，提出燃料电池的概念；1932 年 F. T. Bacon 制造出可以实际工作的碱性燃料电池；1962 年，美国 GE 和 NASA 合作首次将燃料电池用于太空任务；1972 年，杜邦公司研制出燃料电池专用的高分子电解质隔膜 Nafion 膜；1993 年，加拿大 Ballard Power System 公司推出第一辆以 PEMFC 为动力的电动汽车；2015 年丰田 Mirai 燃料电池车在日本上市，充满 Mirai 的储氢罐需要 3～5min，可以支持 700 公里续航里程，Mirai 在日本的售价为 700 万日元左右，享受政府补贴后为 500 万日元（折合人民币 26.5 万元左右），虽然其售价比其他同类的石油动力车还要高出不少，但不得不说它的潜力是巨大的。

燃料电池是一种将化学物质中储存的化学能转变成电能的装置，电池本身不是储能物质，电池只是将化学能转换为电能。燃料电池的优点主要有：能量转换效率高，污染少，噪声低，发电能量可调节，储能物质选择范围宽，工作可靠性高。虽然燃料电池有上述优点，但目前在大规模使用之前仍然有一些技术难点需要解决，这些技术问题包括：使用 Pt 等贵金属作为催化剂，成本过高；阴极过电位较高，能量损失较多；高温时电池寿命较短，稳定性有待提高；缺少完善的燃料供应体系。但总的来说，燃料电池具有良好的应用前景，上述问题已经成为世界范围内物理化学家的研究热点。

判断一种电池的优劣或是否符合某种需要，主要看这种电池单位质量或单位体积所能输出电能的多少（比能量，单位是 $W\cdot h\cdot kg^{-1}$、$W\cdot h\cdot L^{-1}$），或者输出功率的大小（比功率，单位是 $W\cdot kg^{-1}$、$W\cdot L^{-1}$）以及电池储存时间的长短。除特殊情况外，质量轻、体积小且输出电能多、功率大、储存时间长的电池，更适合使用者的需要。

2. 电化学腐蚀与防护

金属和电解质组成腐蚀原电池。例如铁和氧，因为铁的电极电位总比氧的电极电位低，所以铁是阳极，会遭到腐蚀。特征是在发生氧腐蚀的表面会形成许多直径不等的小鼓包，次层是黑色粉末状溃疡腐蚀坑陷。总体来讲，不纯的金属跟电解质溶液接触时，会发生原电池反应，比较活泼的金属失去电子而被氧化，这种腐蚀叫作电化学腐蚀。通过增加电位、改变金属与环境间的电化学反应，可使金属表面发生抗腐蚀的化学反应，达到抗腐蚀的效果。

3. 生物电化学

生物电化学是 20 世纪 70 年代由电生物学、生物物理学、生物化学以及电化学等多门学科交叉形成的一门独立的学科。它是用电化学的基本原理和实验方法，在生物体和有机组织的整体以及分子和细胞两个不同水平上研究或模拟电荷（包括电子、离子及其他电活性粒子）在生物体系和其相应模型体系中分布、传输和转移及转化的化学本质和规律的一门新型学科。

生物传感器：从电学角度考虑，细胞也是一个生物电的基本单位，它们还是一台台"微型发电机"。细胞未受刺激时所具有的电势称为"静息电位";细胞受到刺激时所产生的电势称为"动作电位"。电位的形成是由于细胞膜外侧带正电,而细胞膜内侧带负电。既然细胞中存在着上述电位的变化,医生们便可用极精密的仪器将它测量出来,这就是人们常说的心电图。同时,这也促进了生物传感器的发展,微电极传感器是将生物细胞固定在电极上,电极把微有机体的生物电化学信号转变为电势。微生物电极已经在很多方面得到应用,由于它几何面积小,这种电极有应用到生物体内的可能。微生物传感器大大促进了人类的健康。

生物电催化:在生物催化剂酶的存在下加速电化学反应的一系列现象。在电催化体系中,生物催化剂的主要应用是研制比现有无机催化剂更好的催化剂。

拓展阅读

中国锂电池"突围记"

锂电池是电动汽车的关键部件。在世界汽车大国你追我赶、逐鹿新能源车的今天,得锂电池者得天下。

2023年6月,一块由我国自主研发、能量密度360W·h/kg的固态锂电池正式交付给电动汽车的龙头企业,在业内引发热议。这一进展标志着中国在电动汽车大国的道路上又迈出了重要一步,被认为是全球电动汽车行业的重要里程碑。鲜为人知的是,到达这一"里程碑"之前,中国科学院物理研究所(以下简称物理所)科研团队已经在锂电池领域潜心耕耘40余年。

1. 故事从"转行"开始

1976年末,正在德国马克斯·普朗克固体化学物理研究所(以下简称马普固体所)访学的陈立泉给物理所领导写了一封信,申请改变研究方向——从晶体生长转向固态离子学。陈立泉了解到,氮化锂是一种超离子导体,可以用来制备固态锂电池。用氮化锂制造的固态电池能量密度远远高于铅酸电池,未来有可能应用在电动汽车上。

当时,世界正经历石油危机,不仅西方社会陷入第二次世界大战后最为严重的经济衰退,我国也不得不大量进口石油,填补需求缺口。这更让陈立泉认识到,替代石油的能源革命一定会到来,研发固态锂电池是大势所趋。此后,中国科学院连续3个"五年计划"都将固态离子学和锂电池列为重点或重大项目,为这项研究提供了基础保障。1987年,我国启动"863"计划"七五"储能材料(聚合物锂电池)项目,由陈立泉担任总负责人,下设12个课题组。

2. 转攻锂离子电池

1991年,日本索尼公司宣布(液态)锂离子电池实现商业化。"固态锂电池使用金属锂作为负极材料,而锂离子电池将锂以离子的形式藏在碳材料里,更加安全——这是二者的最大区别。"物理所研究员黄学杰说。中国科学院和科技部支持的快离子导体和固态电池的研究,为锂离子电池的研究和生产储备了知识、技术、设备和人才。由于我们使用自研设备,不仅大大降低了锂离子电池的价格,产品也达到了同样的性能。从此,中国锂离子电池的全球竞争力显著增强,并快速跻身世界前三。

3. 从跟跑到领跑

2009年，在一次讨论会上，陈立泉作了《中国锂电如何突围》的报告，提出锂电突围取决于三个方面——对基础研究的重视、政府和企业家的资金投入，以及正确的国家战略。锂电池生产商ATL（宁德时代前身）董事长张毓捷听完，马上与陈立泉击掌盟誓，"实现中国锂电突围从ATL开始！"2011年，全中资公司宁德时代横空出世。

近10年来，在党和国家的大力支持下，宁德时代等锂电池生产企业与科技界通力合作，发扬"三千越甲可吞吴"的精神，使我国锂电池实力迅速上升，产品竞争力极大增强。2014年，中国锂离子电池的国际市场占有率已为世界第一。近些年，全球排名前十的锂电企业中，中国企业有6家。

4. 再次冲击固态锂电池

如今，中国已经成为名副其实的电动汽车大国，中国锂离子电池产量和产能居全球第一。统计数据显示，2022年，全球70%的锂离子电池、99%的磷酸铁锂正极材料由中国企业生产。发展固态锂电池，有其必然性。锂离子电池的能量密度达到$300 W \cdot h \cdot kg^{-1}$已接近极限，燃烧与爆炸等安全事故时有发生。因此，未来要想将能量密度提高到$500 W \cdot h \cdot kg^{-1}$，就必须发展固态锂电池。由于固态锂电池是用固态电解质替代液体电解质，能够避免燃烧和爆炸的危险，安全性大大提高。

5. 固态锂电"保持领先"

尽管在所有储能技术中，锂离子电池能量转换效率最高、综合性能最好，但锂资源供应存在挑战。目前我国70%的锂资源依赖进口，供应链上存在风险，且难以同时满足交通、智能电网和可再生能源大规模储能的需求。中国科学院提前布局钠离子电池基础研究，在国家需要的时候能够挺身而出，物理所团队提出多种新型钠离子电池正极材料（含铜基氧化物）和负极材料（煤基碳材料）。两年时间里，国内首个钠离子软包电池和圆柱电池在物理所相继诞生。

2017年，基于物理所核心正负极材料的知识产权，国内首家钠离子电池企业中科海钠应运而生。2019年3月，世界首座$100 kW \cdot h$钠离子电池储能电站在江苏溧阳诞生。2021年6月，研究团队在山西太原推出全球首套兆瓦时钠离子电池光储充智能微网系统，并成功投入运行。2023年12月，团队向南方电网交付十兆瓦时钠离子电池用于储能系统试制验证和性能评估。

2024年新年前夕，国家主席习近平通过中央广播电视总台和互联网，发表了二〇二四年新年贺词。其中提到，新能源汽车、锂电池、光伏产品给中国制造增添了新亮色。中国以自强不息的精神奋力攀登，到处都是日新月异的创造。

中国的锂电池正突破重围、势不可挡。

参考文献：韩扬眉，刘如楠. 中国锂电池"突围记"[N]. 中国科学报, 2024-03-11 (003).

习题

一、选择题

1. 已知25℃时电极反应$MnO_4^- + 8H^+ + 5e^- \Longrightarrow Mn^{2+} + 4H_2O$的$\varphi^{\ominus} = 1.51V$。若此

时 $c(H^+)$ 由 $1mol·L^{-1}$ 减小到 $10^{-4}mol·L^{-1}$，则该电对的电极电势变化为（　　）。

　　A. 上升 0.38V　　　　　　　　B. 上升 0.047V

　　C. 下降 0.38V　　　　　　　　D. 下降 0.047V

2. 由 Zn^{2+}/Zn 与 Cu^{2+}/Cu 组成锌铜原电池。25℃时，若 Zn^{2+} 和 Cu^{2+} 的浓度各为 $0.1mol·L^{-1}$ 和 $10^{-9}mol·L^{-1}$，则此时原电池的电动势较标准态时的变化为（　　）。

　　A. 下降 0.48V　　　　　　　　B. 下降 0.24V

　　C. 上升 0.48V　　　　　　　　D. 上升 0.24V

3. 已知：$E_{Ag^+/Ag}^{\ominus}=+0.799V$，而 $E_{Fe^{3+}/Fe}^{\ominus}=0.77V$，说明金属银不能还原三价铁，但实际上反应在 $1mol·L^{-1}$ HCl 溶液中，金属银能够还原三价铁，其原因是（　　）。

　　A. 增加了溶液的酸度　　　　　B. HCl 起了催化作用

　　C. 生成了 AgCl 沉淀　　　　　D. HCl 诱导了该反应发生

4. 已知 $E_{I_2/I^-}^{\ominus}=0.54V$，$E_{Cu^{2+}/Cu^+}^{\ominus}=0.16V$。从两电对的电位来看，下列反应 $2Cu^{2+}+4I^-\rightleftharpoons 2CuI+I_2$ 应该向左进行，而实际是向右进行，其主要原因是（　　）。

　　A. 生成的 CuI 是稳定的配合物，使 Cu^{2+}/Cu^+ 电对的电位升高

　　B. 生成的 CuI 是难溶化合物，使 Cu^{2+}/Cu^+ 电对的电位升高

　　C. I_2 难溶于水，使反应向右

　　D. I_2 有挥发性，使反应向右

5. 有关氧化数的叙述，不正确的是（　　）。

　　A. 单质的氧化数总是 0

　　B. 氢的氧化数总是 +1，氧的氧化数总是 -2

　　C. 氧化数可为整数或分数

　　D. 多原子分子中各原子氧化数之和是 0

6. 酸性条件下电对 Cr_2O_7/Cr^{3+} 的电极电势随着溶液 pH 变化正确的是（　　）。

　　A. pH 增大，电极电势增大　　　B. pH 减小，电极电势减小

　　C. pH 减小，电极电势增大　　　D. 无规则变化

7. 101.325kPa 下，将氢气通入 $1mol·L^{-1}$ 的 NaOH 溶液中，在 298K 时电极的电极电势是（　　）。[已知：$\varphi^{\ominus}(H_2O/H_2)=-0.828V$]

　　A. +0.625V　　B. -0.625V　　C. +0.828V　　D. -0.828V

8. 对于银锌电池：$(-)Zn|Zn^{2+}(1mol·L^{-1})||Ag^+(1mol·L^{-1})|Ag(+)$，该电池的标准电动势是（　　）。[已知 $\varphi^{\ominus}(Zn^{2+}/Zn)=-0.76V$；$\varphi^{\ominus}(Ag^+/Ag)=0.799V$]

　　A. 1.180V　　B. 0.076V　　C. 0.038V　　D. 1.56V

9. 原电池 $(-)Pt|Fe^{2+}(1mol·L^{-1}),Fe^{3+}(0.0001mol·L^{-1})||I^-(0.0001mol·L^{-1}),I_2|Pt(+)$ 的电动势为（　　）。[已知：$\varphi^{\ominus}(Fe^{3+}/Fe^{2+})=0.77V$，$\varphi^{\ominus}(I_2/I^-)=0.535V$]

　　A. 0.358V　　B. 0.239V　　C. 0.532V　　D. 0.412V

10. 用能斯特方程计算 MnO_4^-/Mn^{2+} 的电极电势 φ，下列叙述不正确的是（　　）。

　　A. 温度应为 298K

　　B. H^+ 浓度的变化对 φ 的影响比 Mn^{2+} 浓度变化的影响大

　　C. φ 和得失电子数无关

　　D. MnO_4^- 浓度增大时 φ 增大

二、填空题

1. 在 H_2S、H_2SO_4、$Na_2S_2O_3$、$Na_2S_4O_6$、$(NH_4)_2S_2O_8$ 中 S 的氧化数分别为 _____、_____、_____、_____、_____。

2. 在原电池中，流出电子的电极为_____极，接受电子的电极为_____极。在正极发生的是_____反应，在负极发生的是_____反应，原电池可将_____能转化为_____能。

3. 在原电池中，$\varphi^{\ominus}$ 值大的电对为_____极，$\varphi^{\ominus}$ 值小的电对为_____极；电对的 $\varphi^{\ominus}$ 值越大，其氧化型物种的_____越强。电对的 $\varphi^{\ominus}$ 值越小，其还原型物种的_____越强。

4. 反应 $2Fe^{3+}+Cu=\!=\!=2Fe^{2+}+Cu^{2+}$ 与 $Fe+Cu^{2+}=\!=\!=Fe^{2+}+Cu$ 均正向进行，其中最强的氧化剂为_____，最强的还原剂为_____。

5. 任何电极电势绝对值都不能直接测定，理论上，某电对的标准电极电势 $\varphi^{\ominus}$ 是将其与_____电极组成原电池测定该电池的电动势而得到的电极电势的相对值。在实际测定中常以_____电极为基准，与待测电极组成原电池进行测定。

三、问答题

1. 在实验室制备 $SnCl_2$ 溶液时，常在溶液中加入少量的锡粒，为什么？

2. 配平 $PbO_2+MnBr_2+HNO_3\longrightarrow Pb(NO_3)_2+Br_2+HMnO_4$

   $FeS_2+HNO_3\longrightarrow Fe_2(SO_4)_3+NO_2+H_2SO_4+H_2O$

3. 试解释在标准状态下，三氯化铁溶液为什么可以溶解铜板？已知 $\varphi^{\ominus}(Fe^{3+}/Fe^{2+})=0.77V$，$\varphi^{\ominus}(Cu^{2+}/Cu)=0.34V$。

4. 请写出正确的两个半电池反应及氧化还原总反应。

   $(-)Zn|Zn^{2+}(1mol\cdot dm^{-3})||H_3O^+(1mol\cdot dm^{-3})|H_2(1\times10^5 Pa),Pt(+)$

5. 铁溶于过量盐酸和过量稀硝酸，其氧化产物有何区别？写出离子反应式，并用电极电势加以说明。

   已知：$\varphi^{\ominus}(Fe^{2+}/Fe)=-0.409V$，$\varphi^{\ominus}(Fe^{3+}/Fe^{2+})=0.77V$，$\varphi^{\ominus}(H^+/H_2)=0.00V$，$\varphi^{\ominus}(NO_3^-/NO)=0.96V$。

四、计算题

1. 298K 下计算下列反应的电动势和化学平衡常数 K。

   $(-)Zn|Zn^{2+}(0.1mol\cdot L^{-1})||Cu^{2+}(0.001mol\cdot L^{-1})|Cu(+)$

   已知：$\varphi^{\ominus}(Cu^{2+}/Cu)=0.34V$；$\varphi^{\ominus}(Zn^{2+}/Zn)=-0.76V$。

2. 将 Cu 片插入盛有 $0.5mol\cdot L^{-1}$ $CuSO_4$ 溶液的烧杯中，Ag 片插入盛有 $0.5mol\cdot L^{-1}$ $AgNO_3$ 溶液的烧杯中。已知：$\varphi^{\ominus}(Cu^{2+}/Cu)=0.3402V$，$\varphi^{\ominus}(Ag^+/Ag)=0.7996V$。

   (1) 写出该原电池的符号；

   (2) 写出电极反应式和原电池的电池反应；

   (3) 求反应的平衡常数；

   (4) 求该电池的电动势；

   (5) 若加氨水于 $CuSO_4$ 溶液中，电池电动势如何变化？若加氨水于 $AgNO_3$ 溶液中，情况又怎样（定性）？

3. 已知：$PbSO_4+2e^-\longrightarrow Pb+SO_4^{2-}$ $\varphi^{\ominus}=-0.359V$

   $Pb^{2+}+2e^-\longrightarrow Pb$ $\varphi^{\ominus}=-0.126V$

求 $PbSO_4$ 的溶度积常数 $K_{sp}^{\ominus}$。

4. 反应:$2Ag^+ + Zn \Longrightarrow 2Ag + Zn^{2+}$,开始时 Ag^+ 和 Zn^{2+} 的浓度分别是 $0.1 mol \cdot L^{-1}$ 和 $0.3 mol \cdot L^{-1}$,求达到平衡时,溶液中剩余的 Ag^+ 浓度。已知:$\varphi^{\ominus}(Ag^+/Ag) = 0.7996V$,$\varphi^{\ominus}(Zn^{2+}/Zn) = -0.76V$。

5. 已知:$\varphi^{\ominus}(Cu^{2+}/Cu^+) = 0.158V$,$\varphi^{\ominus}(Cu^+/Cu) = 0.522V$,求反应 $2Cu^+ \Longrightarrow Cu + Cu^{2+}$ 在 298K 时的平衡常数。简单的 +1 价铜离子是否可以在水溶液中稳定存在?

6. 半电池 A 是由镍片浸在 $1.0 mol \cdot L^{-1}$ 的 Ni^{2+} 溶液中组成的;半电池 B 是由锌片浸在 $1.0 mol \cdot L^{-1}$ 的 Zn^{2+} 溶液中组成的。当将半电池 A 和 B 分别与标准氢电极连接组成原电池,测得各电极的电极电势为:

$\quad\quad$ A $\quad Ni^{2+}(aq) + 2e^- \longrightarrow Ni(s), \varphi^{\ominus} = 0.25V$
$\quad\quad$ B $\quad Zn^{2+}(aq) + 2e^- \longrightarrow Zn(s), \varphi^{\ominus} = 0.76V$

(1) 当半电池 A 和 B 分别与标准氢电极连接组成原电池时,发现金属电极溶解,试确定各半电池的电极电势符号是 "+" 还是 "-"?

(2) Ni、Ni^{2+}、Zn、Zn^{2+} 中,哪一种是最强的氧化剂?

(3) 当将金属镍放入 $1 mol \cdot L^{-1}$ 的 Zn^{2+} 溶液中,是否有反应发生?

(4) Zn^{2+} 与 OH^- 能反应生成 $Zn(OH)_4^{2-}$,如果在半电池 B 中加入 NaOH,其电极电势如何变化?

(5) 将半电池 A 和 B 组成原电池,何者为正极?电动势为多少?

7. 设溶液中 MnO_4^- 和 Mn^{2+} 浓度相等,根据计算结果判断,在 pH=3 和 pH=6 时,MnO_4^- 是否都能把 I^- 和 Br^- 分别氧化成 I_2 和 Br_2?

第四章
物质结构基础

世界是由种类繁多、精彩纷呈的物质构成的。不同物质之所以表现出各自不同特征的性质,其根本原因在于物质微观结构的差异。所以,要深入了解物质变化的根本原因,必须进一步研究物质的微观结构。本章将讨论原子结构、化学键和晶体结构方面的基本理论和基础知识,这对于掌握物质的性质及其变化规律具有十分重要的意义。

第一节 ▶ 原子结构与周期系

研究原子结构,实质上是研究原子核外电子的运动状态。质量极小、速度极大的电子,其运动并不遵循经典力学的规律。20 世纪 20 年代,以微观粒子的波粒二象性为基础发展起来的量子力学,正确地描述了核外电子的运动状态,奠定了物质结构的近代理论基础。

一、核外电子运动的特殊性

1. 量子化特征

"量子化"(quantized)是指质点的运动和运动中能量状态的变化都是不连续的,而且以某一距离或能量单元为基本单位做跳跃式变化。

人们对原子结构的认识和原子光谱实验是分不开的。氢原子光谱(图 4-1)是最简单的一种,在可见光范围内,有 12 条比较明显的谱线:H_α、H_β、H_γ、H_δ。在图 4-1 右侧红外区和左侧紫外区还有若干谱线。1890 年里德堡(J. R. Rydberg,瑞典)在巴尔麦(J. J. Balmer,瑞士)工作的基础上,把这一系列谱线归纳为一个统一的经验公式:

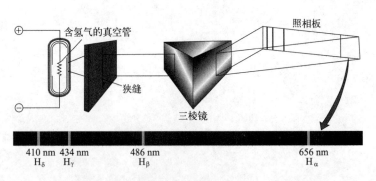

图 4-1 氢原子光谱

$$\nu = 3.29 \times 10^{15} \left(\frac{1}{n_1^2} - \frac{1}{n_2^2} \right) \tag{4-1}$$

式中，n_1、n_2 均为正整数，且 $n_1 < n_2$。可见光氢原子光谱五根谱线的 n_1 为 2，n_2 分别为 3、4、5、6、7。由式(4-1)可见，氢原子光谱的谱线频率不是任意的，而是随着 n_1 和 n_2 的改变做跳跃式的改变，即频率是不连续的。

1913 年，丹麦物理学家玻尔（N. Bohr）在卢瑟福（E. Rutherford，英国）含核原子模型的基础上，引用德国物理学家普朗克（M. Planck）的量子论提出了玻尔氢原子模型。按此模型，电子在圆形轨道上运动，此轨道的半径 $r = n^2 a_0$（$a_0 = 52.9 \text{pm}$，称玻尔半径，Bohr radius）；电子在轨道上运动时的能量 $E = -2.18 \times 10^{-18} \left(\frac{1}{n^2} \right)$。根据玻尔的假设，核外电子绕核做圆形轨道运动时，电子在一定的位置上有一定的能量，这种状态称为定态（stationary state）。定态电子不辐射能量。能量最低的定态称为基态（ground state），能量较高的定态称为激发态（excited state）。这些不连续能量的定态称为能级（energy level）。处于激发态的电子极不稳定，它会迅速回到能量较低的轨道，并以光子的形式放出能量。放出光子的频率大小取决于电子跃迁时两个轨道能量之差，所以放出的光子频率是不连续的。氢光谱是线状光谱，其原因就在于此。按玻尔模型可以成功地导出里德堡公式，说明该理论具有一定的合理性。

2. 波粒二象性

光在传播时表现出波动性，具有波长、频率，出现干涉、衍射等现象；光在与其他物体作用时表现出粒子性，如光电效应和光压实验就是粒子性的表现。这就是 1903 年爱因斯坦（A. Einstein，美国）在光子理论中阐述的光的波粒二象性（wave-particle duality）。

1924 年，德布罗意（L. de Broglie，法国）在光的波粒二象性的启发下，设想具有静止质量的微观粒子（如分子、电子、质子、中子等）与光一样也具有波粒二象性的特征。为此他给出了一个关于粒子的波长、质量和运动速率的关系式：

$$\lambda = \frac{h}{p} = \frac{h}{mv} \tag{4-2}$$

这就是德布罗意关系式。在式(4-2)中，微观粒子的波动性和粒子性通过普朗克常量（$h = 6.626 \times 10^{-34} \text{J} \cdot \text{s}$）联系起来。当已知电子的质量 $m = 9.11 \times 10^{-31} \text{kg}$，运动速率 $v = 10^6 \text{m} \cdot \text{s}^{-1}$，通过式(4-2)可求得其波长为

$$\lambda = \frac{h}{mv} = \frac{6.626 \times 10^{-34} \text{J}}{9.11 \times 10^{-31} \times 10^6} \text{m} = 7.27 \times 10^{-10} \text{m} = 727 \text{pm}$$

这个数值刚好落在 X 射线波长范围内。德布罗意的假设在 1927 年被戴维孙（C. J. Davisson，美国）和革末（L. H. Germer，美国）的电子衍射实验所证实。此实验在照相底片上观察到的明暗相间的环纹与 X 射线环纹类似（图 4-2），证实了电子与 X 射线一样具有波的特性。随后又得到了分子、原子、质子、中子等实物微观粒子的衍射环纹，而且它们也符合德布罗意关系式。人们把这种符合德布罗意关系式的波称为德布罗意波或物质波（matter wave）。

3. 统计性

人们发现用较强的电子流可在短时间内得到前面提到的电子衍射环纹。若以一束极弱的电子流使电子一个一个地发射出去，则电子打在底片上的就是一个一个的斑点，并不形成衍

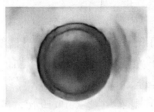

X射线衍射图	电子波衍射图
(Lastowiccki及Gregor摄)	(Loria及Klinger摄)

图 4-2　X 射线衍射和电子衍射图

射环纹,这表明了电子的粒子性。但随时间的延长,衍射斑点不断增多,当斑点足够多时在底片上的分布就形成了环纹,与较强电子流在短时间内得到的衍射图形完全相同。这表明电子的波动性是电子无数次行为的统计结果。所以,电子波是一种统计波(statistical wave)。

二、原子轨道和电子云

1. 波函数与原子轨道

1926年,奥地利物理学家薛定谔(E. Schrödinger)根据德布罗意关于物质波的观点,引用电磁波的波动方程,提出了描述微观粒子运动规律的波动方程——薛定谔方程,这是一个二阶偏微分方程:

$$\frac{\partial^2 \Psi}{\partial x^2}+\frac{\partial^2 \Psi}{\partial y^2}+\frac{\partial^2 \Psi}{\partial z^2}+\frac{8\pi^2 m}{h^2}(E-V)\Psi=0 \tag{4-3}$$

式中,m 为电子的质量;E 为系统的总能量;V 为系统的势能;Ψ 为空间坐标 x、y、z 的函数,称为波函数(wave function),它是描述原子核外电子运动状态的数学函数式。例如,基态氢原子的波函数为

$$\Psi_{1,0,0}=\sqrt{\frac{1}{\pi a_0^3}}\,\mathrm{e}^{\frac{-r}{a_0}} \tag{4-4}$$

式中,r 为电子离核的距离。可见,Ψ 值随 r 的增大而迅速减小。因为波函数是描述原子核外电子运动状态的数学函数式,所以每一波函数都表示电子的一种运动状态。通常把这种波函数称为原子轨道(atomic orbital)。这里所说的"轨道"是电子的一种运动状态,并不是玻尔理论所说的那种固定半径的圆形轨迹。

2. 四个量子数

目前,只能对最简单的氢原子薛定谔方程精确求解。在求解过程中引入了三个参数 n、l、m,它们被称为量子数(quantum number)。为了确保此方程的解有合理的物理意义,必须对它们的取值作一些限制。现将它们的取值和在描述电子运动状态时的物理意义分述如下。

三个量子数的取值规定为

$n=1,2,3,4,\cdots,\infty$　　　　　正整数

$l=0,1,2,3,4,(n-1)$　　　　共可取 n 个值

$m=0,\pm 1,\pm 2,\pm 3,\cdots,\pm l$　　共可取 $2l+1$ 个值

可见,l 取值受 n 的数值限制,当 $n=1$ 时,l 只能取 0。m 取值又受 l 的数值限制,当

$l=0$ 时，m 只能取 0；当 $l=1$ 时，m 可取 -1、0、$+1$ 三个数值。因此，三个量子数的组合必须符合它们的取值规定。例如，对于基态氢原子，$n=1$，$l=0$，$m=0$。n、l、m 三个量子数只有一种组合形式(1,0,0)，与之对应的波函数表达式也只有一种，即 $\Psi_{1,0,0}$；当 $n=2$ 时，三个量子数有四种组合形式，即 (2,0,0)、(2,1,0)、(2,1,+1)、(2,1,-1)，对应的波函数也有四种，即 $\Psi_{2,0,0}$、$\Psi_{2,1,0}$、$\Psi_{2,1,+1}$、$\Psi_{2,1,-1}$；当 $n=3$ 时，三个量子数的组合方式有 9 种；$n=4$ 时，可以有 16 种。$n>1$ 时氢原子处于激发态，波函数的形式比式(4-4)要复杂得多（表 4-3）。这就是说，当三个量子数都确定时，波函数的函数式也随之确定了，即描述了一种特定的电子运动状态。氢原子轨道与 n、l、m 三个量子数的关系列于表 4-1 中。

表 4-1　氢原子轨道和三个量子数的关系

n	l	m	轨道名称	轨道数	
1	0	0	1s	1	1
2	0	0	2s	1	4
2	1	$-1,0,+1$	2p	3	
3	0	0	3s	1	9
3	1	$-1,0,+1$	3p	3	
3	2	$-2,-1,0,+1,+2$	3d	5	
4	0	0	4s	1	16
4	1	$-1,0,+1$	4p	3	
4	2	$-2,-1,0,+1,+2$	4d	5	
4	3	$-3,-2,-1,0,+1,+2,+3$	4f	7	

四个量子数的物理意义如下。

（1）主量子数 n（principal quantum number）

主量子数是确定电子能级的主要因素。对单电子原子或离子来说，其能量 E 仅和主量子数 n 有关。例如，氢原子各电子层的电子能量为

$$E=-2.18\times 10^{-18}\frac{1}{n^2}(\text{J})$$

可见，n 越大，电子能级越高。但是对于多电子原子来说，由于核外电子的能量除了主要取决于主量子数 n 以外，还同原子轨道或电子云的形状有关。

主量子数 n 代表电子离核的平均距离。n 越大，电子离核平均距离越远。通常把具有相同 n 的各原子轨道称为同属一个电子层（electronic shell）。与 n 对应的电子层及其符号如下：

主量子数 n　　　1　　2　　3　　4　　5　　6　　7……
电子层符号　　　K　　L　　M　　N　　O　　P　　Q……

（2）角量子数 l（angular quantum number）

角量子数用于确定原子轨道（或电子云）的形状。当 l 取值不同时，轨道形状也不同。例如，s 轨道，$l=0$，其轨道形状为球形；p 轨道，$l=1$，其轨道呈双球形；d 轨道，$l=2$，其轨道呈花瓣形；f 轨道，$l=3$，轨道形状较复杂；等等。

角量子数 l 也表示电子所在的电子亚层（sub electronic shell），通常将具有相同角量子数的各个原子轨道称为同属一个电子亚层。与 l 对应的电子亚层的符号如下：

角量子数 l	0	1	2	3 ……
电子亚层符号	s	p	d	f ……

对多电子原子来说，角量子数 l 对其能量也会产生影响。此时电子能级由 n、l 两个量子数决定。

(3) 磁量子数 m (magnetic quantum number)

磁量子数用于确定原子轨道或电子云在空间的伸展方向。当 l 数值相同、m 数值不同时，表示与 l 对应形状的原子轨道可以在空间取不同的伸展方向，从而得到几个空间取向不同的原子轨道。

例如，$l=0$，$m=0$ 在空间只有一种取向，只有一个 s 轨道；$l=1$，$m=0$，± 1 在空间有三种取向，表示 p 亚层有三个轨道：p_x、p_y、p_z；$l=2$，$m=0$，± 1，± 2，在空间有五种取向，表示 d 亚层有五个轨道：d_{xy}、d_{xz}、d_{yz}、d_{z^2}、$d_{x^2-y^2}$；$l=3$，$m=0$，± 1，± 2，± 3，在空间有七种取向，表示 f 亚层有七个轨道。

在没有外加磁场的情况下，同一亚层的原子轨道（如 p_x、p_y、p_z）能量相等，称等价轨道（equivalent orbital，或简并轨道）。

(4) 自旋量子数 m_s (spin quantum number)

为了全面地描述电子的运动状态，从相对论出发引入了第四个量子数：自旋量子数 m_s。m_s 能取 $\pm \frac{1}{2}$ 两个数值。通常用"↑↑"表示自旋平行状态的两个电子，用"↓↑"表示自旋相反（配对）状态的两个电子。

根据四个量子数间的关系，可以得出各电子层中可能存在的电子运动状态的数目，如表 4-2 所示。

表 4-2 核外电子可能存在的状态数

电子层	K $n=1$	L $n=2$	M $n=3$	N $n=4$	n
原子轨道符号	1s	2s 2p	3s 3p 3d	4s 4p 4d 4f	…
原子轨道数	1	1 3	1 3 5	1 3 5 7	…
电子运动状态数	2	8	18	32	$2n^2$

综上所述，要全面地描述电子的运动状态必须用四个量子数，这对多电子原子系统也适用。

3. 电子云

波函数 Ψ 本身并无明确、直观的物理意义，它的物理意义只有通过波函数绝对值的平方 $|\Psi|^2$ 来体现。$|\Psi|^2$ 可以反映核外电子在空间某位置上单位体积中出现的概率（概率密度）。这种关系可以从与光波的对比中得以理解。

光是一种电磁波，光的强度与电场或磁场强度 $|\Psi|^2$ 成正比；光是一种电子流，光的强度又与光子的密度 ρ 成正比。所以对光来说：

$$|\Psi|^2 \propto \rho$$

微观粒子的波也具有波粒二象性，同样有上述关系，即 $|\Psi|^2$ 可以表示微观粒子在空间某位置上单位体积中出现的概率（概率/体积）——概率密度。例如，氢原子基态时的波函数即 Ψ_{1s} 的平方（概率密度）按式(4-4)可写成如下形式：

$$\Psi_{1s}^2 = \frac{1}{\pi a_0^3} e^{-\frac{2r}{a_0}} \tag{4-5}$$

式(4-5)表明，氢原子中电子的概率密度随电子离核的距离 r 而变化。离核越近，电子出现的概率密度越大；离核越远，概率密度越小。若以黑点的疏密程度来表示空间各处概率密度的大小，则 $|\Psi|^2$ 大的地方，黑点较密；$|\Psi|^2$ 小的地方，黑点较疏。这种以黑点疏密形象化地表示电子概率密度分布的图形称为电子云（electronic cloud，图 4-3）。黑点密集的地方是电子出现概率密度较大的地方；黑点稀疏的地方是电子出现概率密度较小的地方。所以电子云是从统计概念出发对电子在核外出现的概率密度的一个形象化的描述图形。应当注意，对氢原子来说，核外只有一个电子。图 4-3 中黑点的数目并不代表电子的数目，而代表一个电子在瞬间出现的那些可能位置的分布。

从波函数的函数式理解，概率密度的分布是没有界限的。但如果将电子概率密度相等的地方连接起来作为一个界面，则界面内电子出现的概率很大（如大于 95%），在界面外的概率很小（如小于 5%），这种球面图形称为电子云的界面图（boundary chart，图 4-4）。电子云的界面图用来表示电子在核外出现的空间范围，它是由三维空间坐标确定的。

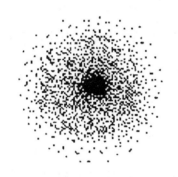

图 4-3　氢原子 1s 电子云

图 4-4　氢原子 1s 电子云的界面图

4. 原子轨道和电子云的图像

波函数既然是数学函数式，就可以用图像来形象地表示。为此要对波函数进行处理：①把直角坐标系转换为球面坐标系，即将 $\Psi(x,y,z)$ 转换为 $\Psi(r,\theta,\varphi)$；②把波函数 $\Psi(r,\theta,\varphi)$ 的径向部分和角度部分分离开来，即 $\Psi(r,\theta,\varphi)$ 分解为 $R(r)$ 和 $Y(\theta,\varphi)$ 的乘积，随后就可以分别对 $R(r)$ 和 $Y(\theta,\varphi)$ 绘制图像了。$R(r)$ 只随距离 r 而变化，称为波函数的径向部分（radial part）；$Y(\theta,\varphi)$ 只随角度 θ、φ 而变化，称为波函数的角度部分（angular part）。表 4-3 列出了氢原子的波函数及对应的径向部分和角度部分。将 $R(r)$ 对 r 作图，就可以了解波函数随 r 的变化情况。将 $Y(\theta,\varphi)$ 对 θ、φ 作图，就可以了解波函数随 θ、φ 的变化情况。

表 4-3　氢原子的波函数（a_0＝玻尔半径）

轨道	$\Psi(r,\theta,\varphi)$	$R(r)$	$Y(\theta,\varphi)$
1s	$\sqrt{\dfrac{1}{\pi a_0^3}}\, e^{-r/a_0}$	$2\sqrt{\dfrac{1}{a_0^3}}\, e^{-r/a_0}$	$\sqrt{\dfrac{1}{4\pi}}$
2s	$\dfrac{1}{4}\sqrt{\dfrac{1}{2\pi a_0^3}}\left(\dfrac{r}{a_0}\right)e^{-r/2a_0}$	$\sqrt{\dfrac{1}{8a_0^3}}\left(2-\dfrac{r}{a_0}\right)e^{-r/2a_0}$	$\sqrt{\dfrac{1}{4\pi}}$

续表

轨道	$\Psi(r,\theta,\varphi)$	$R(r)$	$Y(\theta,\varphi)$
$2p_z$	$\dfrac{1}{4}\sqrt{\dfrac{1}{2\pi a_0^3}}\left(\dfrac{r}{a_0}\right)e^{-r/2a_0}\cos\theta$		$\sqrt{\dfrac{3}{4\pi}}\cos\theta$
$2p_x$	$\dfrac{1}{4}\sqrt{\dfrac{1}{2\pi a_0^3}}\left(\dfrac{r}{a_0}\right)e^{-r/2a_0}\sin\theta\cos\varphi$	$\sqrt{\dfrac{1}{24a_0^3}}\left(\dfrac{r}{a_0}\right)e^{-r/2a_0}$	$\sqrt{\dfrac{3}{4\pi}}\sin\theta\cos\varphi$
$2p_y$	$\dfrac{1}{4}\sqrt{\dfrac{1}{2\pi a_0^3}}\left(\dfrac{r}{a_0}\right)e^{-r/2a_0}\sin\theta\sin\varphi$		$\sqrt{\dfrac{3}{4\pi}}\sin\theta\sin\varphi$

(1) 原子轨道角度分布图

将波函数 Ψ 的角度部分 $Y(\theta,\varphi)$ 随角度 θ、φ 变化作图，所得图像称为原子轨道的角度分布图（angular distributing chart of atomic orbit）。例如，所有 s 轨道波函数的角度部分都和 1s 轨道相同：

$$Y_s = \sqrt{\dfrac{1}{4\pi}}$$

此式说明，Y_s 与 θ、φ 角无关，不论 θ、φ 角为何值，Y_s 恒为一常数。因此，Y_s 随角度作图的图形是半径为 $\sqrt{\dfrac{1}{4\pi}}$ 的一个球面。因为 $Y_s>0$，所以球面符号为"+"。

又如，所有的 p_z 轨道波函数的角度部分都为

$$Y_{p_z} = \sqrt{\dfrac{3}{4\pi}}\cos\theta$$

从上式可知，Y_{p_z} 和 Y_s 不同，随 θ 的大小而改变。作图时，只要 θ 从 0°取到 180°，就可算出 Y_{p_z} 的相应各值，如表 4-4 所示。

表 4-4 不同 θ 时的 Y_{p_z}

θ	0°	30°	60°	90°	120°	150°	180°
$\cos\theta$	1	0.866	0.50	0	−0.50	−0.866	−1
Y_{p_z}	0.489	0.423	0.244	0	−0.244	−0.423	−0.489

如图 4-5，从原点（原子核的位置）出发，引出不同 θ 值时的直线，令直线的长度为 Y_{p_z}，连接这些线段的端点，就可得到"8"字形曲线。将"8"字形曲线绕 z 轴旋转 360°，在空间所得到的闭合曲面，就是 p_z 轨道的角度分布图，其形状如同两个相切的球体。由于 Y_{p_z} 在 z 轴方向（$\theta=0$）出现了极大值，所以称为 p_z 轨道。p_z 轨道的角度分布图出现一个 $Y_{p_z}=0$ 的节面（在 x、y 平面上），节面上方 Y_{p_z} 的值为正值，节面下方为负值。这类图形的正负号在讨论化学键的形成时具有意义。其他原子轨道角度分布图，可依类似的方法画出，如图 4-6 所示。

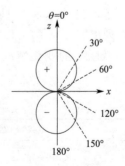

图 4-5 p_z 轨道角度分布图（平面图）

(2) 电子云的角度分布图

将 $|\Psi|^2$ 的角度部分 $Y^2(\theta,\varphi)$ 随角度 θ、φ 的变化作图，所得图像称为电子云的角度分布图（angular distributing chart of electron cloud），如图 4-7 所示。

电子云的角度分布图与原子轨道的角度分布图的形状和空间取向相似，但有两点区别：第一，原子轨道角度分布有正、负之分，而电子云角度分布均为正值，因为 Y 经平方后便没有负号了；第二，除 s 轨道的电子云以外，电子云的角度分布图比原子轨道的角度分布图要 "瘦" 一些，这是因为 Y 小于 1，其 Y^2 更小。电子云的角度分布图在讨论分子的几何构型时具有意义。

应该注意的是，原子轨道和电子云的角度分布图，都只是代表 Y 或 Y^2 随 θ、φ 变化的函数关系，不代表电子运动的轨迹，也不是原子轨道和电子云的实际形状。

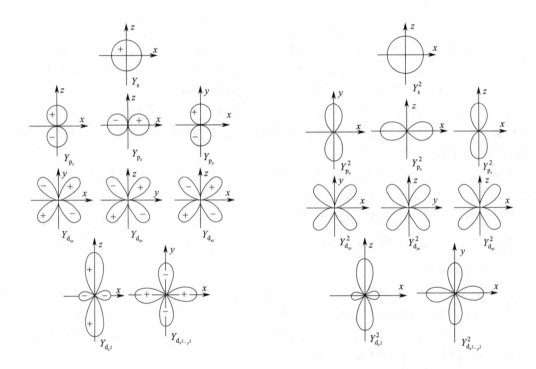

图 4-6　s、p、d 原子轨道角度分布图（平面图）　　图 4-7　s、p、d 电子云角度分布图（平面图）

(3) 电子云的空间分布图

图 4-8 给出了几种原子轨道的电子云的空间分布图，这种图可由相应的 $R^2(r)$ 分布和 $Y^2(\theta,\varphi)$ 分布得到。由图 4-8 可见，电子云的空间分布图与其角度分布图是不同的。

三、核外电子分布与原子轨道能级及周期系

1. 核外电子分布的原则

根据原子光谱实验结果和对元素周期系的分析、归纳，人们总结出了在多电子原子中核外电子分布的三个原则：

① 泡利不相容原理（Pauli exclusion principle）。在同一原子中不可能有四个量子数完全相同的两个电子。因此每一轨道中最多只能容纳两个自旋方向相反的电子。

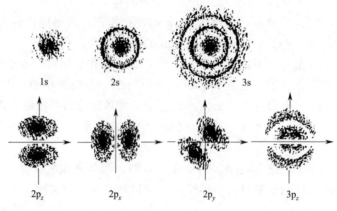

图 4-8 电子云的空间分布图

② 能量最低原理（the lowest energy principle）。多电子原子处于基态时，核外电子的分布在不违反泡利原理的前提下总是尽量先占有能量最低的轨道。只有当能量最低的轨道占满后，电子才依次进入能量较高的轨道，这就是能量最低原理。

③ 洪德定则（Hund's rule）。从光谱实验数据总结出，在等价轨道（3 个 p、5 个 d、7 个 f 轨道）上分布的电子，将尽可能分占不同的轨道，而且自旋平行。量子力学证明，这样分布可使能量降低。

另外，作为洪德规则的特例，等价轨道处于全充满（p^6、d^{10}、f^{14}）或半充满（p^3、d^5、f^7）或全空（p^0、d^0、f^0）的状态时一般比较稳定。

那么，哪些轨道能量较高？哪些轨道能量较低？这就需要进一步了解原子轨道的能级。

2. 原子轨道的能级与核外电子分布

(1) 近似能级图

在多电子原子中，轨道能量除取决于主量子数 n 以外，还与角量子数 l 有关。鲍林（L. Pauling，美国）根据光谱实验提出了多电子原子轨道的近似能级图（approximate energy level chart，图 4-9）。在图中，每一个小圆圈代表一个原子轨道，小圆圈位置的高低表示原子轨道能级的高低。从近似能级图可见：

当角量子数 l 相同时，随主量子数 n 的增大，轨道能级升高。例如，$E_{1s}<E_{2s}<E_{3s}$，$E_{2p}<E_{3p}<E_{4p}$。

当主量子数 n 相同时，随角量子数 l 的增大，轨道能级升高。例如，$E_{ns}<E_{np}<E_{nd}<E_{nf}$。同一电子层中的轨道分裂为不同的能级，称为能级分裂（energy level splitting）。

当主量子数和角量子数都不同时，有时出现能级交错现象（energy level crisscross）。例如，$E_{4s}<E_{3d}$，$E_{5s}<E_{4d}$。

轨道能级的高低可由我国化学家徐光宪教授提出的 $(n+0.7l)$ 规则进行计算。$(n+0.7l)$ 越大，电子所处的原子轨道能级越高。他还把 $(n+0.7l)$ 中整数部分相同的能级划为同一个能级组（group of energy level），如图 4-9 中虚线框内的轨道。同一能级组中各原子轨道的能级较接近，相邻两组能级差较大。"能级组"与后面将要介绍的元素周期系中的"周期"是相对应的。

多电子原子能级的复杂性还可通过屏蔽效应、有效核电荷等概念加以理解。

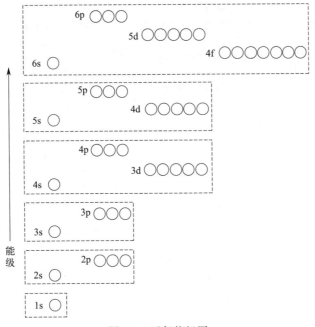

图 4-9 近似能级图

(2) 屏蔽效应

对多电子原子来说,必须考虑电子之间的相互作用。例如,Li($Z=3$) 有三个电子,其中任一电子都处在原子核和其余两个电子的共同作用之下,而且这三个电子又在不停地运动中。因此,要精确地确定其余两个电子对指定的某个电子的作用是困难的。

在一个近似的处理方法中提出了屏蔽效应的概念,即在多电子原子中,可以把其余电子对指定电子的排斥作用近似地看成其余电子抵消了一部分核电荷对指定电子(被屏蔽电子)的吸引作用,这就是屏蔽效应(shielding effect)。如果以 Z 表示核电荷,σ 表示由于其他电子的排斥作用而使核电荷数被抵消的部分,则某电子是处在 $(Z-\sigma)$ 的作用之下。$(Z-\sigma)$ 称有效核电荷(effective nucleus charge),用符号 Z^* 表示,则有

$$Z^* = Z - \sigma \tag{4-6}$$

原子中处于不同轨道上的电子,对某一电子的屏蔽作用是不同的,但通常可把某些不同轨道之间的屏蔽作用近似地视为定值,因此式(4-6)中的 σ 称为屏蔽常数(shielding constant)。可见,电子的屏蔽效应使 $Z^* < Z$。被屏蔽电子所受核的引力减小,系统的能量增大。屏蔽效应越大,Z^* 就越小,被屏蔽电子受核引力越小,原子的能量增大得也越多。对于原子中被屏蔽的 ns 电子来说,受同层电子屏蔽作用要小,受内层电子屏蔽比同层电子大;而 d 电子受同层和内层电子的屏蔽都大。此外,s 电子还因靠近核而减弱了其他电子对它的屏蔽作用,称作钻穿效应(penetration effect)。这样,由于其他电子对 ns 电子的屏蔽常数小,Z 的减小要少于 $(n-1)$d 电子使 Z 的减小,也少于 $(n-2)$f 电子使 Z 的减小,即

$$Z^*_{ns} > Z^*_{(n-1)d} \qquad Z^*_{ns} > Z^*_{(n-2)f}$$

于是就出现了 $E_{ns} < E_{(n-1)d}$,$E_{ns} < E_{(n-2)f}$ 的能级交错现象。

(3) 原子的电子分布式和外层电子构型

① 原子的电子分布式。多电子原子核外电子分布的表达式称为电子分布式(electron distributing pattern)。根据电子排布的原则,利用鲍林近似能级图给出的填充顺序,可以写出周期系中各元素原子的电子分布式。表 4-5 给出了 118 种元素基态原子的电子分布式。

表 4-5 元素的电子层结构

周期	原子序数	元素名称	元素符号	电子层结构	周期	原子序数	元素名称	元素符号	电子层结构
1	1	氢	H	$1s^1$	5	50	锡	Sn	$[Kr]4d^{10}5s^25p^2$
	2	氦	He	$1s^2$		51	锑	Sb	$[Kr]4d^{10}5s^25p^3$
2	3	锂	Li	$[He]2s^1$		52	碲	Te	$[Kr]4d^{10}5s^25p^4$
	4	铍	Be	$[He]2s^2$		53	碘	I	$[Kr]4d^{10}5s^25p^5$
	5	硼	B	$[He]2s^22p^1$		54	氙	Xe	$[Kr]4d^{10}5s^25p^6$
	6	碳	C	$[He]2s^22p^2$	6	55	铯	Cs	$[Xe]6s^1$
	7	氮	N	$[He]2s^22p^3$		56	钡	Ba	$[Xe]6s^2$
	8	氧	O	$[He]2s^22p^4$		57	镧	La	$[Xe]5d^16s^2$
	9	氟	F	$[He]2s^22p^5$		58	铈	Ce	$[Xe]4f^15d^16s^2$
	10	氖	Ne	$[He]2s^22p^6$		59	镨	Pr	$[Xe]4f^36s^2$
3	11	钠	Na	$[Ne]3s^1$		60	钕	Nd	$[Xe]4f^46s^2$
	12	镁	Mg	$[Ne]3s^2$		61	钷	Pm	$[Xe]4f^56s^2$
	13	铝	Al	$[Ne]3s^23p^1$		62	钐	Sm	$[Xe]4f^66s^2$
	14	硅	Si	$[Ne]3s^23p^2$		63	铕	Eu	$[Xe]4f^76s^2$
	15	磷	P	$[Ne]3s^23p^3$		64	钆	Gd	$[Xe]4f^75d^16s^2$
	16	硫	S	$[Ne]3s^23p^4$		65	铽	Tb	$[Xe]4f^96s^2$
	17	氯	Cl	$[Ne]3s^23p^5$		66	镝	Dy	$[Xe]4f^{10}6s^2$
	18	氩	Ar	$[Ne]3s^23p^6$		67	钬	Ho	$[Xe]4f^{11}6s^2$
4	19	钾	K	$[Ar]4s^1$		68	铒	Tb	$[Xe]4f^{12}6s^2$
	20	钙	Ca	$[Ar]4s^2$		69	铥	Tm	$[Xe]4f^{13}6s^2$
	21	钪	Sc	$[Ar]3d^14s^2$		70	镱	Yb	$[Xe]4f^{14}6s^2$
	22	钛	Ti	$[Ar]3d^24s^2$		71	镥	Lu	$[Xe]4f^{14}5d^16s^2$
	23	钒	V	$[Ar]3d^34s^2$		72	铪	Hf	$[Xe]4f^{14}5d^26s^2$
	24	铬	Cr	$[Ar]3d^54s^1$		73	钽	Ta	$[Xe]4f^{14}5d^36s^2$
	25	锰	Mn	$[Ar]3d^54s^2$		74	钨	W	$[Xe]4f^{14}5d^46s^2$
	26	铁	Fe	$[Ar]3d^64s^2$		75	铼	Re	$[Xe]4f^{14}5d^56s^2$
	27	钴	Co	$[Ar]3d^74s^2$		76	锇	Os	$[Xe]4f^{14}5d^66s^2$
	28	镍	Ni	$[Ar]3d^84s^2$		77	铱	Ir	$[Xe]4f^{14}5d^76s^2$
	29	铜	Cu	$[Ar]3d^{10}4s^1$		78	铂	Pt	$[Xe]4f^{14}5d^96s^1$
	30	锌	Zn	$[Ar]3d^{10}4s^2$		79	金	Au	$[Xe]4f^{14}5d^{10}6s^1$
	31	镓	Ga	$[Ar]3d^{10}4s^24p^1$		80	汞	Hg	$[Xe]4f^{14}5d^{10}6s^2$
	32	锗	Ge	$[Ar]3d^{10}4s^24p^2$		81	铊	Tl	$[Xe]4f^{14}5d^{10}6s^26p^1$
	33	砷	As	$[Ar]3d^{10}4s^24p^3$		82	铅	Pb	$[Xe]4f^{14}5d^{10}6s^26p^2$
	34	硒	Se	$[Ar]3d^{10}4s^24p^4$		83	铋	Bi	$[Xe]4f^{14}5d^{10}6s^26p^3$
	35	溴	Br	$[Ar]3d^{10}4s^24p^5$		84	钋	Po	$[Xe]4f^{14}5d^{10}6s^26p^4$
	36	氪	Kr	$[Ar]3d^{10}4s^24p^6$		85	砹	At	$[Xe]4f^{14}5d^{10}6s^26p^5$
5	37	铷	Rb	$[Kr]5s^1$		86	氡	Rn	$[Xe]4f^{14}5d^{10}6s^26p^6$
	38	锶	Sr	$[Kr]5s^2$	7	87	钫	Fr	$[Rn]7s^1$
	39	钇	Y	$[Kr]4d^15s^2$		88	镭	Ra	$[Rn]7s^2$
	40	锆	Zr	$[Kr]4d^25s^2$		89	锕	Ac	$[Rn]6d^17s^2$
	41	铌	Nb	$[Kr]4d^45s^1$		90	钍	Th	$[Rn]6d^27s^2$
	42	钼	Mo	$[Kr]4d^55s^1$		91	镤	Pa	$[Rn]5f^26d^17s^2$
	43	锝	Tc	$[Kr]4d^55s^2$		92	铀	U	$[Rn]5f^36d^17s^2$
	44	钌	Ru	$[Kr]4d^75s^1$		93	镎	Np	$[Rn]5f^46d^17s^2$
	45	铑	Rh	$[Kr]4d^85s^1$		94	钚	Pu	$[Rn]5f^67s^2$
	46	钯	Pd	$[Kr]4d^{10}$		95	镅	Am	$[Rn]5f^77s^2$
	47	银	Ag	$[Kr]4d^{10}5s^1$		96	锔	Cm	$[Rn]5f^76d^17s^2$
	48	镉	Cd	$[Kr]4d^{10}5s^2$		97	锫	Bk	$[Rn]5f^97s^2$
	49	铟	In	$[Kr]4d^{10}5s^25p^1$		98	锎	Cf	$[Rn]5f^{10}7s^2$

续表

周期	原子序数	元素名称	元素符号	电子层结构	周期	原子序数	元素名称	元素符号	电子层结构
7	99	锿	Es	[Rn]$5f^{11}7s^2$	7	109	䥑	Mt	[Rn]$5f^{14}6d^77s^2$
	100	镄	Fm	[Rn]$5f^{12}7s^2$		110	𫟼	Ds	[Rn]$5f^{14}6d^87s^2$
	101	钔	Md	[Rn]$5f^{13}7s^2$		111	𬬭	Rg	[Rn]$5f^{14}6d^97s^2$
	102	锘	No	[Rn]$5f^{14}7s^2$		112	镉	Cn	[Rn]$5f^{14}6d^{10}7s^2$
	103	铹	Lr	[Rn]$5f^{14}6d^17s^2$		113	鿭	Nh	[Rn]$5f^{14}6d^{10}7s^27p^1$
	104	𬬻	Rf	[Rn]$5f^{14}6d^27s^2$		114	铁	Fl	[Rn]$5f^{14}6d^{10}7s^27p^2$
	105	𬭊	Db	[Rn]$5f^{14}6d^37s^2$		115	镆	Mc	[Rn]$5f^{14}6d^{10}7s^27p^3$
	106	𬭳	Sg	[Rn]$5f^{14}6d^47s^2$		116	铊	Lv	[Rn]$5f^{14}6d^{10}7s^27p^4$
	107	𬭛	Bh	[Rn]$5f^{14}6d^57s^2$		117	鿬	Ts	[Rn]$5f^{14}6d^{10}7s^27p^5$
	108	𬭶	Hs	[Rn]$5f^{14}6d^67s^2$		118	鿫	Og	[Rn]$5f^{14}6d^{10}7s^27p^6$

注：此表采用了"原子实"的表示方法，如 [Ne]、[Ar] 等。前一周期最后一个元素（稀有气体）的原子是下周期各元素共同的原子实，因为这些元素新增加的电子是在原子实的基础上填充的。

例如，21 号元素钪（Sc）的电子分布式为 $1s^22s^22p^63s^23p^63d^14s^2$，应该指出，按能级的高低，电子的填充顺序虽然是 4s 先于 3d，但在写电子分布式时要把 3d 放在 4s 前面，与同层的 3s、3p 轨道连在一起写。

从表 4-5 中还可看出，有 19 种元素的原子核外电子分布式不完全符合近似能级顺序，如下列过渡元素：

第四周期　　Cr　　　　Cu
第五周期　　Nb　　　　Mo　　　Ru　　　Rh　　　Pd　　　Ag
第六周期　　Pt　　　　Au

Cr、Mo 是由于 d 轨道处于半充满，Cu、Ag、Au 是由于 d 轨道处于全充满，这两种状态都是稳定的电子层结构。此外，镧系和锕系中还有几种例外情况的元素。

② 原子的外层电子构型。由于化学反应一般只涉及外层价电子的改变，所以通常只需写出原子的外层电子构型（electron form of external layer）即可。"外层电子"并不只是最外层电子，而是指对参与化学反应有重要意义的外层价电子，例如：

主族和零族是指最外层 s 亚层和 p 亚层的电子，即 ns、np；

过渡元素是指最外层 s 亚层和次外层 d 亚层的电子，即 $(n-1)d$、ns；

镧系、锕系元素一般是指最外层的 s 亚层和倒数第三层的 f 亚层的电子。

例如，下列元素原子的外层电子构型为 $_{17}$Cl：$3s^23p^5$；$_{26}$Fe：$3d^64s^2$；$_{29}$Cu：$3d^{10}4s^1$。

3. 核外电子分布与周期系

原子核外电子分布的周期性是元素周期系的基础，元素周期表是周期系的表现形式。常用的周期表见书后。周期表中共有 7 个横行，每一行称为一个周期。周期表中的元素纵向共有 18 列，每一列称为族。族的划分与元素的价电子构型息息相关。按照最后一个电子的填充方式可以将元素分为主族元素和副族元素，主族有 8 个，用 ⅠA～ⅧA（ⅧA 又称为零族）表示；副族也有 8 个，用 ⅠB～ⅦB、Ⅷ(B) 族表示。随着原子结构理论的深入发展，周期系的本质被不断揭示出来，现分几个问题讨论如下：

（1）每周期的元素数目

在近似能级图中，每个能级组对应周期表中的一个周期。从电子分布规律可以看出，各周期数与各能级组相对应。每周期元素的数目等于相应能级组内各轨道所容纳的最多电子数，如表 4-6 所示。

表 4-6　各周期元素的数目

周期	能级组	能级组内各原子轨道	元素数目
1	1	1s	2
2	2	2s 2p	8
3	3	3s 3p	8
4	4	4s 3d 4p	18
5	5	5s 4d 5p	18
6	6	6s 4f 5d 6p	32
7	7	7s 5f 6d…	32

(2) 元素在周期表中的位置

元素在周期表中所处周期的号数等于该元素原子的最外层电子层数。

对元素在周期表中所处族的号数来说：

ⅠA 族以及ⅠB、ⅡB 族元素的族号数等于最外层电子数；

ⅢB～ⅦB 族元素的族号数等于最外层 s 电子数与次外层 d 电子数之和；

Ⅷ(B) 族元素的最外层 s 电子数与次外层 d 电子数之和为 8～10；

Ⅷ A 族元素最外层电子数为 8 或 2。

(3) 元素在周期表中的分区

根据各族元素的外层电子构型，可把周期表分成五个区域：

① s 区——包括ⅠA、ⅡA 族元素，外层电子构型为 ns^1 和 ns^2。

② p 区——包括ⅢA～ⅦA 族和Ⅷ A 族元素，外层电子构型为 $ns^2np^{1\sim6}$。

③ d 区——包括ⅢB～ⅦB 族元素和Ⅷ族元素，外层电子构型一般为 $(n-1)d^{1\sim8}ns^2$。

④ ds 区——包括ⅠB、ⅡB 族元素，外层电子构型为 $(n-1)d^{10}ns^{1\sim2}$。

⑤ f 区——包括镧系、锕系元素，外层电子构型一般为 $(n-2)f^{1\sim14}(n-1)d^{1\sim2}ns^2$。

由于在化学反应中一般只涉及原子的外层电子构型，因此，熟悉各族元素的外层电子构型以及元素的分区，对学习化学极为重要。

四、元素性质的周期性

1. 原子半径

原子半径（atomic radius）是元素的一项重要参数，对元素及化合物的性质有较大影响。由于核外电子具有波动性，电子云没有明显的边界，因此讨论单个原子的半径是没有意义的。现在讨论的原子半径是人为规定的物理量。在单质或化合物中元素的原子往往以化学键结合的形式存在，可以通过测定原子核间的距离求得所谓的原子半径。通常将同种元素原子形成共价单键时相邻两原子核间距离的一半称为共价半径（covalent radius）。例如，把 Cl—Cl 分子的核间距的一半（99pm）定为 Cl 原子的共价半径。金属晶体中相邻两原子核间距离的一半定为金属半径（metallic radius）。分子晶体中两个相邻分子间核间距离的一半称为范德华半径（van der Waals radius）。各元素的原子半径列于图 4-10 中。

主族元素原子半径的递变规律十分明显。在同一短周期中，从左至右随原子序数的递增，原子半径逐渐减小。同一主族中，自上而下各元素的原子半径逐渐增大。

副族元素原子半径的变化规律不如主族那么明显。随着核电荷增加，原子半径一般依次缓慢减小。ⅠB、ⅡB 族元素的原子半径反而有所增大。

IA																	0
1	H 37	IIA										IIIA	IVA	VA	VIA	VIIA	He
2	Li 154.9	Be 112.3										B 82	C 77	N 75	O 73	F 72	Ne
3	Na 189.6	Mg 159.8	IIIB	IVB	VB	VIB	VIIB	VIII			IB	IIB	Al 142.9	Si 111	P 106	S 102	Cl 99	Ar
4	K 234.9	Ca 197.0	Sc 162.0	Ti 146.7	V 133.8	Cr 126.7	Mn 126.1	Fe 126.0	Co 125.2	Ni 124.4	Cu 127.6	Zn 137.9	Ga 140.8	Ge 136.6	As 119	Se 116	Br 114	Kr
5	Rb 248	Sr 214.8	Y 179.7	Zr 159.7	Nb 145.6	Mo 138.6	Tc 135.8	Ru 133.6	Rh 134.2	Pd 137.3	Ag 144.2	Cd 154.3	In 166.0	Sn 162.0	Sb 159	Te 135	I 133	Xe
6	Cs 267	Ba 221.5	La 187.1	Hf 158.5	Ta 145.7	W 139.4	Re 137.5	Os 135.0	Ir 135.5	Pt 138.5	Au 143.9	Hg 157.0	Tl 171.2	Pb 174.6	Bi 170	Po 176	At	Rn

图 4-10 元素的原子半径（单位：pm）

同一副族从上到下，原子半径稍有增大。但第五、六周期的同一副族元素，由于镧系收缩，原子半径相差很小，近似相等。例如，Zr 和 Hf 的原子半径分别为 159.7pm 和 158.5pm。

2. 元素的金属性和非金属性

① 短周期元素。从左至右，由于核电荷依次增多，原子半径逐渐减小，最外层电子数也依次增多，元素的金属性逐渐减弱，非金属性逐渐增强。以第三周期为例，从活泼金属钠到活泼非金属氯，递变非常明显。

② 长周期过渡元素。同一长周期中的主族元素性质的递变与短周期元素相同。长周期中过渡元素原子的最外层电子数较少，一般为 2 个，所以都是金属元素。由于最外层电子数不多于 2 个，而且几乎保持不变，只有次外层的 d 电子数有差别，所以金属性从左到右减弱缓慢。以第四周期为例，钛、钒、铬、锰、铁、钴、镍等元素，原子半径变化不大，性质也相近。只有长周期后半部分的主族元素的原子中，最外层电子数和相应短周期元素一样，金属性、非金属性的递变情况又变明显。

③ 特长周期中的镧、锕系元素。这些元素的最外层电子数不多于 2 个，所以都是金属。其最外层 s 电子和次外层 d 电子数没有差别，只有倒数第三层上的 f 电子数发生变化。原子半径减少得更加缓慢，如从铈到镥 14 种元素的原子半径只减少 9pm，所以金属性更接近。

④ 同主族元素，自上而下随着主量子数增大，电子层数增多，半径增大，使核对外层电子引力减弱，所以自上而下非金属性减弱，金属性增强。

3. 电离能、电子亲和能和电负性

(1) 电离能

使基态的气态原子失去一个电子形成 +1 价气态正离子时所需的最低能量称第一电离

能（first ionization energy），常用符号 I_1 来表示；从 +1 价离子失去一个电子形成 +2 价气态正离子时所需要的最低能量称第二电离能（second ionization energy），其余依此类推，分别用 I_2、I_3、I_4 等来表示。显然，同一种元素的第二电离能要比第一电离能大。例如，铝的 I_1、I_2、I_3 分别近似为 578kJ·mol^{-1}、1825kJ·mol^{-1}、2705kJ·mol^{-1}。

表 4-7 元素的第一电离能　　　　　　　　　　　单位：kJ·mol^{-1}

H 1312.0																	He 2372.3
Li 520.3	Be 899.5											B 800.6	C 1086.4	N 1402.3	O 1314.0	F 1681.0	Ne 2080.7
Na 495.8	Mg 737.7											Al 577.6	Si 786.5	P 1011.8	S 999.6	Cl 1251.1	Ar 1520.5
K 413.9	Ca 589.8	Sc 631	Ti 658	V 650	Cr 652.8	Mn 717.4	Fe 759.4	Co 758	Ni 736.7	Cu 745.5	Zn 906.4	Ga 578.8	Ge 762.2	As 944	Se 940.9	Br 1139.9	Kr 1350.7
Rb 403.0	Sr 549.5	Y 616	Zr 660	Nb 664	Mo 685.0	Tc 702	Ru 711	Rh 720	Pd 805	Ag 731.0	Cd 867.7	In 558.3	Sn 708.6	Sb 831.6	Te 869.3	I 1008.4	Xe 1170.4
Cs 375.7	Ba 502.9	La 538.1	Hf 654	Ta 761	W 770	Re 760	Os 840	Ir 880	Pt 870	Au 890.1	Hg 1007.0	Tl 589.3	Pb 715.5	Bi 703.3	Po 812	At	Rn 1037.6
Fr	Ra 509.4	Ac 490															

原子失去电子的难易程度可用第一电离能（表 4-7）来衡量，I_1 越小表示元素的原子越容易失去电子，金属性越强。从表 4-7 可见，元素的第一电离能具有周期性的变化规律：同一周期中从左到右，金属元素的第一电离能较小，非金属元素的第一电离能较大，而稀有气体元素的第一电离能最大。同一主族中自上而下，元素的电离能一般有所减小。但对副族和 Ⅷ 族元素来说，这种规律性较差。

（2）电子亲和能

使基态的气态原子获得一个电子形成 -1 价气态离子时所放出的能量称第一电子亲和能（first electron affinity energy），常用 E_1 来表示。与电离能相似，也有第二电子亲和能等。第一电子亲和能通常简称电子亲和能，可用来衡量原子获得电子的难易。确定电子亲和能的数值是较困难的，实际上只有少数元素原子能形成稳定的负离子，所以只有少数元素原子的电子亲和能数据是准确的。表 4-8 列出了部分元素原子的电子亲和能。

表 4-8 部分元素原子的电子亲和能　　　　　　　　单位：kJ·mol^{-1}

H -73.77							He
Li -59.63	Be —	B -26.73	C -121.85	N —	O -140.97	F -328.16	Ne
Na -52.87	Mg —	Al -42.55	Si -133.63	P -72.03	S -200.41	Cl -348.57	Ar
K -48.38	Ca 2.37	Ca -28.95	Ge -118.97	As -78.15	Se -194.96	Br -324.53	Kr
Rb -46.88	Sr 4.63	In -28.95	Sn -107.29	Sb -100.92	Te -190.15	I -295.15	Xe
Cs -45.50	Ba 14.47	Tl -19.30	Pb -35.12	Bi -91.27			

由于电子亲和能的数据较少，规律性不易分析。但是仍然可以从表 4-8 中看出：金属元

素原子的电子亲和能较低（负值较小），非金属元素原子的电子亲和能较高（负值较大）。电子亲和能越大，表示其越易获得电子，故非金属性越强。

元素原子的电离能和电子亲和能从不同方面来表达原子得失电子的能力，但没有考虑原子间的成键作用等情况。

（3）电负性

1932年鲍林在化学中引入了电负性（electronegativity）的概念，用以定量地衡量分子中原子吸引电子的能力。电负性越大，原子在分子中吸引电子的能力越强；电负性越小，原子在分子中吸引电子的能力越弱。表4-9列出了鲍林从热化学数据得到的电负性数值，应用较广。

表 4-9 元素的电负性

H 2.1																	He
Li 1.0	Be 1.5											B 2.0	C 2.5	N 3.0	O 3.5	F 4.0	Ne
Na 0.9	Mg 1.2											Al 1.5	Si 1.8	P 2.1	S 2.5	Cl 3.0	Ar
K 0.8	Ca 1.0	Sc 1.3	Ti 1.5	V 1.6	Cr 1.6	Mn 1.5	Fe 1.8	Co 1.9	Ni 1.9	Cu 1.9	Zn 1.6	Ga 1.6	Ge 1.8	As 2.0	Se 2.4	Br 2.8	Kr
Rb 0.8	Sr 1.0	Y 1.2	Zr 1.4	Nb 1.6	Mo 1.8	Tc 1.9	Ru 2.2	Rh 2.2	Pd 2.2	Ag 1.9	Cd 1.7	In 1.7	Sn 1.8	Sb 1.9	Te 2.1	I 2.5	Xe
Cs 0.7	Ba 0.9	La~Lu 1.0~1.2	Hf 1.3	Ta 1.5	W 1.7	Re 1.9	Os 2.2	Ir 2.2	Pt 2.2	Au 2.4	Hg 1.9	Tl 1.8	Pb 1.9	Bi 1.9	Po 2.0	At 2.2	Rn

从表4-9中可见，元素的电负性具有明显的周期性规律，同一周期从左到右，电负性明显增大，同一族从上到下，电负性逐渐减小。主族元素之间的变化明显，副族元素之间变化幅度小，且规律性差。根据电负性的大小，可以衡量元素的金属性和非金属性的强弱。在一般情况下，金属元素的电负性小于2.0（除铂系元素和金），而非金属元素（除硅）的电负性大于2.0。

第二节 ▸ 化学键

19世纪初，瑞典化学家贝采利乌斯（J.J. Berzelius）提出了一种建立在正负电相互吸引的观念基础上的电化二元说，可以较好地解释无机化合物的形成，阐明分子中原子相互作用的经典价键理论是在原子概念基础上形成的。1852年，英国化学家弗兰克兰（E. Frankland）提出了原子价概念。1857年德国化学家凯库勒（F. A. Kekule）提出了碳四价和碳链的概念，1865年他又揭示出苯的环状结构。1874年，荷兰化学家范托夫（J. H. van't Hoff）等提出了碳原子的四个价键向正四面体顶点取向的假说。这是有机化合物的结构理论。

20世纪20年代，在Bohr原子结构理论的基础上，对价键的实质有了新的认识，形成了化学键的电子理论。该理论包括离子键理论和共价键理论。离子键理论是1916年由德国化学家科塞尔（W. Kossel）提出的，美国化学家路易斯（G. N. Lewis）于同年提出共价键理论。1927年，海特勒（W. Heitler）和伦敦（F. London）用量子力学处理氢分子获得成功，经过一个多世纪的努力，终于逐渐形成现代化学键理论。目前流行的化学键理论有电子配对理论（或称价键理论）、分子轨道理论以及配位场理论。

原子间的化学键和分子的空间构型是分子结构讨论的主要内容。本章在原子结构的基础上，重点讨论离子键和共价键的形成及一些有关的基本理论。在此基础上，还讨论了分子间作用力、氢键、晶体的基本类型及离子极化作用与物质性质的关系。

一、离子键

1916年慕尼黑大学物理学家 W.Kossel 根据大多数无机化合物中的离子具有惰性气体稳定电子结构的事实，首次提出离子键的概念。他认为，易失电子的金属原子将电子传给易得电子的非金属原子，形成具有八电子结构的正离子和负离子，二者通过静电吸引结合成离子型分子，并把正、负离子间的静电作用称为离子键（ionic bond）。

离子键的特点是没有方向性和饱和性。任何一个离子，核外电子都对称地分布在原子核周围，离子可被看成是具有一定电荷和半径的圆球。只要空间许可，每个离子总是尽可能多地吸引带异号电荷的离子，使体系处于能量尽量低的状态，因此，离子键无饱和性。如在 NaCl 晶体中，每个 Na^+ 周围等距离地排列着 6 个 Cl^-，每个 Cl^- 周围也等距离地排列着 6 个 Na^+；在 CsCl 晶体中，每个 Cs^+ 周围排布着 8 个 Cl^-，同样每个 Cl^- 周围也排布着 8 个 Cs^+，因此，NaCl 和 CsCl 晶体中离子的配位数分别为 6 和 8。正（负）离子在空间各个方向上吸引带异号电荷离子的能力是等同的，所以离子键无方向性。

1. 离子的特征

离子的电荷、半径及电子构型是单原子离子的三个重要参数，是影响离子键强度的重要因素。

（1）离子的电荷

离子的电荷是指原子在形成离子化合物过程中失去或获得的电子数。例如在 NaCl、MgO 中，Na、Mg 原子分别失去 1 个、2 个电子，形成 Na^+、Mg^{2+}；Cl、O 原子分别得到 1 个、2 个电子，形成 Cl^-、O^{2-}。离子的电荷与元素原子的电子构型有关，金属在形成离子化合物时总是失去电子而带正电荷，而非金属则总是获得电子而带负电荷。

（2）离子的半径

离子的半径是指离子晶体中正、负离子的接触半径。晶体中正、负离子间的平衡距离（r_0）可用 X 射线衍射法测定，假如 $r_0 = r_+ + r_-$，若知道负离子半径，就可以推算出正离子半径。

1920 年兰德（Lande）指出，负离子的半径大于正离子的半径，如一个正、负离子间接触，负、负离子间也接触的晶体（图 4-11，此种晶体负离子半径比正离子半径大得多，正离子位于负离子堆积的空隙中），于是便有 $a_0 = 2r_0$，$a_0^2 = (2r_-)^2 + (2r_-)^2 = 8r_-^2$，$r_0$ 可由实验测定，根据上式即可计算 r_-：

$$a_0 = 2\sqrt{2}\,r_- = 2r_0, \quad r_- = \frac{r_0}{\sqrt{2}}$$

再根据 $r_0 = r_+ + r_-$ 计算出正离子半径 r_+。例如 MgS 的 $r_0 = 260\,\text{pm}$；

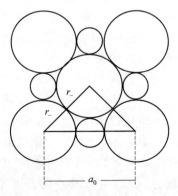

图 4-11 晶体中的离子

$$r_- = \frac{260}{\sqrt{2}} = 184 \text{(pm)} \qquad \text{(}S^{2-}\text{半径)}$$

$$r_+ = 260 - 184 = 76 \text{(pm)} \qquad \text{(}Mg^{2+}\text{半径)}$$

晶体中凡能与 S^{2-} 接触的正离子半径均可由此法计算。Lande 用此法首先得到了 $r_{S^{2-}}$ 为 184pm 和 $r_{Se^{2-}}$ 为 193pm；1927 年戈尔德施密特（Goldschmidt）利用正、负离子对光的折射能力不同推导出 $r_{F^-} = 133$pm，$r_{O^{2-}} = 132$pm，以此为基础计算出近百种离子的半径；1960 年 Pauling 根据离子半径与离子有效核电荷成反比的规则，推算出 $r_{O^{2-}} = 140$pm，以此为基础得到其他离子的半径。离子半径的大小主要取决于核电荷对核外电子的引力，负离子半径一般都大于正离子半径；对同一元素不同氧化态的离子，高氧化态离子的半径小于低氧化态；同族元素离子，半径自上而下逐渐增大；同一周期元素的离子，半径自左至右逐渐减小。特别是阳离子的半径还与配位数有关，配位数越大，半径越大。

(3) 离子的电子构型

离子的电子构型对化合物中化学键类型及化合物性质有重要影响。单原子负离子通常具有稳定的 8 电子构型，单原子正离子可有以下几种电子构型：

① 2 电子构型（$1s^2$）：如 Li^+、Be^{2+} 等具有惰性气体 He 的电子构型。

② 8 电子构型（ns^2np^6）：如 Na^+、Mg^{2+}、Al^{3+} 主族元素和 Sc^{3+}、Ti^{4+} 等副族元素所形成的正离子。

③ 9~17 电子构型（$ns^2np^6nd^{1\sim9}$）：如 Mn^+、Fe^{2+}、Fe^{3+}、Co^{2+}、Ni^{2+} 等 d 区元素的离子，最外层有 9~17 个电子，又称不饱和电子构型。

④ 18 电子构型（$ns^2np^6nd^{10}$）：如 Cu^+、Ag^+、Zn^{2+}、Cd^{2+}、Hg^{2+} 等 ds 区元素的离子及 Sn^{4+}、Pb^{4+} 等 p 区高氧化态金属阳离子。

⑤ 18+2 电子构型 $[(n-1)s^2(n-1)p^6(n-1)d^{10}ns^2]$：如 Sn^{2+}、Pb^{2+}、Sb^{3+}、Bi^{3+} 等 p 区低氧化态金属阳离子，它们的次外层有 18 个电子，最外层有 2 个电子。

2. 离子键强度与晶格能

离子键的强度用晶格能（lattice energy）来衡量，用符号 U 表示，单位 $kJ \cdot mol^{-1}$。晶格能定义为相互远离的气态正离子和负离子结合成 1mol 离子晶体时所释放的能量，或将 1mol 离子晶体解离成自由气态正离子、负离子时所吸收的能量。释放的能量和吸收的能量数值相等，符号相反，取其绝对值，称为晶格能。例如

$$Na^+(g) + Cl^-(g) \longrightarrow NaCl(s) \quad -\Delta H = U$$

晶格能越大，离子键越强，晶体也越稳定。

晶格能至今仍不能直接测定，Born-Haber 设计了一个热化学循环，用间接方法计算晶格能。现以 NaCl 晶体的形成为例介绍此循环过程。图 4-12 中 $\Delta H_f^{\ominus}$ 为 NaCl(s) 的标准生成焓，$\Delta H_1^{\ominus} \sim \Delta H_5^{\ominus}$ 分别为 Na(s) 的升华热、$\frac{1}{2} Cl_2(g)$ 的解离能、Na(g) 的电离能、Cl(g) 的电子亲和能及 NaCl(s) 的晶格能。热化学方程式为

$$Na(s) \longrightarrow Na(g) \qquad \Delta H_1^{\ominus} = 108.5 \text{kJ} \cdot mol^{-1}$$

$$\frac{1}{2} Cl_2(g) \longrightarrow Cl(g) \qquad \Delta H_2^{\ominus} = 121.5 \text{kJ} \cdot mol^{-1}$$

$$Na(g) \longrightarrow Na^+(g) + e^- \qquad \Delta H_3^\ominus = 495.8 \text{kJ} \cdot \text{mol}^{-1}$$

$$Cl(g) + e^- \longrightarrow Cl^-(g) \qquad \Delta H_4^\ominus = -349.0 \text{kJ} \cdot \text{mol}^{-1}$$

$$Na^+(g) + Cl^-(g) \longrightarrow NaCl(s) \qquad \Delta H_5^\ominus = -U$$

$$Na(s) + \frac{1}{2}Cl_2(g) \longrightarrow NaCl(s) \qquad \Delta H_f^\ominus = -411.2 \text{kJ} \cdot \text{mol}^{-1}$$

$$\Delta H_f^\ominus = \Delta H_1^\ominus + \Delta H_2^\ominus + \Delta H_3^\ominus + \Delta H_4^\ominus + \Delta H_5^\ominus$$

$$-411.2 \text{kJ} \cdot \text{mol}^{-1} = 108.5 \text{kJ} \cdot \text{mol}^{-1} + 121.5 \text{kJ} \cdot \text{mol}^{-1} + 495.8 \text{kJ} \cdot \text{mol}^{-1} - 349.0 \text{kJ} \cdot \text{mol}^{-1} - U$$

$$U = 788.0 \text{kJ} \cdot \text{mol}^{-1}$$

Born 与 Lande 从理论上推导出计算晶格能的公式。根据库仑定律，正、负电荷分别为 Z_1、Z_2 的正、负离子间吸引力和电子间排斥力达平衡时，正、负离子间的位能为 V_e，则

$$U = -V_e = \frac{138490 Z_1 Z_2 A}{r}\left(1 - \frac{1}{n}\right) (\text{kJ} \cdot \text{mol}^{-1}) \tag{4-7}$$

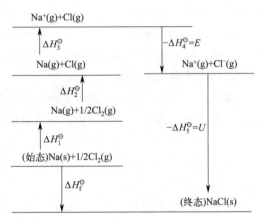

图 4-12 Born-Haber 循环示意图

式中，r 为正、负离子半径之和，pm；A 为马德隆（Madelung）常数，它与晶格类型有关，CsCl、NaCl、ZnS（立方）晶格的 A 依次为 1.763、1.748 及 1.638；n 是与离子的电子构型有关的常数，称 Born 指数。n 与电子构型的关系为：

电子构型	He	Ne	Ar, Cu$^+$	Kr, Ag$^+$	Xe, Au$^+$
n	5	7	9	10	12

由式 (4-1) 可见，影响晶格能的主要因素为离子的电荷和离子核间距。同类型的离子晶体，离子的电荷越多，离子间的静电作用越强，晶格能也越大。例如，NaCl 和 BaO 同属 NaCl 型晶体，正、负离子的核间距相近，但在 BaO 晶体中正、负离子的电荷数为 2，所以 BaO 有较大的晶格能。对于离子电荷相同的同类型晶体，核间距越小，离子间静电作用越强，晶格能越大。例如，MgO 和 BaO 同属 NaCl 型晶体，离子所带的电荷相同，但 MgO 的核间距较小，所以具有较大的晶格能。

此外，离子晶体的类型及离子的电子构型也影响晶格能的大小，这反映在式 (4-1) 中的 A 和 n 值上。表 4-10 列举了一些常见的 NaCl 型晶体结构的离子化合物的晶格能和熔点、硬度间的关系。

表 4-10 一些离子晶体的晶格能和熔点、硬度的关系

离子晶体	离子电荷	核间距 r_0/pm	U/kJ·mol^{-1}	m.p./℃	莫氏(Mohs)硬度
NaF	1	235	930	996	3.2
NaCl	1	283	790	800	2.5
NaBr	1	298	754	747	<2.5
NaI	1	322	705	661	<2.5

续表

离子晶体	离子电荷	核间距 r_0/pm	U/kJ·mol^{-1}	m.p./℃	莫氏(Mohs)硬度
MgO	2	212	3791	2825	6.5
CaO	2	240	3401	2898	4.5
SrO	2	258	3223	2531	3.5
BaO	2	275	3054	1973	3.3

离子键理论说明了离子型化合物的形成和性质，但不能说明为何相同的原子可以形成单质分子，以及电负性相近元素的原子可以形成化合物，而它们的性质又与离子型化合物不同。为了解释这类分子的本质和特性，提出了共价键理论，它涉及经典 Lewis 共价键学说、近代价键理论及分子轨道理论等，将在后文进行介绍。

二、共价键

1. 经典 Lewis 共价键学说

1916 年美国物理化学家 G. N. Lewis 等认为，同种原子以及电负性相近的原子间可以通过共用电子对形成分子，通过共用电子对形成的化学键称为共价键（covalent bond），形成的分子称为共价分子。Lewis 用小黑点代表电子，并结合惰性气体 8 电子稳定结构（He 为 2 电子）的事实，确定了一些分子（或离子）的电子结构式，如：

H_2 O_2 N_2 OH^- H_2O NH_3 CH_4

为了表示方便，共用一对电子常用短线"—"代表，即表示形成一个单键；如共用两对电子，则用两道短线"="表示，即表示形成一个双键；若共用三对电子，则形成一个三键，用三道短线"≡"表示。

由以上分子的电子结构式可见，每个元素原子周围都满足 8 电子构型（H 满足 He 的电子结构），Lewis 结构式的这种写法称为八隅体规则（octet rule）。如共用一对电子达不到 8 电子结构，则共用两对电子（如 O_2、CO_2 等），或共用三对电子（如 N_2、HCN），总之要遵循 8 电子结构的原则。

以甲醛（CH_2O）分子为例，首先根据各原子的价电子数计算出 CH_2O 的总价电子数为 $4+(1\times 2)+6=12$，再写出其骨架结构式 H—C(H)—O。构成骨架用去 6 个电子，还剩下 6 个电子，可按照以下三种方式排布：

(a)   (b)   (c)

(a) 式中 O 未成八隅体；(b) 式中 C 未成八隅体；(c) 式中在 C 与 O 之间形成一个双键，使 C 和 O 都具有八隅体结构，而且 C 与 O 原子可能提供的价电子数和成键电子数一致。所以，(c) 为甲醛的 Lewis 结构式。

Lewis 的共价键理论初步解释了一些简单非金属原子间共价分子（或离子）的形成及其与离子键的区别，但 Lewis 结构不能阐明共价键的本质和特征。另外，八隅体规则的例外有很多，如在 BeF_2、BF_3 分子中，Be、B 的价电子数分别为 4 和 6，在 PCl_3、SF_6 中，P 和 S 周围的价电子数分别为 10 和 12。即使形成 8 电子结构，有些分子表现出的性质也与 Lewis 电子结构式不符，如 O_2 为顺磁性分子，分子中应存在未成对电子，但在 O_2 的 Lewis 结构式中，电子都已成对。尽管如此，Lewis 的电子对成键概念为共价键理论奠定了基础。

2. H_2 分子共价键的形成

1927 年，W. Heitler 和 F. London 在用量子力学处理 H_2 分子成键时提出：当两个氢原子相距很远时，彼此间的作用力可忽略不计，以此为体系能量的相对零点，当两个氢原子相互靠近时，体系的能量将发生变化。图 4-13 为用量子力学计算的两个氢原子间距离和体系能量的关系与实验值的比较（图中实线为理论计算值，虚线是实验值），二者比较一致。

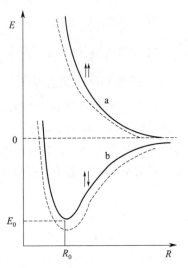

图 4-13 H_2 分子的能量曲线（R 为核间距）

氢原子核外只有一个电子，基态时处于 1s 轨道，当两个基态氢原子靠近时，这两个氢原子的电子自旋方向可能相同或者相反。由量子力学和光谱实验知，当两个氢原子的电子自旋平行时，随着两原子的靠近，原子之间则发生排斥作用，两核间电子云密度稀疏，体系的能量高于两个分立的氢原子的能量之和，即体系的能量升高，如图中曲线 a 所示，这种状态称为氢分子的排斥态（repulsion state），此时不能形成 H_2 分子。当两个氢原子的电子自旋相反时，原子间则产生引力，原子核间电子云浓密，体系的能量低于两个分立的氢原子的能量之和，这种状态称为氢原子的吸引态（attraction state），如图中曲线 b 所示。当两个原子的电子以自旋相反的方向靠近时，体系能量沿着曲线 b 降低，直至达到最低点（E_D，如两原子进一步靠近，由于核之间、电子云之间的斥力迅速增大，体系的能量又会上升），此时体系的吸引与排斥达到平衡，两核之间的距离为 R_0，即 H_2 分子中共价键的键长，实验测定值为 74pm（理论计算值为 87pm）。E 值约为 458kJ·mol^{-1}，接近于 H_2 分子的键能。

从以上讨论可见，两个氢原子形成 H_2 分子的实质是：当两个氢原子的电子以自旋相反的方式运动在两核周围时，两核间浓密的电子云将两个原子核强烈地吸引在一起；同时，由于两核间高电子云密度区域的存在，对两个核产生屏蔽作用，减小了核之间的斥力，从而形成了稳定的 H_2 分子。

3. 共价键的本质和特征

(1) 共价键的本质——原子轨道重叠成键

已知氢原子的 Bohr 半径为 53pm，而实验测得 H_2 分子的核间距为 74pm，这个数值小于两个氢原子的半径之和，表明由氢原子形成 H_2 分子时，两个氢原子的 1s 轨道发生了重叠。由于原子轨道重叠，核间电子云密度增大，降低了体系的能量。原子轨道重叠得越多，两核间电子云密度越大，形成的共价键就越稳定。由此看出，价键理论认为，共价键的本质是原子相互靠近时原子轨道发生重叠（即波函数叠加），原子间通过共用自旋相反的电子对成键。

(2) 共价键的特征

共价键的特征是具有饱和性和方向性。

① 饱和性：由于每个原子提供的成键（原子）轨道数和形成分子时可提供的未成对电子数是一定的，因此原子轨道重叠和电子偶合成对的数目也是一定的，这就决定了共价键的饱和性。如上所述，当硫原子和两个氢原子的 1s 轨道重叠成键后，轨道中的电子均偶合成对，硫原子的配位数为 2。

② 方向性：p、d、f 等轨道在空间均具有一定的取向，形成共价键时原子轨道重叠必须满足最大重叠原则，即原子轨道要沿着电子出现概率最大的方向重叠成键，以降低体系的能量。因此，中心原子与周围原子形成的共价键就有一定的角度（方向）。例如，H_2S 分子的形成，硫原子的外层电子结构为 $3s^23p^4$，三个 p 轨道中有四个电子，可分别表示为 $3p_x^1$、$3p_y^1$、$3p_z^2$。3s 和 $3p_z$ 轨道中的电子都已成对，只有 $3p_x$、$3p_y$ 轨道各有一个未成对电子，当硫原子和两个氢原子形成 H_2S 分子时，两个氢原子的 1s 轨道只有沿着 x 轴和 y 轴的方向与硫的 $3p_x$、$3p_y$ 轨道重叠才能最大限度地重叠。由于 $3p_x$、$3p_y$ 轨道相互垂直，H_2S 分子的构型不是直线形，其键角接近 $90°$。实验测得 H_2S 分子的键角为 $92°16'$。

根据原子轨道重叠的方向性，共价键分为 σ 键和 π 键。

如果将 s 轨道或 p_x 轨道沿 x 轴旋转任何角度，轨道的形状和符号都不会改变，s、p_x 轨道的这种性质称为对 x 轴的圆柱形对称。当 s 和 p_x 轨道重叠时，为了满足最大重叠，最好沿 x 轴采用"头碰头"的重叠方式，重叠部分仍保持对 x 轴的圆柱形对称。其对称轴（也称键轴）是两个原子核间的连线，此种共价键称 σ 键。如 s-s 轨道重叠（H_2 分子）、s-p_x 轨道重叠（HCl 分子）、p_x-p_x 轨道重叠（Cl_2 分子）都形成 σ 键（图 4-14）。

如果两原子轨道以"肩并肩"的方式重叠，如 p_y-p_y、p_z-p_z 的重叠，轨道重叠部分对键轴平面呈镜面反对称，即以键轴为镜面，镜面上、下原子轨道形状相同，但符号相反，这种对键轴平面呈镜面反对称的键称为 π 键（图 4-15）。

图 4-14　σ 键的形成　　　　　　　图 4-15　π 键的形成

除了 p-p 轨道重叠可形成 π 键外，p-d、d-d 轨道重叠也可形成 π 键。

如果两个原子可形成多重键，其中必有一个 σ 键，其余为 π 键；如果只形成一个键，那就是 σ 键，共价分子的立体构型是由 σ 键决定的。

N_2（N≡N）分子中有三个键，一个是 σ 键，另外两个是 π 键。N 原子的外层电子结

构为 $2s^2 2p^3$，根据 Hund 规则，三个电子分占三个互相垂直的 p 轨道。当两个 N 原子用各自的一个 p 轨道按"头碰头"方式重叠成 σ 键时，其余的两个 p 轨道只能按"肩并肩"的方式重叠成两个互相垂直的 π 键。p 轨道的方向决定了 N_2 分子中的三个键彼此垂直（图 4-16）。应该指出，与其他分子中的 π 键不同，N_2 分子中的 π 键不活泼，比 σ 键还稳定，因此，N_2 分子中三键的键能很高（946kJ·mol^{-1}）。关于这个问题，可用分子轨道理论来解释。

图 4-16 N_2 分子中的 σ、π 键

三、分子的空间构型

SF_4 中心原子 S 周围的价电子对数为 $(6+4)/2=5$，其中四对键对，一对孤对。孤对电子的排布方式有两种（图 4-17），哪种方式更稳定，可根据三角双锥中孤对（lp）和键对（bp）之间 90°角的排斥作用数来判断。由图可见，在两种排布中，lp-bp（90°）的排斥作用数分别为 2 和 3，因此 SF_4 采用图 4-17（a）的排布方式，一个孤对位于三角形平面上。由于孤对电子有较大的排斥作用，挤压三角平面的键角使之小于 120°，同时挤压轴线方向的键角内弯，使之大于 180°。实验结果表明，前者为 101.5°，后者为 187°。SF_4 分子的构型为变形四面体（图 4-18）。

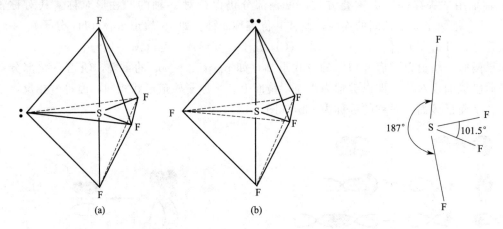

图 4-17 SF_4 分子中孤对电子的排布

图 4-18 SF_4 分子构型

ClF_3 中心原子 Cl 周围的价电子对数为 $(7+3)/2=5$，其中三对键对，两对孤对。电子对的空间排布为三角双锥形，其中两对孤对有三种可能的排布方式（图 4-19）。在三种排布中只有图 4-19(b) 的排布存在 lp-lp（90°）的排斥作用，所以分子不采取此种排布方式。图 4-19 中（a）和（c），lp-lp（90°）的排斥作用数都为 0，但 lp-bp（90°）的排斥作用数分别为 4 和 6，显然图 4-19(a) 为稳定结构，分子的几何构型为 T 字形，分子中键角（∠FClF）将小于 90°，实测为 87.5°。

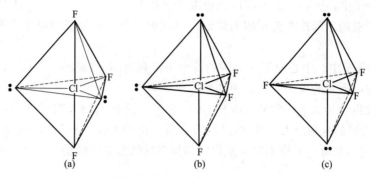

图 4-19 ClF$_3$ 分子的三种可能结构

XeF$_2$ 中心原子 Xe 周围的价电子对数为 $(8+2)/2=5$，其中两对键对，三对孤对。价电子对的空间排布为三角双锥形，三对孤对有三种排列方式（图 4-20）。其中只有图 4-20(a) 的排布不存在 lp-lp（90°）的排斥作用，因此，XeF$_2$ 分子中的三对孤对电子均应排在平面上，XeF$_2$ 为直线形分子，与实验结果一致。

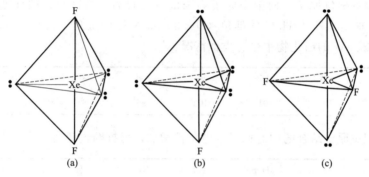

图 4-20 XeF$_2$ 分子中孤对电子的排布

XeF$_4$ 中心原子 Xe 周围的价电子对数为 $(8+4)/2=6$，其中四对键对，两对孤对。价电子对的空间排布为正八面体形，两对孤对在正八面体中有两种排列方式（图 4-21），按照以上分析方法可知图 4-21(a) 是稳定结构，故 XeF$_4$ 的几何构型为平面正方形。

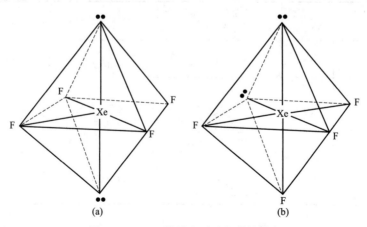

图 4-21 XeF$_4$ 分子中孤对电子的排布

在 SOF_2 分子中，中心原子 S 周围的价电子对数为 $(6+1\times2)/2=4$，其中三对键对，一对孤对。价电子对的空间排布为正四面体形，因其中一个位置为孤对电子占据，所以 SOF_2 分子呈角锥形。

在 SO_2Cl_2 分子中，中心原子 S 周围的价电子对数为 $(6+1\times2)/2=4$，全部是键对，分子的几何构型与电子对的构型一致，为四面体形。

根据键长数据分析认为，SOF_2 和 SO_2Cl_2 分子中的硫氧键为双键（S=O）。在 SOF_2 分子中，双-单键间的键角应大于单-单键间的夹角；在 SO_2Cl_2 分子中，双-双键间的键角也应大于单-单键间的夹角。实验测定的结构式与推测的结果是一致的：

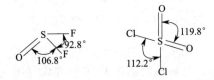

以上的价层电子对互斥理论模型（VSEPR 模型）不但可以预测分子的形状，还可估计键角的变化趋势。与相同中心原子结合的配位原子的电负性越大，则吸引电子对的能力越强，电子对越靠近配位原子，使中心原子周围键对之间的斥力减小，预计键角将减小。如 OF_2 的键角（103.2°）小于 H_2O 的键角（104°30′）；NF_3 的键角（102°）小于 NH_3 的键角（107°20′）；在 P、As 的卤化物中也有类似情况：

分子	PF_3	PCl_3	PBr_3	PI_3	AsF_3	$AsCl_3$	$AsBr_3$	AsI_3
键角	97.8°	100.3°	101.5°	102°	96°	98.7°	99.7°	100.2°

若与相同配位原子结合的中心原子的电负性增加，可推断键角将增大，例如：

分子	H_2O	H_2S	H_2Se	H_2Te	NH_3	PH_3	AsH_3	SbH_3
键角	104.5°	92.2°	91.0°	89.5°	107.3°	93.3°	91.8°	91.3°

表 4-11 列出了一些分子及复杂离子的价电子对排布方式及分子的几何构型。

表 4-11 AX_mE_n 分子的中心原子的价电子对排布方式及分子的几何构型

A 的价电子数	键对数 m	孤对数 n	分子类型 AX_mE_n	A 的价电子对排布方式	分子的几何构型	实例
2	2	0	AX_2	X—A—X	直线形 (linear)	$BeCl_2$、$HgCl_2$、CO_2
3	3	0	AX_3	(120°三角形)	平面三角形 (planar triangle)	BF_3、BCl_3、SO_3、CO_3^{2-}、NO_3^-
3	2	1	AX_2E	(带孤对E)	弯曲形(bent)	$SnCl_2$、$PbCl_2$、SO_2、O_3、NO_2、NO_2^-

续表

A的价电子数	键对数 m	孤对数 n	分子类型 AX_mE_n	A的价电子对排布方式	分子的几何构型	实例
4	4	0	AX_4		正四面体 (tetrahedral)	CH_4、CCl_4、NH_4^+、SO_4^{2-}、PO_4^{3-}、SiO_4^{4-}、ClO_4^-
4	3	1	AX_3E		角锥形 (pyramidal)	NH_3、PF_3、$AsCl_3$、H_3O^+、SO_3^{2-}、ClO_3^-
4	2	2	AX_2E_2		弯曲形 (bent)	H_2O、H_2S、SF_2、SCl_2
5	5	0	AX_5		三角双锥形 (triangular bipyramidal)	PF_5、PCl_5、AsF_5、SOF_4
5	4	1	AX_4E		变形四面体 (distorted tetrahedral)	SF_4、$TeCl_4$
5	3	2	AX_3E_2		T形 (T-shaped)	ClF_3、BrF_3
5	2	3	AX_2E_3		直线形 (linear)	XeF_2、I_3^-、IF_2^-
6	6	0	AX_6		正八面体形 (octahedral)	SF_6、SiF_6^{2-}、AlF_6^{3-}
6	5	1	AX_5E		四角锥形 (square pyramidal)	ClF_5、BrF_5、IF_5
6	4	2	AX_4E_2		平面正方形 (square planar)	XeF_4、ICl_4^-

综上所述，用 VSEPR 模型可以预测分子的构型以及估计键角的变化趋势，特别是判断第一、二、三周期元素所形成的分子（或离子）的构型，简单且方便。但此模型用来预测过渡元素及长周期主族元素形成的分子时与实验结果常有出入，也不能说明分子中键的成因和键的稳定性。尽管如此，它已广泛应用于判断主族元素化合物分子的构型，成为无机立体化学的一个重要组成部分。

第三节 ▶ 分子间力与氢键

分子间相互作用力，其性质与化学键相似，均属电磁力，但要弱得多。它一般可分为取向力、诱导力、色散力、氢键和疏水作用等，前三者通常称为范德华力。液体的表面张力、蒸发热、物质的吸附能等性质常随分子间力的增大而增加。量子力学理论使人们能够正确理解分子间力的来源和本质，而超分子化学的兴起又极大地推动了对分子间力的研究。

一、分子的极性和电偶极矩

在分子中，由于原子核所带正电荷的电荷量和电子所带负电荷的电荷量是相等的，所以就分子的总体来说，是电中性的。但从分子内部这两种电荷的分布情况来看，可把分子分成极性分子和非极性分子两类。

设想在分子中，正负电荷各有一个"电荷中心"。正、负电荷中心重合的分子叫作非极性分子，正、负电荷中心不重合的分子叫作极性分子。分子的极性可以用电偶极矩来表示。若分子中正、负电荷中心所带的电荷量各为 q，两中心距离为 l，则二者的乘积称为电偶极矩，以符号 μ 表示，单位为 C·m（库·米），即

$$\mu = ql \tag{4-8}$$

虽然极性分子中的 q 和 l 的数值难以测量，但 μ 的数据可通过实验方法测出。分子电偶极矩的数值可用于判断分子极性的大小，电偶极矩越大表示分子的极性也越大，μ 值为零的分子即为非极性分子。对双原子分子来说，分子极性和键的极性是一致的。例如 H_2、N_2 等分子由非极性共价键组成，整个分子的正、负电荷中心是重合的，μ 值为零，所以是非极性分子。又如，卤化氢分子由极性共价键组成，整个分子的正、负电荷中心是不重合的，μ 值不为零，所以是极性分子。在卤化氢分子中，从 HF 到 HI，氢与卤素之间的电负性相差值依次减小，共价键的极性也逐渐减弱。在多原子分子中，分子的极性和键的极性往往不一致。例如，H_2O 分子和 CH_4 分子中的 O—H 键和 C—H 键都是极性键，但从 μ 的数值来看，H_2O 分子是极性分子，CH_4 分子是非极性分子。因此，分子的极性不但与键的极性有关，还与分子的空间构型（对称性）有关。

二、分子间力

前面讨论的离子键、共价键和金属键，都是原子间比较强的作用力，原子依靠这种作用力而形成分子或晶体。分子间还存在着另一些比较弱的相互作用力，称为分子间力。气体分子能够凝聚成液体和固体，主要就是靠这种分子间力。分子间力的大小，对于物质的许多性质都有影响。我国著名化学家唐敖庆等在 20 世纪 60 年代就对分子间力做过完整的理论处理，在国际上处于领先地位。

共价分子相互接近时可以产生性质不同的作用力。当非极性分子相互靠近时，由于电子、原子核的不停运动，正、负电荷中心不能总是保持重合，在某一瞬间往往会有瞬间偶极存在。瞬间偶极之间的异极相吸而产生的分子间作用力，称为色散力。

当极性分子相互靠近时，通过电偶极的相互作用，极性分子在空间按异极相吸的状态取向[图 4-22(b)]。由固有电偶极之间的作用而产生的分子间力叫作取向力。取向力的存在使极性分子相互更加靠近[图 4-22(c)]，同时在相邻分子的固有偶极作用下，每个分子的正、负电荷中心更加分开，产生了诱导偶极[图 4-22(d)]。诱导偶极与固有偶极之间产生的分子间力叫作诱导力。因此，在极性分子之间还存在着诱导力。诱导力还存在于非极性分子与极性分子之间。

图 4-22　极性分子相互作用的示意图

总之，分子间力是永远存在于分子间的，在不同的分子之间，分子间力的种类和大小不同。在非极性分子与非极性分子之间只存在色散力；在极性分子之间存在色散力、诱导力和取向力。其中色散力在各种分子之间都有，而且一般也是最主要的；只有当分子的极性很大（如 H_2O 分子）时才以取向力为主；而诱导力一般较小。各分子间作用能 E 如表 4-12 所示。

表 4-12　分子间作用能 E 的分配　　　　单位：$kJ \cdot mol^{-1}$

分子	取向	诱导	色散	总能量
H_2	0	0	0.17	0.17
Ar	0	0	8.48	8.48
Xe	0	0	18.40	18.40
CO	0.003	0.008	8.79	8.79
HCl	3.34	1.1003	16.72	21.05
HBr	1.09	0.71	28.42	30.22
HI	0.58	0.295	60.47	61.36
NH_4	13.28	1.55	14.72	29.65
H_2O	36.32	1.92	8.98	47.22

从表 4-12 可见，分子间作用能很小（一般为 $0.2 \sim 50 kJ \cdot mol^{-1}$），与共价键键能（一般为 $100 \sim 450 kJ \cdot mol^{-1}$）相比相差 1~2 个数量级。分子间力没有方向性和饱和性。分子间力的作用范围很小，它随分子之间距离的增加而迅速减弱。所以气体在压力较低时分子间距离较大，可以忽略分子间的作用力。

三、氢键

除上述分子间力之外，在某些化合物的分子之间或分子内还存在着与分子间力大小接近的另一种作用力——氢键。氢键是指氢原子与电负性较大的 X 原子（如 F、O、N 原子）以极性共价键相结合的同时，还能吸引另一个电负性较大而半径又较小的 Y 原子，其中 X 原子与 Y 原子可以相同，也可以不同。氢键可简单示意如下：

$$X—H\cdots\cdots Y$$

能形成氢键的物质相当广泛，例如，HF、H_2O、NH_3、无机含氧酸和有机羧酸、醇、胺、蛋白质以及某些合成高分子化合物等的分子（或分子链）之间都存在着氢键。因为这些物质的分子中含有 F—H 键、O—H 键或 N—H 键。

氢键与分子间力最大的区别在于氢键具有饱和性和方向性。在大多数情况下，一个连接在 X 原子上的 H 原子只能与一个电负性大的 Y 原子形成氢键，键角大多接近 180°。

氢键的键能虽然比共价键要弱得多，但分子间存在氢键时，可加强分子间的相互作用，使物质的性质发生某些改变。氢键在生物化学中也有着重要意义。例如，蛋白质分子中存在着大量的氢键，有利于蛋白质分子空间结构的稳定存在；DNA 中碱基配对和双螺旋结构的形成也依靠氢键的作用。

四、分子间力和氢键对物质性质的影响

由共价型分子组成的物质的物理性质（如熔点、沸点、溶解性等）与分子的极性、分子间力以及氢键有关。

（1）物质的熔点和沸点

共价型分子之间如果只存在较弱的分子间力，则熔点较低。从图 4-23 和表 4-13 中可以看出，对于同类型的单质（如卤素或惰性气体）和化合物（如直链烃），其熔点一般随摩尔质量增大而升高。这主要是由于在同类型的这些物质中，分子的变形程度一般随摩尔质量的增加而增大，从而使分子间的色散力随摩尔质量的增大而增强。这些物质的沸点变化规律与熔点类似。

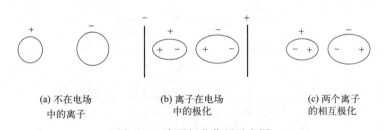

(a) 不在电场中的离子　　(b) 离子在电场中的极化　　(c) 两个离子的相互极化

图 4-23　离子极化作用示意图

表 4-13　某些物质的摩尔质量对物质熔点、沸点的影响

物质	摩尔质量/g·mol^{-1}	熔点/℃	沸点/℃
CH_4（天然气主要组分）	16.04	−182.0	−164
C_8H_{18}（汽油组分）	114.23	−56.8	125.7
$C_{18}H_{28}$（煤油组分）	184.37	−5.5	235.4
$C_{16}H_{34}$（柴油组分）	226.45	18.1	287

注：摘自参考文献 [1]。

含有氢键的物质，熔点、沸点一般较高。例如，第ⅦA 元素的氢化物的熔、沸点似乎应该随摩尔质量增大而升高。事实上 HF、HCl、HBr、HI 的沸点分别为 20℃、−85℃、−67℃、−36℃，看来上述规律并不适用于 HF。这是因为 HF 分子间存在着强的氢键，使其熔点、沸点比同类型氢化物更高。第Ⅴ、Ⅵ主族元素的氢化物的情况类似。

（2）物质的溶解性

影响物质溶解性的因素较复杂。一般来说，"相似相溶"是一个简单而较有用的经验规律，即极性溶质易溶于极性溶剂，非极性（或弱极性）溶质易溶于非极性（或弱极性）溶剂。溶质与溶剂的极性越相近，越易互溶。例如，碘易溶于苯或四氯化碳，而难溶于水。这主要是因为碘、苯和四氯化碳等都为非极性分子，分子间存在着相似的作用力（都为色散

力），而水为极性分子，分子之间除存在分子间力外还有氢键，因此碘难溶于水。

常用的溶剂一般有水和有机物两类。水是极性较强的溶剂，它既能溶解多数强电解质如 HCl、NaOH、K_2SO_4 等，又能与某些极性有机物如丙酮、乙醚、乙酸等相溶。这主要是由于这些强电解质（离子型化合物或极性分子）与极性分子 H_2O 能相互作用而形成正、负水合离子；而乙醚和乙酸等分子不仅有极性，而且其中羰基氧原子能与水分子中的 H 原子形成氢键，因此它们也能溶于水。但强电解质却难被非极性的有机溶剂所溶解。

有机溶剂主要有两类。一类是非极性和弱极性溶剂，如苯、甲苯、汽油以及四氯化碳、三氯甲烷、三氯乙烯、四氯乙烯和其他某些卤代烃。它们一般难溶或微溶于水，但都能溶解非极性或弱极性的有机物，如机油、润滑油。因此，在机械和电子工业中常用来清洗金属部件表面的润滑油等矿物性油污。另一类是极性较强的有机溶剂，如乙醇、丙酮以及低分子量的羧酸等。这类溶剂的分子中既包含有羟基、羰基、羧基这些极性较强的基团，还含有烷基类基团，前者能与极性溶剂如水相溶，而后者则能溶解弱极性或非极性的有机物，如汽油等。根据这一特点，在金属部件清洗过程中，往往先以甲苯、汽油或卤代烃等去除零件表面的油污（主要是矿物油），然后再以这类极性溶剂（如丙酮）洗去残留在部件表面的非极性或弱极性溶剂，最后以水洗净。为使其尽快干燥，可将经水洗后的部件用少量乙醇擦洗表面，以加速水分挥发。这一清洗过程主要依赖于分子间相互作用力相似，即"相似相溶"的规律。

第四节 ▶ 晶体结构

一、晶体与非晶体

物质的固态有晶体（crystal）和非晶体（non-crystal）之分。晶体一般都有整齐、规则的几何外形，如食盐晶体是立方体，明矾是正八面体（图 4-24）等。非晶体则没有一定的几何外形，又称为无定形体（amorphous solid），如玻璃、沥青、树脂、石蜡等。有一些物质，如炭黑，外观上虽然似乎没有整齐的几何外形，但实际上它由极微小的晶体组成。这种物质称为微晶体（microcrystal），仍属于晶体。

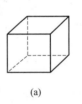
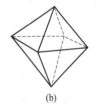

图 4-24　食盐、明矾的几何结构

同一物质，由于形成的条件不同，可以成为晶体，也可以成为非晶体。例如，石英是 SiO_2 的晶体，燧石却是 SiO_2 的非晶体。

二、晶体的基本类型

根据晶格结点上粒子种类和粒子间作用力的不同，从结构上把晶体分为金属晶体、离子晶体、原子晶体和分子晶体 4 种基本类型。

1. 金属晶体

金属元素数目占已知元素的 3/4 以上。金属元素之间又可形成大量合金及金属间化合物，这些物质都具有金属晶体的结构，具有共同的金属特性，如有金属光泽，优良的导热、导电和延展性等。金属的特性是由金属的特定结构决定的。下面介绍金属的结构——金属原子的密堆积。

任何晶体都倾向于形成尽可能紧密堆积的结构。晶体内粒子排列得越紧密，这种结构就越稳定，这就是晶体的最紧密排列原理。所谓排列紧密，就是粒子间空隙最小、粒子的配位数最大。

金属晶体中，结点上排列的粒子是金属原子或金属正离子。这些粒子可看成是等径球体，为了形成最稳定的结构，这些粒子将尽可能采取最紧密的堆积方式（简称金属密堆积）。研究证实，最常见的紧密堆积方式有三种，如图 4-25 所示。

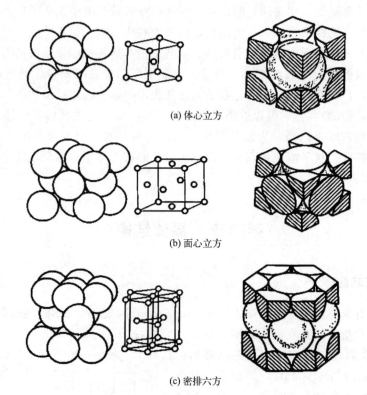

(a) 体心立方

(b) 面心立方

(c) 密排六方

图 4-25　金属晶体的三种主要晶体结构示意图

表 4-14 列出了一些金属单质的晶格类型。金属单质除上述三种基本晶格外，还有其他较复杂的晶格。有些金属在不同的条件下可有不同的晶体结构，如纯铁在 910℃ 以下是体心立方晶格，称为 α-Fe；当在 910～1390℃ 时，则由体心立方转变为面心立方晶格，称为 γ-Fe。

表 4-14　几种金属单质的晶格类型

晶格类型	配位数	空间利用率	金属单质
密排六方	12	74%	Mg、Co、Ni、Zn、Cd 及部分镧系元素
面心立方	12	74%	Al、Cu、Ag、Au、γ-Fe 等
体心立方	8	68%	Ba、Ti、Cr、Mo、W、α-Fe 及碱金属等

注：空间利用率指空间被晶格粒子占满的比例，空间利用率越大，粒子堆积得越紧密。

2. 离子晶体

在离子晶体中，晶体结点上交替排列着正、负离子，正、负离子之间靠静电引力（离子键)作用。由于离子键没有方向性和饱和性,只要空间条件允许,晶体中的离子将与尽可能多的异性电荷离子相互吸引,以使系统尽可能处于能量最低状态而形成稳定的结构。通常把晶体内某一粒子周围最接近粒子的数目称为该粒子的配位数。离子晶体一般配位数较高。例如,NaCl 晶体(图 4-26)中 Na^+ 和 Cl^- 的配位数都为 6,即每个离子周围有 6 个异性电荷离子。所以离子晶体中没有单独的分子存在,整个晶体呈电中性,可以看成一个大分子。化学式 NaCl 只代表晶体中 Na^+ 和 Cl^- 的比例是 1∶1。但在高温蒸气中单分子 NaCl 可以存在。

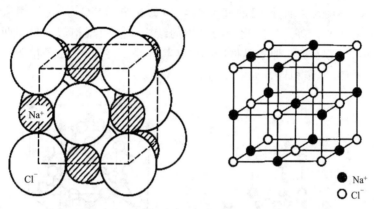

图 4-26 氯化钠的晶体结构示意图

离子晶体在室温下都是固体,具有较高的熔点与硬度,但比较脆,延展性差。离子晶体一般易溶于水,其水溶液和熔融状态都具优良的导电性。

离子晶体的熔点、硬度与晶格的牢固程度和晶格能的大小有关。晶格能(E)是指在 298.15K 和标准压力下,由气态正、负离子生成 1mol 离子晶体所释放出来的能量。

离子晶体的晶格能大多无法直接测定,但可以利用热化学实验数据用热化学循环法进行计算求得。可粗略地认为,晶格能的大小与正、负离子的电荷(分别以 q^+、q^- 表示)和正、负离子的半径(分别以 r_+、r_- 表示)有关。离子电荷数越多、离子半径越小时,产生的静电场强度越大,与相反电荷离子的结合力越强,相应离子晶体的熔点就越高,硬度也越大。

由表 4-15 看出,离子电荷及离子半径对离子晶体熔点和硬度影响很大。例如,NaF 和 CaO 的正、负离子半径之和(核间距)非常接近,但离子电荷相差较多,所以 CaO 比 NaF 的熔点明显要高、硬度也大。又如,MgO 和 CaO 虽然离子电荷相同,但 MgO 的核间距小于 CaO,因此 MgO 的晶格更加牢固,比 CaO 有更高的熔点和更大的硬度。

表 4-15 离子半径和电荷对晶体熔点和硬度的影响

项目	NaCl 型晶体					
	NaF	NaCl	MgO	CaO	SrO	BaO
$(r_+ + r_-)$/nm	0.230	0.279	0.198	0.231	0.244	0.266
$\|q^+ q^-\|$	1	1	4	4	4	4
晶格能/kJ·mol^{-1}	891	788	3899	3153	3310	3152
熔点/℃	1993	801	2852	2614	2430	1918
莫氏硬度	3.2	2.5	6.5	4.5	3.5	3.3

3. 原子晶体

晶格结点上排列着的粒子是原子，原子之间以共价键相互结合构成的是原子晶体。由于共价键有方向性和饱和性，所以不同的原子晶体，原子排列的方式可能有所不同。以典型的原子晶体金刚石为例，每个碳原子通过 4 个 sp^3 杂化轨道与另外 4 个碳原子形成 4 个共价键，组成一个正四面体。这些正四面体在三维空间延伸，形成巨型分子，见图 4-27(a)，因此金刚石不存在独立的小分子。

属于这类晶体的单质，除金刚石外还有 B、Si、Ge 等。属于原子晶体的化合物一般都是ⅢA、ⅣA、ⅤA 族元素彼此间的化合物，如碳化硅（SiC）、氮化硼（BN）、氮化铝（AlN）、砷化镓（GaAs）等。这些化合物晶体的结构与金刚石相似，只是两种不同原子相间排列而已。SiO_2（方石英）原子晶体的晶体结构，是每一个 Si 原子位于四面体中心，每一个 O 原子与两个 Si 原子相连，如图 4-27(b) 所示。

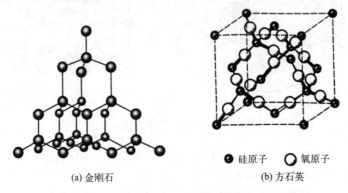

(a) 金刚石　　　　　(b) 方石英

图 4-27　晶体结构示意图

一般来说，原子晶体具有较大的硬度和较高的熔点。例如，要破坏金刚石中碳原子间的 4 个共价键或扭歪键角都需要很大的能量。因此，这类物质在工业上常用作磨料、耐火材料等。这类晶体延展性很小，难溶于溶剂中；通常情况下不导电，熔化时也不导电。但是单晶 Si、Ge、GaAs 等具有半导体性质，可以作为优良的半导体材料。

4. 分子晶体

在分子晶体的结点上排列着极性或非极性的中性分子。分子内的原子之间以共价键相结合（稀有气体为单原子分子除外），晶体结点上分子之间为分子间作用力（有的还有氢键）。因分子间作用力没有方向性和饱和性，而共价键分子本身具有一定的几何构型，所以分子晶体一般不如离子晶体堆积紧密。固态 CO_2（干冰）是典型的分子晶体，其结构如图 4-28 所示。可独立存在的 CO_2 分子占据着立方体的 8 个顶角和 6 个面的中心位置。

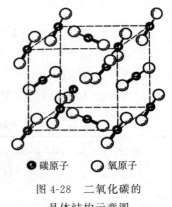

图 4-28　二氧化碳的晶体结构示意图

绝大多数非金属单质（如 H_2、Cl_2、N_2 等）和它们组成的化合物（如 H_2O、CO_2、SO_2、HCl 等）、稀有气体及大部分有机化合物在低温下形成的晶体都是分子晶体。

由于分子间作用力比共价键、离子键弱得多，所以分子晶体的熔点低（通常都在 573K

以下)、硬度小、挥发性大,固态或熔化时都不导电,只有一些极性很强的分子晶体(如 HCl 等)溶于水后解离而导电。

5. 混合型晶体

以上 4 种晶体,每种晶体内粒子之间的作用力都是相同的。还有一些晶体,晶体内可能同时存有若干种不同的作用力,这类晶体称为混合型晶体。

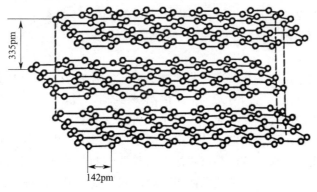

图 4-29　石墨平面网状结构

石墨是混合型晶体的典型例子。在石墨晶体中(图 4-29),同层的每个碳原子采用 sp^2 杂化轨道与相邻的 3 个碳原子以 σ 键相连接,键角为 120°,形成无数个正六边形,连接成平面网状结构层。每个碳原子还有 1 个垂直于 sp^2 杂化轨道平面的 2p 轨道(其中有 1 个 2p 电子),这些相互平行的 2p 轨道相互重叠形成的 π 键叫作大 π 键。大 π 键中的电子能在同一层自由移动,如同金属中的自由电子,所以石墨具有金属光泽,具有优良的导电性和导热性。

石墨晶体中,同一层相邻碳原子间距离为 0.142nm,以共价键结合。而层间距离为 0.335nm,相对较远,因此层与层之间引力较弱,与分子间作用力相仿。正是由于层间结合力较弱,所以受到外力后层间容易滑动,可作为润滑剂用。具有这种晶体结构的还有二硫化钼(MoS_2)和俗称"白色石墨"的氮化硼(BN)。滑石、云母、黑磷等也属于层状混合型晶体。

三、液晶

某些固态的有机化合物加热后,并不直接熔为液态,而是在一定温度范围内(例如在 T_1 到 T_2 的范围内)经历一个介于固、液两态之间的过渡状态。在低于 T_1 时,它是固体,在高于 T_2 时它是液体,处于中间的这种过渡状态的物质,称为液晶(liquid crystal)。顾名思义,它既具有液体的性质也具有晶体的性质。它有液体的流动性,例如,胆甾醇苯甲酸酯 $C_6H_5CO_2C_{27}H_{45}$,在 419K 时开始熔化,直到 452K 时才变成液体,在 419~452K 之间形成不透明的液晶。此类物质的光学、电学性质和液体不同,很像晶体,是各向异性的(anisotropy)。

液晶化合物的分子往往具有狭长的形状,即分子的长度比宽度大得多,而且常含有 1~2 个极性基团(例如—NH_2 或 $\diagdown C=O$ 基团)。在加热时,输入的能量首先用于克服范德华引力,继而再克服极性基团之间的引力,最终变为液态。在一定温度范围内,这些分子虽不像晶体那样有严格的点阵结构,但它也可以沿着某个特定的方向有序排列,并能在宏观上表现出像晶体那样的各向异性。例如,图 4-30(a) 就是棒状分子在上、下方向呈远程有序排列，而在左右方向没有一定规律，是无序的、比较混乱的。当光线自上向下射入时，由于分子在上、下方向有序排列，光线可以通过，是透明的；而左、右方向光线不能透过。当受热后，分子运动加剧，不能维持原来的有序排列，逐渐变得比较混乱，结果导致上、下方向也不透明。利用这种性质可以设计显示器，例如用液晶涂成一个数码字，不受热时上、下看是透明的，什么也看不见，当受热后上、下看就不透明，数码字也就显示出来了。

(a) 液晶　　　　　(b) 各向同性液体

图 4-30　液晶的示意图

有文献报道，具有这种性质的有机化合物已有三千种之多，可以把它们分为许多类型，此类化合物的共同特点是：它们对光、电、磁及热等都极为敏感，只要接受极低的能量，就可以引起分子排列顺序的变化，从而产生光-电、电-光、热-光等一系列物理效应，利用这些效应就能设计出各种显示器，如电子计算机、数字仪表、电视机、照相机等。

液晶还可用于无损探伤，将液晶材料涂在被检验材料的表面，然后加热（或冷却），根据液晶显示出的颜色，便可以直观地探测出材料的裂缝或缺陷。这种方法已广泛用于航空工业如飞机、导弹等的检验。液晶在医疗方面也有广泛的用途，如检测皮肤温度的变化，检测皮下斑痕或肿块的位置等。

液晶早在 1881 年就已经发现，但直到 20 世纪 70 年代人们才对它的性质有了更深入的认识，并发现很多有机化合物都具有液晶性质，液晶的重要性和应用才逐步被人们所认识。

四、晶体的缺陷

晶体的主要特征是其原子（或离子）的规则排列。但真实晶体总是有限大小的物体，有表面存在，且常含有杂质与晶格缺失等不纯、不规整的部分。因此实际晶体中原子的排列既不是完美无缺，也不是理想的排列，总是或多或少地偏离严格的周期性，形成缺陷。缺陷的种类很多，按照几何特征，晶体缺陷可分为点缺陷、线缺陷、面缺陷及其他类型的缺陷。

金属或者一般固体中，最基本的点缺陷是杂质原子、空位和间隙原子。原来在晶体中的原子或离子，离开原来位置到晶体结构中的"间隙"中，形成一个空位和间隙原子。另外，外来的原子或离子占据原晶体的原子或离子的位置，称为杂质原子。

线缺陷则指的是晶体中整齐排列的原子出现局部位置的错排，整排原子发生了错动，这就是"位错"。当晶体中有了位错，就会使晶体结构的空间形状发生畸变。一般位错只有几个原子的距离，长度则可贯穿整个晶体，因此又叫"位错线"。

面缺陷是指晶体中出现错层或晶界（多晶体中，小晶体之间的界面就是晶界）。由于错层或晶界的出现，原子的排列不再规则。

这些晶体缺陷都会对材料的性能产生很大的影响。

在晶体中，位错会在其结晶、塑性变形和相变过程中形成。晶体中存在位错会影响其力学性能，特别是强度。碳的同素异构体——石墨、金刚石、C_{60} 的相变可以明显改变材料的强度，就是位错的作用。

晶界可以影响材料的强度、塑性等。利用超细晶粒提高钢的强度、实现合金的超塑性等，都是晶界重要作用的应用。

实际上，如果晶体中没有缺陷，理想晶体材料远比有缺陷晶体材料的强度高得多。但没有缺陷的晶体是很难获得的，即使得到，尺寸也很小，如晶须只能作为复合材料中的增强材料，而无法直接作为材料使用。

尽管晶体缺陷会降低材料的强度，但是材料中缺陷对材料性能的影响并不总是有害的。例如，对硅材料，一方面要求纯度非常高，目前已达到 99.999999999999%；另一方面，人们发现在纯硅中有意识地掺入百万分之一的杂质元素，其电阻会降低至原来的百万分之一，进一步发现精确地控制杂质的含量，可制造出各种符合要求的元件。

如在单晶硅或锗中掺入ⅢA族元素如 B，当它取代 Si 原子的位置后，由于 B 比 Si 少一个价电子，所以使一个 B—Si 键上缺少一个电子，即产生了一个空穴。相邻 Si 原子价电子层上的电子可以移入空穴，而产生一个新的空穴。这种通过类似空穴迁移而导电的半导体称为 p 型半导体。

若在单晶硅或锗中掺入ⅤA族元素如 As，当它取代 Si 原子的位置后，As 比 Si 多出的一个价电子可以激发到导带而导电。这种通过电子移动而导电的半导体称为 n 型半导体。

当前，如何在材料中有意识地消除或引入缺陷，成了材料设计的重要问题。

五、非整比化合物

我们通常所讨论的化合物，其组成元素的原子数都具有简单的整数比。例如，纯的二组分化合物 A_aB_b，其中 A 原子数与 B 原子数之比为整数比 $a:b$。但是，随着对晶体结构和性质研究的深入，发现了一系列原子数非整比的无机化合物，它们的组成可以用化学式 $A_aB_{b+\delta}$ 来表示，其中 δ 为一个小的正值或负值。1987 年发现的高温超导体 $YBa_2Cu_3O_{7-\delta}$ 就是一种非整比化合物，只有 $0<\delta<0.5$ 时，才具有超导性。非整比化合物的整个分子是电中性的，但是其中某些元素可能具有混合的化合价。例如在 $YBa_2Cu_3O_{7-\delta}$ 中，Cu 部分为 +2 价，部分为 +3 价，随着 +2 价与 +3 价 Cu 离子数比值的改变，δ 也就有不同的数值。

非整比化合物的存在，与实际晶体的缺陷也有关系。晶格的空位与间隙粒子的存在，都能引起原子数非整比的结果。例如，将普通氧化锌 ZnO 晶体放在 600~1200℃ 的锌蒸气中加热，可以得到非整比氧化锌 $Zn_{1+\delta}O$，晶体变为红色，生成的 $Zn_{1+\delta}O$ 是半导体。这是由于晶体中的锌原子进入普通氧化锌的晶格，成为间隙原子。非整比氧化锌的导电能力比普通氧化锌强得多，可归因于间隙锌原子的存在。

非整比化合物中元素的混合价态，可能是该类化合物具有催化性能的重要原因。非整比化合物中的晶体缺陷，可能对化合物的电学、磁学等物理性能有大的影响。因此，研究非整比化合物的组成、结构、价态及性能，对于探索新的无机功能材料是很有帮助的。熟练掌握晶体掺杂技术，合成各种各样的非整比化合物，可以获得各种性能各异的晶体材料。

六、单质的晶体类型

表 4-16 列出了周期系中元素单质的晶体类型。从表 4-16 中可以看出，元素单质的晶体结构从左到右大体呈现出金属晶体、原子晶体向分子晶体转变的规律。在ⅢA~ⅦA族内，元素单质的晶体结构呈现出自上而下由分子晶体或原子晶体向金属晶体转变的规律。p 区是这种转变的过渡区，出现了各种不同类型的过渡型结构的晶体。例如，碳、磷、砷、硫、硒、锡、锑都出现了同质异晶体（paramorph）现象，即同一单质可以有不同类型的晶体形式存在，而且这些单质的不同晶型中，大都有一种是层状或链状晶体。

表 4-16 周期系中元素单质的晶体类型

ⅠA	ⅡA		ⅢA	ⅣA	ⅤA	ⅥA	ⅦA	0
（H_2）分子晶体								He 分子晶体
Li 金属晶体	Be 金属晶体		B 近于原子晶体	C① 金刚石：原子晶体；石墨：层状晶体	N_2 分子晶体	O_2 分子晶体	F_2 分子晶体	Ne 分子晶体
Na 金属晶体	Mg 金属晶体	ⅢB～ⅡB	Al 金属晶体	Si 原子晶体	P 白磷：分子晶体；黑磷：层状晶体	S 菱形、针形硫：分子晶体；弹性硫：链状晶体	Cl_2 分子晶体	Ar 分子晶体
K 金属晶体	Ca 金属晶体	过渡元素	Ga 金属晶体	Ge 原子晶体	As 黄砷：分子晶体；灰砷：层状晶体	Se 红硒：分子晶体；灰硒：层状晶体	Br_2 分子晶体	Kr 分子晶体
Rb 金属晶体	Sr 金属晶体		In 金属晶体	Sn 灰锡：原子晶体；白锡：金属晶体	Sb 黑锑：分子晶体；灰锑：层状晶体	Te 灰碲 层状晶体	I_2 分子晶体（具金属性）	Xe 分子晶体
Cs 金属晶体	Ba 金属晶体	金属晶体	Tl 金属晶体	Pb 金属晶体	Bi 层状晶体（近于金属晶体）	Po 金属晶体	At 分子晶体	Rn 分子晶体

① C_{60} 为分子晶体。

晶体结构的上述规律性变化导致了元素单质的性质特别是物理性质也呈现出一定的递变规律。元素单质的密度、硬度、熔点、沸点在同一周期大体呈现"两头小、中间大"的特征。

拓展阅读

金刚石和石墨都是碳，为什么硬度差别那么大？

金刚石是原子晶体，每个碳原子以 sp^3 杂化与其余四个碳形成四个共价键，呈正四面体结构，向周围延伸开，形成一体的致密结构，这个结构很不容易变形。

石墨是混晶，每个碳原子以 sp² 杂化与其余三个碳形成三个共价键，呈平面三角形结构，多余的电子形成离域键，这个结构扩展开来形成一层原子，然后很多这样的层之间靠分子间力吸引结合在一起。可以看出，这种多层重叠的结构整体上结合力不强，不如金刚石稳定，层间可以滑动、错开，所以石墨比较软。

金刚石是由原子构成的。金刚石属固态的非金属单质，由碳原子直接构成。在晶体中，碳原子按四面体成键方式互相连接，组成无限的三维骨架，是典型的原子晶体。

金刚石（diamond），俗称"金刚钻"，它是一种由碳元素组成的矿物，是石墨的同素异形体，化学式为C，也是常见的钻石的原身。金刚石是在地球深部高压、高温条件下形成的一种由碳元素组成的单质晶体。金刚石是自然界中天然存在的最坚硬的物质。石墨可以在高温、高压下形成人造金刚石。金刚石的用途非常广泛，如工艺品、工业中的切割工具，同时也是一种贵重宝石。

由于金刚石中的C—C键很强，所有的价电子都参与了共价键的形成，没有自由电子，所以金刚石不仅硬度大，熔点极高，而且不导电。在工业上，金刚石主要用于制造钻探用的探头和磨削工具，形状完整的还用于制造首饰等高档装饰品，其价格十分昂贵。

习题

一、判断题

1. 当主量子数 $n=2$ 时，角量子数 l 只能取 1。 （　　）
2. 已知某元素+2 价离子的电子分布式为 $1s^2 2s^2 2p^6 3s^2 3p^6 3d^{10}$，该元素在元素周期表中所属的分区为 f 区。 （　　）
3. HF 含有氢键。 （　　）
4. 磁量子数为零的轨道都是 s 轨道。 （　　）
5. 一个具有极性键的分子，其偶极矩一定不等于零。 （　　）
6. 相同原子间双键的键能是单键键能的两倍。 （　　）
7. BF_3 与 NF_3 都是 AB_3 型分子，所以它们都是 sp^2 杂化，形成平面三角形分子。
（　　）

二、问答题

1. 微观粒子运动规律的主要特点是什么？
2. 说明 4 个量子数的物理意义、取值要求和相互关系。
3. 什么是镧系收缩？
4. 分子间作用力有哪几种？分子间作用力大小对物质的物理性质有何影响？
5. 电负性数值与元素的金属性、非金属性有何联系？元素的电负性在元素周期表中有什么变化规律？
6. 写出下列离子的外层电子排布式，并指出它们属于何种外层电子构型。
（1）Zn^{2+}；（2）Ti^{4+}；（3）Pb^{2+}；（4）Cd^{2+}

7. 判断下列各组中两个物质的熔点高低。

(1) NaF、MgO；(2) BaO、CaO；(3) SiC、SiCl$_4$

8. 指出下列各组物质之间存在什么类型的分子间作用力。哪组分子间存在氢键？

(1) HF-HF；(2) N$_2$-N$_2$；(3) HCl-H$_2$O；(4) Cl$_2$-H$_2$O

9. 举例说明下列各词的含义

(1) 离子极化；(2) 极化力；(3) 变形性；(4) 附加极化作用

10. 按离子极化作用由弱至强的顺序排列下列各组物质：

(1) MgCl$_2$、NaCl、SiCl$_4$；

(2) NaF、CdS、AgCl。

11. 为什么干冰（CO$_2$ 固体）和石英的物理性质差异很大？石墨和金刚石都是碳元素的单质，为什么物理性质不同？

12. 根据元素周期表找出：

(1) H、Ar、Ag、Ba、Te、Au 中最大的原子；

(2) As、Ca、O、P、Ga、Sc、Sn 中电负性最大的原子。

第五章
化学与材料

化学是一门从原子、分子层面研究物质的组成、结构、属性、规律并创造新物质的学科，它在各行各业都发挥着举足轻重的作用。进入 21 世纪，许多新型材料通过化学手段被创造，它们为工程建设、科学探索、生物医学和新能源等领域的蓬勃发展提供了重要支撑。本章将从化学角度出发，主要介绍金属和非金属元素及其化合物的理化性质，并适当联系物质结构作简要阐释。同时，介绍工程上常见金属与非金属材料的性能与用途，以及为改善材料性能而使用的加工方法及相关化学原理。

 本章学习重点

1. 金属及其化合物的属性；
2. 几种重要金属及其化合物的应用；
3. 非金属及其化合物的属性；
4. 几种重要非金属及其化合物的应用；
5. 材料加工方法和相关原理。

第一节 ▶ 金属及其化合物的属性

目前，地球上已发现 87 种金属。其中，地壳中最多的是铝，而产量最高的则是铁。生活中，金属的应用比比皆是，小到一支钢笔，大到航天飞船。通过观察这些金属物质，可以发现它们有哪些特点呢？

一、金属的理化属性

首先，金属单质一般具有金属光泽和良好的导电、导热及延展性，且密度较大，熔点较高。其次，自由电子与金属正离子通过金属键结合形成晶体，金属键的键能与离子键或共价键相当。通过对金属物理性质的探究，可以发现一些规律，并将其进行分类。

第一种分类以物理性质为依据。按照色泽可将金属分为黑金属和有色金属。其中，黑金属为铁、锰、铬及其合金，其他则皆为有色金属。按照密度大小可将金属分为轻金属和重金属。以 $5\mathrm{g \cdot cm^{-3}}$ 为界线，低于该值的为轻金属，如铝、镁、钾、钠、钙等，而高于该值的则为重金属，如铜、钴、铅、锌、汞等。以上是金属常用的分类方法，除此以外，还可将一些在地壳中丰度值（克拉克值）低、提纯困难的金属，划为贵金属，如铂、金、银等；将一些在自然界含量较少、分布稀散、提取困难的金属，划为稀有金属。另外，还将原子核能自发地放射出射线的金属划为放射性金属。

第二种分类以化学性质为依据。通过其还原性强弱，分为活泼金属、中等活泼金属和不活泼金属。这些金属依照自身属性不同，呈现出一定的规律。首先，金属活动性顺序表中氢前面的金属能与弱氧化性强酸反应，置换出酸中的氢；其次，活泼性强的金属能与活泼性弱的金属盐溶液发生置换反应；最后，金属离子有氧化性，活泼性越弱的金属，其离子氧化性越强，而活泼性越强的金属，其离子还原性越强。

二、金属的作用规律

金属的物理属性主要体现在其形貌、结构和状态上，而金属的化学属性则主要体现在其与其他物质的作用或反应上，而这也决定了金属化合物的属性。

首先，金属会与空气（氧气）作用。还原性越强的金属，越容易与氧反应，其强度按元素周期表自上而下，逐渐增强。而还原性弱的金属，其在常温下与氧作用不明显，但在高温下会发生反应。金属与氧反应时，会在表面生成氧化物，这些氧化物构成了一层极薄的氧化膜，可阻止金属和氧的进一步作用。这种过程称为金属钝化。因此，金属和氧的反应速率除与本身的活泼性有关，还与其氧化物膜的性质有关。

$$m\text{M} + n/2\text{O}_2 \longrightarrow \text{M}_m\text{O}_n$$

其次，金属会与水反应。金属与水反应的程度也是依据其自身活泼性的强弱。同族金属，自上而下，反应程度逐渐增强；而同周期元素，自左向右，反应程度逐渐减弱。同时，依据电化学理论，水中的 $b(\text{OH}^-) = 10^{-7} \text{mol} \cdot \text{kg}^{-1}$；电势 $E(\text{H}_2\text{O}/\text{H}_2)$ 为 -0.413V。因此，若 $E(\text{M}^{n+}/\text{M}) < -0.413\text{V}$，则金属可与水反应；若反应产物含有难溶物 M(OH)_n，则可起保护作用。

$$\text{M} + n\text{H}_2\text{O} \longrightarrow \text{M(OH)}_n + n/2\text{H}_2$$

再次，金属会与酸反应。金属一般不与浓酸发生明显反应，因为浓酸与金属接触时，会在其表面生成一层氧化膜，阻碍进一步反应。而在稀酸中，则不会出现此类情况。金属与稀酸反应时，其活泼性越强，反应程度越大。而一些不活泼金属（如 Cu、Ag 等），由于它们的电势比硝酸负，因而也能与之反应。

$$\text{M} + n\text{H}^+ \longrightarrow \text{M}^{n+} + n/2\text{H}_2$$

那么，金属是否能和碱发生反应呢？正如前面所说，金属的反应程度不只和其自身活性相关，也和电势有关。碱中的 $b(\text{OH}^-) > 10^{-7} \text{mol} \cdot \text{kg}^{-1}$，所以金属会先与水发生反应。因此，金属与碱的反应，实质上是金属与水的反应。金属与稀酸反应后能溶于稀酸，那么与碱反应后是否能溶于碱呢？这主要取决于其氢氧化物是否可溶。如果生成的 M(OH)_n 可溶，则金属能溶于碱（如：K→K$^+$、Na→Na$^+$）；若不可溶，则会在金属表面形成氢氧化物膜，阻碍进一步反应。

最后，金属间会发生置换反应。金属与金属间的反应实质，就是金属的氧化还原反应。常态下，金属间的反应主要发生在溶液中，其能否自发，既可以用吉布斯函数变判断，也可以用电极电势判断。在无水条件下，金属间的反应能否发生？根据吉布斯函数的计量关系可以发现，有一些反应的焓变和熵变值皆为正，这种情况下是高温能自发而低温不能。金属的氧化还原也遵循这个规律。因此，在高温无水条件下，金属间可以发生置换反应，而此时常态下的金属活动性顺序已不再适用，需要用埃林汉姆图（图 5-1）进行判断。

从埃林汉姆图中可以看出，$\Delta_r G_m^{\ominus}$ 值越负，反应自发性越强，氧化产物越稳定。处于下方的金属可把处于上方的金属从其氧化物中置换出来。不同的温度下，各金属的置换能力也不同。基于此特性，在冶金生产中，常用 Ca、Mg、Al、Si、Mn 等作 Fe 的脱氧剂。

三、过渡金属

过渡金属通常具有多种价态，其主要分布于元素周期表的 d 区和 ds 区。第一过渡系主要包括：Sc、Ti、V、Cr、Mn、Fe、Co、Ni、Cu、Zn；第二过渡系主要包括：Y、Zr、Nb、Mo、Tc、Ru、Rh、Pd、Ag、Cd；第三过渡系主要包括：La、Hf、Ta、W、Re、Os、Ir、Pt、Au、Hg。过渡金属的熔、沸点高（呈"两头小，中间大"的规律），属耐高温金属。同时，其密度大，属重金属，且导电、导热性能良好。化学性质方面，第一过渡系金属的活性最高，其次是第二、三过渡系的金属。此外，过渡金属都有可变的氧化值，易作配合物的中心离子。同时，相关的水合离子大多有颜色，如 Cu^{2+} 呈蓝色，Ti^{3+} 呈紫色，Ni^{2+} 呈绿色，Co^{2+} 呈粉红色等。过渡金属元素的水合离子有色的原因众说纷纭，而主流观点是由于这些元素的离子外层电子构型中都有未成对的 d 电子。

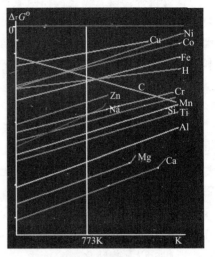

图 5-1　埃林汉姆图（Ellingham）

第二节 ▶ 几种重要金属及其化合物的应用

无论是自然界，还是日常生活中，常见的金属大多以化合物的形式存在。那么，在众多金属中，如何判断它们的重要性？评估它们重要性的标准是什么？

在古代，由于生产力较为落后，物质多以其稀有程度来判断其价值，因此，铂、金和银等贵金属被称为当时最重要的金属。随着人类社会的不断发展，一些新的金属被发现，比如钨、铬、锡等，它们被用于发明创造新的事物，被当时的人们称为重要金属。由此可以看出，金属的重要性其实并不取决于其自身属性，判断其是否重要，主要依据其应用领域。本节依照金属的相关应用，罗列了一些重要金属，并阐释了其化合物的应用。

一、钛及其化合物

钛（Ti），是一种稀有金属，具有银白色光泽，密度小、强度大、熔点高（1675℃）。钛具有极高的活泼性，其在炼钢时被用作脱氧剂和脱氮剂，以强化钢的机械性能。同时，钛也具有良好的钝化性，其在含氧环境下易形成致密的氧化物薄膜，可作为耐腐材料用于设备或建筑。而最为重要的是，钛还具有生物亲和性，其接入人体骨骼后，其他组织纤维可依附在其上进行生长。因此，钛在材料工程、建筑工程和生物医学工程中具有重要作用。

钛的化合物以二氧化钛和四氯化钛为主。纯净的无水二氧化钛呈白色粉末状，又称钛白粉。其不溶于水或稀酸，但能溶于氢氟酸或热的浓硫酸。二氧化钛可做光催化材料，应用于太阳能电池或光催化降解环境中的污染物；而四氯化钛在常温下是一种无色挥发性液体，有刺激性气味，水解后会产生白烟，可用于制备烟幕弹。

二、铬及其化合物

铬（Cr），是一种重金属，它具有高熔点、高沸点、高硬度等特点，化学性质极其稳定。铬常被镀在活泼金属表面，用于防腐处理，同时也是不锈钢材料的基本元素。铬的氧化物主要以氧化铬（Cr_2O_3）和三氧化铬（CrO_3）为主。氧化铬呈绿色细小立方结晶状，常用作颜料，或用于玻璃、瓷器的着色。三氧化铬呈暗红色或暗紫色斜方结晶状，可与H_2SO_4配成电镀液，但遇乙醇易燃。此外，铬的化合物还会以铬盐形式存在，如铬酸盐（K_2CrO_4）和重铬酸盐（$K_2Cr_2O_7$）。铬酸盐呈黄色结晶状，而重铬酸盐呈橙红色结晶状。它们彼此可以互相转化：

$$2CrO_4^{2-} + 2H^+ \rightleftharpoons 2HCrO_4^- \rightleftharpoons Cr_2O_7^{2-} + H_2O$$

此外，利用$Cr_2O_7^{2-}$的氧化性，可检测司机是否酒驾。相关反应式如下：

$$2Cr_2O_7^{2-} + 3C_2H_5OH + 16H^+ \longrightarrow 3CH_3COOH + 4Cr^{3+} + 11H_2O$$

值得一提的是，Cr(Ⅵ)属于一级致癌物，流入环境中不仅会破坏区域生态环境，还会随食物链进入人体，威胁人类健康安全。因此，开展Cr(Ⅵ)的检测和去除尤为重要。可以用显色或沉淀法对Cr(Ⅵ)进行检测，反应式如下：

$$H_2Cr_2O_7 + 4H_2O_2 \longrightarrow 2CrO_5 + 5H_2O$$

该反应所生成的产物过氧化铬不稳定，因此需要加入乙醚，使之进一步生成铬的配合物，方便后续回收。

三、锰及其化合物

锰（Mn），是一种过渡金属，呈灰白色，质地硬脆，具有多种化合价态。我国有句俗语"无锰不成钢"，这也道出了锰的重要用途——制造合金（锰钢）。在钢中加入2.5%~3.5%的锰，制成的低锰钢脆如玻璃；但加入13%的锰，制成的高锰钢质地坚实且富有韧性。锰最常见的化合态为高锰酸钾（$KMnO_4$），常用作医用消毒剂、工业漂白剂、脱脂剂。高锰酸钾相对稳定，但在200℃、光照或酸性介质中会缓慢分解，因此，其一般放于棕色瓶中避光独立保存。高锰酸钾在不同条件下的反应过程如下：

① $KMnO_4$在酸性溶液中： $MnO_4^- + 8H^+ + 5e^- \rightleftharpoons Mn^{2+} + 4H_2O$

② $KMnO_4$在中性或弱碱性溶液中：$MnO_4^- + 2H_2O + 3e^- \rightleftharpoons MnO_2(s) + 4OH^-$

③ $KMnO_4$在碱性溶液中： $MnO_4^- + e^- \rightleftharpoons MnO_4^{2-}$

四、稀土金属

稀土元素包括15种镧系元素与钇、钪。"稀土"是从18世纪沿用下来的名称，这是因为当时认为这类元素的矿物比较稀少，而且获得的氧化物难熔化，也难溶于水，酷似"土"。实际上，稀土元素在地壳中的含量比常见的金属元素铅、锌、锡等都高，其中以铈、镧和钕等元素的含量为最高。含量最低的稀土元素铥也比金、银、铂和汞要高。钷是人造放射性元素，几乎不存在于地壳中。稀土元素最重要的矿石是一种磷酸盐矿，又称为独居石。我国的内蒙古地区储藏有丰富的稀土矿石，是生产稀土金属的重要基地。

稀土金属单质一般呈银白色，延展性良好，还原性强，室温下可与空气生成稳定的氧化物。稀土金属的密度除钇外，都大于 $5g \cdot cm^{-3}$，都属于重金属，但其硬度不大，熔点在 $800 \sim 1660 ℃$ 之间。稀土金属会与水或酸发生剧烈反应，但其氢氧化物属于难溶物质，因此不与碱起作用。此外，稀土金属的硝酸盐、硫酸盐、溴酸盐及氯化物可溶，但草酸盐、碳酸盐和氟化物难溶。以上是稀土金属的常见主要属性。

稀土金属的用途十分广泛。最重要的用途就是作为金属的掺杂元素，提升金属原有属性。在合金中加入稀土元素一般可以细化晶粒，改善组织结构，因而可以增加其机械强度，改善其加工性能。例如，在不锈钢中加入少量的铈，能使其耐腐蚀性能显著增强；在铸铁中加入适量的铈，可使其强度提高一倍以上，耐磨性能和耐疲劳性能以及韧性都有提高；在防锈耐热钢中加入少量稀土后，能显著提高其热加工塑性，同时也增强了在高温下的抗氧化性；铈被认为是铝的最好合金元素，它能提高铝的机械强度。此外，稀土元素具有特殊的催化作用。稀土催化剂已广泛应用于化学工业和石油化学工业中。稀土分子筛催化剂可使石油裂化反应的催化效率和寿命大为提高；我国首创用稀土催化剂合成橡胶。铈的化合物能促进新陈代谢，可用于制造某些含稀土的药物；稀土作为酶的组成部分可用来制造微量元素化肥和农药，在农业上的应用有着广阔的前景。

其他方面的用途，稀土金属具有良好的吸氢和析氢性能，可以用于制作储氢材料。此外，铈、镨和钕为不良导体，可作为介电材料；而稀土金属的硫化物、硒化物和碲化物都是半导体，可用于电路板和芯片的制作。含稀土的陶瓷电容器具有耐高压、高温以及介电常数大、绝缘性能优良等特点。例如氧化钕，已被广泛用于陶瓷电容器的制作。

五、金属合金

合金，是由两种或两种以上的金属，或金属与非金属，经一定方法所合成的具有金属特性的混合物。它具有金属所应有的特征。例如，不锈钢就是含铬、镍、钛等金属的合金，而普通意义上的钢，则是含碳量介于 $0.02\% \sim 2.11\%$ 之间的铁碳合金。合金的结构比纯金属要复杂得多。根据合金中组成元素之间相互作用的不同，一般可将合金分为三种结构类型：相互溶解的形成金属固溶体；相互起化学作用的形成金属化合物；不起化学作用的形成机械混合物。前两类都是均匀合金；而后一类合金不完全均匀，其机械性能如硬度等性质一般是各组分的平均，但其熔点降低。

一种溶质元素（金属或非金属）原子溶解到另一种溶剂金属元素（较大量的）的晶体中形成一种均匀的固态溶液，这类合金称为金属固溶体。金属固溶体在液态时为均匀的液相，转变为固态后，仍保持组织结构的均匀性，且能保持溶剂元素原来的晶格类型。按照溶质原子在溶剂原子格点上所占据的位置不同，又可将金属固溶体分为置换固溶体和间隙固溶体。在间隙固溶体中，溶质原子占据了溶剂晶格中的间隙位置。一般晶体中空隙愈大，结构愈疏松，愈易形成间隙固溶体。间隙固溶体有助于晶体的硬度、熔点和强度的提高。在置换固溶体中，溶质原子部分占据了溶剂原子格点的位置。当溶质元素与溶剂元素在原子半径、电负性以及晶格类型等方面都相近时，形成置换固溶体。例如钒、铬、锰、镍和钴等元素与铁都能形成置换固溶体。应当指出，当溶剂原子格点溶入溶质原子后，多少能使原来的格点发生畸变，它们能阻碍外力对材料引起的形变，因而使固溶体的强度提高，同时，其延展性和导电性将会下降。固溶体的这种普遍存在的现象称为固溶强化。固溶体的强化原理对钢的性能和热处理具有重大意义。

当合金中加入的溶质原子数量超过了溶剂金属的溶解度时，除能形成固溶体外，同时还会出现新的相。金属化合物种类很多，从组成元素来说，可以由金属元素与金属元素组成，也可以由金属元素与非金属元素组成。前者如 Mg_2Pb、$CuZn$ 等；后者如硼、碳和氮等非金属元素与 d 区金属元素形成的化合物，分别称为硼化物、碳化物和氮化物，它们具有某些独特的性能，对金属和合金材料的应用起着重要作用。

常见的金属合金材料有以下几种：

(1) 轻金属和轻合金

轻金属集中于周期表 s 区以及与其相邻的某些元素。除铍和镁外，其余 s 区金属单质都比较软且很活泼，所以工程上使用的主要是镁、铝和钛等金属以及由它们所形成的合金。由于轻合金密度小的优势，其在交通运输、航空航天等领域得到广泛的应用，并且是重要的轻型结构材料。

① 镁和镁合金　镁的密度仅为 $1.738 g \cdot cm^{-3}$，是工业上常用金属中最轻的一种。纯镁的机械强度很低。镁的化学性质活泼，在空气中极易被氧化，且镁的氧化膜结构疏松，不能起保护作用。纯镁的用途首先是配制合金，其次是用于制造照明弹、烟火等。镁合金中加入的元素主要有铝、锌和锰等。在一定含量范围内，铝和锌的加入能使镁合金的晶粒细化、强度提高，锰的加入可提高材料的抗蚀能力。镁合金的密度小，单位质量材料的强度（比强度）高，能承受较大的冲击载荷，具有优良的机械加工性能。一般用于制造仪器、仪表零件，飞机的起落架轮，纺织机械中的线轴、卷线筒以及轴承体等。

② 铝和铝合金　铝具有良好的导电、导热性能，铝表面生成的氧化膜十分稳定，具有保护作用，通过阳极氧化制作的人工氧化膜耐蚀性更高。铝主要用于制作建筑材料、导电材料以及食品包装材料等。铝合金中加入的元素主要有镁、锰、铜、锌和硅等。铝合金通过一定温度的热处理后快速冷却，产生的过饱和固溶体放置一段时间后，会逐渐析出金属化合物，此时合金的强度将有显著的提高（这种现象称为"时效硬化"）。铜、镁为主的铝合金（例如含质量分数 $3.8\%\sim4.9\%$ 的铜，$1.2\%\sim1.8\%$ 的镁和 $0.3\%\sim0.9\%$ 的锰）通过上述处理时效硬化后得到的硬铝在飞机制造工业中用作蒙皮、构件和铆钉等。铝合金也可以用来制造内燃机活塞、汽缸等。

③ 钛和钛合金　纯钛具有较高的熔点和强度，密度为 $4.54 g \cdot cm^{-3}$，单位质量材料的强度特别高，可以在极广的温度范围内保持其机械强度，在 $600℃$ 以下具有良好的抗氧化性，对海水及许多酸具有良好的耐蚀性。此外，地壳中钛的储量极为丰富。工业钛是制造化工设备、船舶用零件等的优良材料。钛合金中加入的元素主要有铝、钒、锡、铬、钼、锰和铁等。这些合金元素能与钛形成置换固溶体或金属化合物而使合金强度提高。此外，铝的加入还能改善合金的抗氧化能力，钼可显著提高合金对盐酸的耐蚀性，锡能提高合金的抗热性。钛合金是制造飞机、火箭发动机、人造卫星外壳、宇宙飞船船舱等的重要结构材料。例如，火箭发动机壳材料广泛使用的钛合金中含有质量分数 6% 的铝和 4% 的钒。钛和钛合金已成为一种极有发展前途的新型结构材料，它们的年产量呈上升趋势。我国钛的产量居世界前茅。

(2) 合金钢和硬质合金

处于周期表 d 区的副族金属具有熔点高、硬度大的特点，它们作为合金元素加入碳钢中制成合金钢，可满足某种特殊的性能要求。也可以利用它们与硼、碳、氮等非金属元素形成高熔点、高硬度的硼化物、碳化物、氮化物制成硬质合金。合金钢中常用的合金元素有 d 区的钛、锆、钒、铌、铬、钼、钨、锰、钴、镍以及 p 区的铝和硅等。这些元素在碳钢中能形成固溶体或金属化合物。由于合金元素的原子半径和晶格类型与碳钢中碳的原子半径和晶格类型不同，合金元素的加入会引起碳钢晶格的畸变，因而可提高钢的抗变形能力；同时钢的硬度、强度增大，而韧性、塑性下降。合金钢与含碳量相同的普通碳钢相比，具有晶粒细、耐磨性和韧性良好的优点，以及更高的机械性能和其他特殊性能（如耐酸、耐热、高强度）。例如，一般工具钢刀具在温度高达 300℃ 以上时硬度就显著降低，使切削过程不能进行。但高速钢刀具在温度接近 600℃ 时，仍能保持足够的硬度和耐磨性，因而在较高的切削速度下仍能进行切削。这主要是由于在高速钢中含有大量钨、钼、钒的碳化物。又如，铬质量分数大于 12% 的不锈钢具有良好的抗蚀能力；钢中加入铬、铝和硅，由于能生成具有保护性的氧化膜，这种合金钢具有良好的耐热性，称为高温合金；锰质量分数为 12% 的锰钢具有很高的耐磨性。我国是铬、镍资源较为贫乏的国家，开拓和研究含锰等金属元素的合金钢是重要课题。

(3) 低熔金属和低熔合金

第 Ⅰ A 主族、第 Ⅱ B 族以及 p 区金属大多数是熔点较低的金属。但由于第 Ⅰ A 族金属活泼，而 p 区的镓、铟、铊等资源稀少，常用的多为汞、锡、铅、锑和铋等低熔金属及其合金。由于汞在室温时呈液态，而且在 0～200℃ 体积膨胀系数很均匀，又不浸润玻璃，因而常用于温度计、气压计中的液柱。汞也可作恒温设备中的电开关接触液。当恒温器加热时，汞膨胀并接通了电路从而使加热器停止加热；当恒温器冷却时，汞便收缩，断开电路使加热器再继续工作。锌、镉、汞的晶体结构都较特殊，尤其是汞。汞的晶体结构较不规则，晶格变形较大，格点上微粒之间距离也较长，相互作用力较小，这大概是汞熔点低的原因。汞容易与多种金属形成合金。汞的合金叫作汞齐。必须指出，汞有一定的挥发性，汞的蒸气有毒。由于汞的密度较大，又是液体，使用时如果不小心，容易溅失。溅失的汞滴必须谨慎地收集起来。由于锡容易与汞形成合金，锡箔能被汞浸润，因此可以用来回收遗留在缝隙处的汞。汞与硫黄也容易直接化合，因此，把滴散的汞回收以后，可以在可能遗留有汞的地方应撒上一层硫黄，使其生成硫化汞。汞与铁几乎不生成汞齐，所以除瓷瓶外，汞也可以用铁罐来贮运。

(4) 金属电工材料

金属具有较高的导电性，因此在电工中用作导电材料。导电材料可分为常用导电材料和特殊导电材料两大类。常用导电材料一般用于电流的输送，要求材料具有良好的导电性能，并具有一定的机械强度和抗腐蚀性；而特殊导电材料则应具有某种特殊的电性能以及电学物理量与其他物理量相互转换的功能。

① 常用导电材料　铜和铝是目前最常用的导电材料，一般选用它们的纯金属。导电用铜常选用含铜质量分数为 99.90% 的工业纯铜，在某些电子仪器用零件以及高精密仪器、仪表中还需用无氧铜或无磁性高纯铜。在某些仪器、仪表的特殊零件等场合，除要求具有良好导电性能外，还要求提高机械强度、弹性和韧性以及电阻随温度变化的稳定性，需用铜合

金，如银铜合金、铬铜合金、铍铜合金等。导电用铝常选用含铝质量分数在99.50%以上的工业纯铝，也有使用铝合金的，以提高材料的强度和耐热性。

② 特殊导电材料 电阻合金是特殊导电材料中的一种。与常用导电材料相比，电阻合金具有较大的电阻率，此外，一般还要求具有不大的电阻温度系数、电阻值稳定可靠以及在恶劣环境下工作的能力（要求耐热、耐湿、耐蚀）等。常用的电阻合金有铜锰、铜镍和铜铬等合金。例如，一种铜锰合金的平均电阻温度系数为 2×10^{-6}，电阻值几乎不受温度变化的影响。与此相反，对温度敏感的热敏电阻器则希望具有更高的电阻温度系数。用铂金属制作的铂热敏电阻器，在温度为0～100℃范围内平均电阻温度系数为 3.927×10^{-3}，可以用于温度的测量。国际上以标准铂电阻温度计作为国际温标自13.81K到903.89K范围内的基准器，它的精度可达0.001K，甚至0.0001K。

③ 阴极材料 通常位于s区的金属导电性一般较好。值得注意，它们不仅在外电场下能导电，而且有些金属如铯经光照射后会逸出电子，产生电流。这是由于铯原子的最外层只有1个s电子，且原子半径较大，它的电离能很小。这样，电子从其表面逸出所需要的能量也小。当铯受到光照射时，电子就会从其表面逸出。这种现象称为光电效应。铯、铷和钾都具有这种产生光电效应的性能，可用来制造光电管中光电阴极的材料。由于光电管能把光信号迅速而灵敏地转变为电信号，因此在科学技术中得到广泛应用。

(5) 超导材料

一般金属材料的电导率会随温度的下降而增大，而当温度在接近绝对零度时，随着温度的下降，其电导率趋近于一有限的常数。而对某些纯金属或合金等有所例外，它们在某一特定的温度附近，其电导率将突然增至无穷大，这种现象称为超导电性。具有超导电性的材料称为超导材料。超导材料从一有限电导率的正常状态向无限大电导率的超导态转变时的温度称为临界温度，常用 T_c 表示。除温度对超导电性有影响外，外加磁场和通过电流的强度也会影响材料的超导电性。将处于超导态的材料置于一定强度的磁场中，其磁感应强度将为零，呈完全的抗磁性。而当外加磁场强度超过某临界值时，或通过超导体的电流强度超过某临界值时，将会使材料从超导态回到正常态。该磁场强度或电流强度的临界值分别称为临界磁场（用 H_c 表示）或临界电流（用 I_c 表示）。所以，材料的超导电性是受温度以及外加磁场和电流限制的。材料的超导电性将给科学技术的发展带来新的革命，在国民经济各领域中具有广阔的应用的前景。例如，利用超导材料的超导电性，可制造超导发电机、电动机，大大减轻其重量、体积并提高输出功率。利用超导材料的抗磁性，超导磁铁与铁路路基导体间产生磁性斥力，可制成超导悬浮列车，其具有阻力小、能耗低、无噪声和时速大（目前这类试验性列车的运行速率可达到600km/h）等优点，是一种很有发展前途的交通工具。

第三节 ▶ 非金属及其化合物的属性

与金属不同，非金属在常态下为气体或没有金属特性的脆性固体或液体，大多数非金属是易碎的，而且密度比金属低。非金属是热的不良导体、电的绝缘体，除石墨状态下的碳。除稀有气体以单原子分子存在外，其他所有非金属单质都至少由两个原子通过共价键结合在一起。除氢以外，其他非金属元素都排在周期表的右侧和上侧，属于p区。非金属单质具有较多的价层电子,可以形成双原子分子气体或骨架状、链状、层状大分子晶体结构。当温度或压力等条件发生变化时,金属和非金属之间可能转化。例如:锡在低温下可变成非金属的灰锡。

非金属可以大致分为三类:第一类是稀有气体及 O_2、N_2、H_2 等,它们一般状态下为气体,固体为分子晶体,熔沸点很低;第二类是多原子分子,如 CO_2、N_2 等,一般状态下为气体或固体,固体熔沸点低,但比第一类高;第三类是大分子单质,如金刚石、晶态硅等,属原子晶体,熔沸点高。

非金属中,氧和卤素能和大多数活泼金属直接反应,高温或高压放电下氮也会和金属反应。而常温下,除白磷外,非金属元素与氧反应均不明显,且非金属单质中只有卤素能与水反应,例如 F_2 的置换反应和 Cl_2 的歧化反应。此外,常温下,非金属元素不与非氧化性酸反应,但硫、磷、碳、硼等能和浓硝酸或热浓硫酸反应。值得一提的是,氯和碱的反应,实质是氯和水反应后再和碱发生中和反应。其他卤素也有类似反应。

非金属化合物主要包括以下几类。

一、卤化物

卤化物是指卤素与电负性比卤素小的元素所组成的二元化合物。除 He、Ne、Ar 外,几乎所有元素都能和卤素形成化合物。活泼金属的氯化物如 NaCl、KCl、$BaCl_2$ 等的熔点、沸点较高;非金属的氯化物如 PCl_3、CCl_4、$SiCl_4$ 等的熔点、沸点都很低;而位于周期表中部的金属元素的氯化物如 $AlCl_3$、$FeCl_3$、$CrCl_3$、$ZnCl_2$ 等的熔点、沸点介于两者之间,大多偏低。离子型卤化物中 NaCl、KCl、$BaCl_2$ 熔点、沸点较高,稳定性好,受热不易分解,这类氯化物的熔融态可用作高温时的加热介质,叫作盐熔剂。CaF_2、NaCl、KBr 晶体可用作红外光谱仪棱镜。

ⅠA、ⅡA 族氯化物一般情况下不水解,高温下才能水解;金属氯化物在水中会发生水解,生成碱式盐和盐酸;非金属氯化物在水中会发生水解,生成盐酸和另一种酸。主要化学反应如下:

$$2NaCl + H_2O(g) \longrightarrow Na_2O + 2HCl(g)$$
$$SnCl_2 + H_2O \longrightarrow Sn(OH)Cl(s) + HCl$$
$$PCl_5 + 4H_2O \longrightarrow H_3PO_4 + 5HCl$$

二、氧化物

氧化物是指电负性比氧小的元素与氧形成的二元化合物。一般位于 s 区的元素的氧化物为离子晶体,熔沸点较高;位于 p 区的元素的非金属氧化物为分子晶体,熔沸点较低;位于 d 和 ds 区的元素的金属氧化物为过渡型晶体。氧化物与氯化物类似,但也存在一些差异。金属性强的元素的氧化物如 Na_2O、BaO、CaO、MgO 等是离子晶体,熔点、沸点大都较高。大多数非金属元素的氧化物如 SO_2、N_2O_5、CO_2 等是共价型化合物,固态时是分子晶体,熔点、沸点低。但与所有的非金属氯化物都是分子晶体不同,非金属硅的氧化物 SiO_2(方石英)是原子晶体,熔点、沸点较高。大多数金属性不太强的元素的氧化物是过渡型化合物,其中一些较低价态金属的氧化物如 Cr_2O_3、Al_2O_3、Fe_2O_3、NiO、TiO_2 等可以认为是离子晶体向原子晶体的过渡。

三、氧的水合物

正常氧化物含氧离子 O^{2-}，属酸性氧化物；过氧化物含过氧离子 O_2^{2-}，属碱性氧化物；超氧化物含超氧离子 O_2^-，属两性氧化物；臭氧化物含超臭离子 O_3^-，属中性氧化物。

氧的水合物可以看作氢氧化物 $R(OH)_n$ 的形式，n 是元素 R 的氧化数。n 值较大，水合物则变为酸的形式。例如：$N(OH)_5$ 写为 HNO_3+2H_2O，$S(OH)_6$ 写为 $H_2SO_4+2H_2O$。碳酸及其盐是典型的氧的水合物。CO_2 溶于水，其溶液呈酸性，因此习惯上称其为碳酸。碳酸盐分正盐（碳酸盐）和酸式盐（碳酸氢盐）两类；唯有碱金属（除 Li）和铵的碳酸盐易溶于水；对于其他难溶金属碳酸盐，其酸式盐溶解度相对较大。此外，氮、硫、氯的含氧酸及其盐也是典型的氧的水合物。

氮是一种多氧化物元素，硝酸、硝酸盐和亚硝酸盐为常用氧化剂。硝酸分子不稳定，光照会分解。硝酸有多种还原产物：$NO_2(g)$ 红棕色、$N_2O_3(l)$ 蓝色、$NO(g)/N_2O(g)/N_2(g)$ 无色。值得一提的是，硝酸被还原的程度，一方面取决于还原剂，另一方面取决于其自身程度。低温时，硝酸可使钛、铬、铝、铁、钴、镍等金属钝化，生成致密氧化膜，阻止进一步反应。加热后，反应照常。固体硝酸盐的热分解规律如下：最活泼金属的硝酸盐生成氧和亚硝酸盐；在 Mg 和 Cu 之间的金属硝酸盐生成氧、二氧化氮、金属氧化物；Cu 之后的金属硝酸盐生成氧、二氧化氮、金属单质。

相比于氮的含氧酸，硫的含氧酸比较简单且普遍，它可作氧化剂，如硫酸、过二硫酸盐；也可作还原剂，如硫化氢、亚硫酸钠、硫代硫酸钠。而氯有四种含氧酸，在酸性溶液中都是强氧化剂。其中，次氯酸作为漂白剂和杀菌剂应用最广，氯酸钾用于制备炸药，高氯酸盐用于制备火箭助推剂。

$$HClO+H^++2e^-\longrightarrow Cl^-+H_2O$$

$$HClO_2+3H^++4e^-\longrightarrow Cl^-+2H_2O$$

$$ClO_3^-+6H^++6e^-\longrightarrow Cl^-+3H_2O$$

$$ClO_4^-+8H^++7e^-\longrightarrow 1/2Cl_2+4H_2O$$

在含氧酸盐中，如果酸不稳定，对应的盐也不稳定；同种酸，其正盐的稳定性大于酸式盐、大于酸；同一酸根，碱金属盐＞碱土金属盐＞过渡金属盐＞铵盐；同一成酸元素，高氧化数＞低氧化数。硝酸盐、亚硝酸盐、高锰酸盐等的热分解属于氧化还原反应，碳酸盐、硫酸盐等的热分解属于非氧化还原反应。

第四节 ▶ 几种重要非金属及其化合物的应用

无机非金属材料简称无机材料，有悠久的历史。近几十年来，得到了飞速发展。它包括各种金属与非金属元素形成的无机化合物和非金属单质材料。主要有传统硅酸盐材料和新型无机材料等。前者主要是指陶瓷、玻璃、水泥、耐火材料、砖瓦、搪瓷等以天然硅酸盐为原料的制品。新型无机材料是用人工合成方法制得的不含硅或含很少 SiO_2 的材料，它包括一些不含硅的氧化物（单一氧化物如 Al_2O_3 和复合氧化物如 $BaO·TiO_2$ 即 $BaTiO_3$ 等）、氮化物、碳化物、硼化物、卤化物、硫化合物和碳素材料（如石墨）以及其他非金属单质（硒）等。这些物质均需经高温处理才能成为有用的材料或制品。

一、半导体材料

与金属依靠自由电子导电不同，半导体中有两类载流子（电子和空穴）。由于半导体禁带较窄，不需太多的能量就能使少数具有足够热能的电子从满带（又称为价带）激发到空带（又称为导带），而在价带中留下空穴。因为价带中的电子原来已满，是定域的，不能在晶体中自由运动，所以不起导电作用，而导带中的电子几乎可以自由地在晶体中运动而传导电流。价带中有电子被激发而留下空穴，在外电场作用下，价带中的其他电子就可受电场作用而移动来填补这些空穴，但这些电子又留下新的空穴，因此空穴不断转移，就好像是带正电的粒子沿着与上述移动电子相反的方向转移。这就是说，半导体的导电是由电子和空穴这两类载流子的迁移来实现的，即受热激发到导带中的电子和价带中的空穴同时都对半导体的导电作出贡献。半导体的应用十分广泛，形成了门类众多的半导体技术。半导体的应用主要是制成具有特殊功能的元器件，如晶体管、集成电路、整流器和可控整流器、半导体激光器、发光二极管以及各种光电探测器件、各种微波器件、太阳能电池等。就半导体材料而言，目前以掺杂硅、锗、砷化镓应用最多。如果将一个 p 型半导体与一个 n 型半导体相接触，组成一个 p-n 结，这时由于两类半导体的空穴和电子数不等，会产生接触电势差，在 p-n 结上电流只能沿一个方向流过，所以 p-n 结是个整流器。可以说整个晶体管技术就是在 p-n 结的基础上发展起来的。把各种类型的半导体适当组合，可制成各种晶体管。随着超精细加工小型化技术的发展，半导体材料可制成各种集成电路，广泛用于电子计算机、通信、雷达、宇航、制导、电视等技术。

二、低温材料

低温材料范围很广，这里主要介绍无机低温介质材料，以及一些低分子有机低温介质材料。许多分子晶体由于其熔点、沸点很低，在实验室和工程实际中广泛用作低温冷溶和低温介质材料。例如，冰、液氨、干冰（固态 CO_2）、液氮、液氩、液氦以及一些低分子有机化合物（如氯仿、二硫化碳、四氯化碳及氟利昂等）是常用的制冷剂。对于工业上较大规模使用的制冷剂，还要考虑有较大的比热容与蒸发潜热、较小的腐蚀性与毒性、价廉等。较常用的有水、冰水混合物、冰水和食盐的混合物、液氨、液氮等。要获得更低的温度就需使用较为昂贵的液氩、液氖、液氦。利用液氦可获得 4×10^{-9} K 的超低温。由于氦的沸点低（约 4.3K）且性质接近于理想气体，所以适合于作超低温温度计。

三、硅酸盐材料和耐火材料

硅酸盐是硅酸或多硅酸的盐，在自然界分布很广，硅酸盐和硅石（SiO_2）是构成地壳的主要组分。长石、云母、石棉、黏土等都是天然硅酸盐，它们的化学式很复杂，可以把它们看作二氧化硅和金属氧化物的复合化合物。天然硅酸盐的用途很广，是工业上的重要材料，也是制造玻璃、陶瓷、耐火材料、水泥等的原料。花岗岩和黏土都是重要的建筑材料。石棉能耐酸耐热，可用作保温材料。云母透明且耐热，可用作炉窗和电子仪器的绝缘材料。泡沸石可用作硬水的软化剂。天然硅酸盐不论组成多么复杂，也不论是哪种金属正离子，就其晶体内部结构来说，基本结构单元都是 SiO_4 四面体。

耐火材料一般是指耐火温度不低于 1580℃，并在高温下能耐气体、熔融金属、熔融炉渣等物质侵蚀，而且有一定机械强度的无机非金属固体材料，可用于高炉、平炉、炼钢电炉、各种热处理加热炉、电炉等。常用耐火材料的主要组分是一些高熔点氧化物，按其化学性质可分为酸性、碱性和中性。酸性耐火材料的主要组分是 SiO_2 等酸性氧化物，如硅砖；碱性耐火材料的主要组分是 MgO、CaO 等碱性氧化物，如镁砖；中性耐火材料的主要组分是 Al_2O_3、Cr_2O_3 等两性氧化物，如高铝砖。酸性耐火材料在高温下易与碱性物质发生反应而受到侵蚀；碱性耐火材料在高温下易受酸性物质的侵蚀；而中性耐火材料由于 Al_2O_3、Cr_2O_3 等两性氧化物经高温灼烧后生成了一种化学惰性的变体，既不易与酸性物质作用，又不易与碱性物质作用，因而抗酸碱侵蚀的性能较好。所以选用耐火材料时必须注意耐火材料及周围介质的酸碱性。用 SiC、氮化硅（Si_3N_4）和石墨等可制成比上述材料更耐高温又抗腐蚀的特种耐火材料，但其抗高温氧化性能不如氧化物耐火材料。

四、耐热高强结构材料

随着各种新技术的发展，特别是空间技术和能源开发技术，对耐热高强结构材料的需要日趋迫切。例如，航天器的喷嘴、燃烧室内衬、喷气发动机叶片等。非氧化物系等新型陶瓷材料，如 SiC、BN、Si_3N_4 等，有可能同时满足耐高温和高强度的双重要求，而成为目前最有希望的耐热高强结构材料。碳化硅是具有金刚石型结构的原子晶体，熔点高（2827℃）、硬度大（近似于金刚石），所以又称为金刚砂。它具有优良的耐热和导热性，抗化学腐蚀性能也很好，即使在高温下也不受氯、氧或硫的侵蚀，不与强酸作用，甚至发烟硝酸和氢氟酸的混合酸也不能侵蚀它。但由于制作上的困难，长期以来，SiC 并没有以其优良性能为人们所广泛利用，而只用作磨料和砂轮等。一直到近 20 年来，在制造技术上有重大突破以后，制得了高致密（密度很大）的碳化硅，其才开始焕发光辉，跻身于新型重要无机材料之中。高致密的碳化硅耐高温、抗氧化，在高温下又不易变形，是很好的高温结构材料。在空气中可在 1700℃ 高温下稳定使用，可作高温燃气轮机的涡轮叶片、高温热交换器、火箭的喷嘴及轻质防弹用品等。SiC 还可用作电阻发热体、变阻器、半导体材料（单晶）。例如，若用 SiC 或 Si_3N_4 制成陶瓷发动机（柴油机或燃气轮机）有望将工作温度从现在的 1100℃ 提高至 1200℃ 以上，则热机效率可由目前的 40% 提高到 50% 以上，可节省燃料 20%～30%。

第五节 ▶ 材料加工方法和相关原理

无论是金属材料还是非金属材料，在被应用于实际场景时，都需要经过一定的加工程序，以保证其适应性。材料加工方式主要包括电抛光、电解加工和非金属电镀等。

一、电抛光

电抛光是金属表面精加工方法之一。用电抛光可获得平滑而有光泽的金属表面。电抛光的原理是在电解过程中，利用金属表面上凸出部分的溶解速率大于金属表面上凹入部分的溶解速率，从而使金属表面平滑光亮。电抛光时，将工件（钢铁）作为阳极材料，可用铅板作为阴极材料，在含有磷酸、硫酸和铬酐（CrO_3）的电解液中进行电解。此时工件（阳极）铁的表面（被）氧化而溶解。产生的 Fe^{2+} 能与溶液中的 $Cr_2O_7^{2-}$（铬酐在酸性介质中形成 $Cr_2O_7^{2-}$）发生氧化还原反应。生成的 Fe^{3+} 又进一步与溶液中的磷酸二氢根生成磷酸二氢盐 $[Fe(H_2PO_4)_3]$ 和硫酸盐 $[Fe_2(SO_4)_3]$。由于阳极附近盐的浓度不断增加，在金属表面形成一种黏性薄膜。这种薄膜的导电性不良，并能使阳极的电极电势代数值增大；在金属凹凸不平的表面上黏性薄膜厚薄分布不均匀，凸起部分薄膜较薄，凹入部分薄膜较厚，因而阳极表面各处的电阻有所不同。凸起部分电阻较小，电流密度较大，这样就使凸起部分比凹入部分溶解得更快，于是粗糙的平面逐渐变得平整。

二、电解加工

电解加工是利用金属在电解液中可以发生阳极溶解的原理，将工件加工成型。就阳极溶解来说，它与电抛光相似。但电抛光时，阳极和阴极之间距离较大（100mm 左右），电解液在槽中是不流动的，因此，通过的电流密度小，金属去除率低，不能用来明显地改变阳极（工件）的原有形状。电解加工时，工件作为阳极，模件（工具）作为阴极。两极之间保持很小的间隙（0.1~1mm），使高速流动的电解液从中通过以达到输送电解液和及时带走电解产物的目的，使阳极金属能较大量地不断溶解，最后变为与阴极模件表面相吻合的形状。阴极与阳极之间距离最近的地方电阻最小，通过的电流密度最大，所以此处溶解得最快。随着溶解的进行，阴极不断地向阳极推进，阴极与阳极之间距离差别逐渐缩小，直到间隙相等，电流密度均匀，此时工件表面形状已与模件表面形状吻合。

三、非金属电镀

金属电镀是众所周知的，但在非金属如塑料、陶瓷、玻璃、木材等材料上进行电镀是否有可能呢？目前，在非金属材料上进行电镀已经可以实现，其关键是采用化学镀的方法，使非金属表面转变为金属表面，然后再进行一般的电镀，以达到一定的工艺要求。化学镀是指使用合适的还原剂使镀液中的金属离子还原成金属而沉积在非金属零件表面的一种镀覆工艺。为使金属的沉积过程只发生在非金属零件表面上而不发生在溶液中，需先将非金属表面进行预处理，使非金属表面具有催化性能，从而使还原剂能在非金属表面的催化作用下进行还原。以常用的 ABS 工程塑料的化学镀铜为例，主要包括以下步骤：

① 除油，除油的目的是清除表面的污垢，提高镀层的结合力，一般可用碱和有机溶剂等溶液进行除油。

② 粗化，粗化的作用是使塑料零件表面呈微观粗糙不平的状态，以增大镀层与塑料间的接触面。

③ 敏化，敏化的作用是在经粗化的零件表面上吸附一层易于氧化的金属离子（如 Sn^{2+}），用于还原某一金属离子（如 Ag^+）。最常用的敏化剂是氯化亚锡的酸性溶液。

④ 活化，活化是在镀层表面吸附一层具有催化活性的金属微粒，形成催化中心，使 Cu^{2+} 能够在这些催化中心上发生还原作用。

经过上述处理的零件，其表面已经有了具有催化活性的金属粒子。此时将该零件置于含有铜离子及还原剂的水溶液中，使其发生催化还原作用而连续地沉积出金属铜。

除了上述方法外，对于金属材料表面的加工，还包括渗碳、渗氮或渗硼等化学热处理、金属的发黑处理和磷化处理等，这些处理有利于延长金属材料的使用寿命，增强其理化属性。

四、金属表面热处理

一般热处理是通过一定的加热、保温和冷却,以改变金属的组织和性能,它包括退火、正火、淬火和回火等工艺。例如,钢的退火是将工件加热到一定温度、经保温后缓慢冷却至室温的热处理工艺,它可以达到提高钢的塑性、降低其硬度、消除内应力、便于切削加工等目的。在机器制造中,许多工件在锻造、冲压、焊接以后,常需进行退火处理,以保持其原来的组织结构。而钢的淬火是将工件加热到更高温度,经保温后迅速冷却的热处理工艺。由于工件的迅速冷却,钢中的过量碳(以 Fe_3C 的形式存在)在铁固溶体中处于过饱和状态,使钢的晶格发生强烈变形,因而可以使钢硬而脆,但内应力增大。淬火可以改变整个工件的特性,也可以仅针对其表面进行处理。工件的整体淬火常在盐浴炉内进行,利用熔融盐保持一定温度。例如,以 $BaCl_2$ 作盐浴,工作温度可在 1100~1350℃;以 NaCl 作盐浴,工作温度则在 850~1100℃。如果将工件表面通过快速加热,在热量来不及传导至工件基体之前立即迅速冷却,可以使工件基体仍保持原来的强度和韧性,而其表面则具有一定的硬度。机械设备中的齿轮、轴颈等工件都可采用表面淬火处理。

化学热处理则是将工件放在一定介质气氛中加热到一定温度,利用金属与介质发生化学反应而使工件表面的化学成分发生变化,以达到表面与工件基体具有不同的组织结构与性能的目的。它包括渗碳、渗氮、碳氮共渗、渗硼以及渗金属等工艺。经化学热处理的工件表面性能常比表面热处理有较大范围的改善,它的硬度更高,耐磨性更好,某些还具有耐热、耐蚀、抗疲劳等特性。渗碳是使碳原子渗入金属表面使其形成金属碳化物的过程。渗碳的工作介质有固体、气体和液体等三大类,如碳、烃类、碳酸盐等。尽管工作介质的品种繁多,但渗碳过程的实质上都包括三个基本过程:工作介质(渗碳剂)的分解、生成活性的碳原子、活性碳原子被金属表面吸收扩散形成渗碳层。与之对应的,渗氮则是使氮原子渗入金属表面使其形成金属氮化物(如 Fe_2N、Fe_4N 等)的过程,常用氨作为渗氮的工作介质,氨在渗氮温度(常为 753~973K)下可分解出活性氮原子,形成的氮化物可使工件具有很高的硬度和良好的耐磨性、耐蚀性和抗疲劳性。渗硼可使金属表面形成金属硼化物(如 FeB、FeB_2)。渗硼剂种类很多,使用的含硼化合物有硼砂($Na_2B_4O_7 \cdot 10H_2O$)、碳化硼(B_4C)等,它们在高温反应时可分解出活性硼原子。渗硼层具有很高的硬度和耐磨性、耐蚀性,但它的脆性较大,因而渗硼的应用受到一定的限制。渗金属能使钢工件表面具有某些合金钢或特种钢的特性,如耐磨、耐蚀以及耐热等性能。例如,渗铝和渗硅可提高抗氧化能力,渗铬可提高抗蚀性和耐磨性。由于金属原子的半径比碳、氮、硼等原子要大,因而金属原子在工件金属晶格中的扩散较为困难,渗金属工艺一般采用的温度比较高,时间也较长。

五、金属防腐

金属材料的腐蚀给国民经济带来了不可估量的损失。为了防止金属腐蚀,除采取改变金属本身的组分(如不锈钢)、组织结构以及介质条件等措施外,还可以在金属表面添加涂覆层,如金属表面的合金化(如前面介绍的渗氮、渗金属)、金属表面的金属涂覆和金属表面的无机化合物涂覆等。无机化合物涂覆是在金属表面人为地涂覆钝化层,包括氟化物、氧化物、磷酸盐和铬酸盐等。金属涂覆这类化合物膜后,一方面可使金属的电极电势的代数值变大，从而降低金属的活泼性；另一方面可以使金属表面与腐蚀电解质隔离开来，减缓金属的腐蚀速率。这种使金属在某种环境下形成耐腐蚀状态的处理过程称为金属的钝化处理，其中以氧化和磷化处理最为常见。

(1) 钢铁的发黑处理

铁在空气中所生成的氧化物膜，由于结构较疏松，并不具有保护内层金属的能力。如果将钢铁工件浸入一定温度（如135～150℃）有氧化剂的碱性溶液（主要成分为氢氧化钠、亚硝酸钠等）中加热进行氧化处理（称为钢铁的发黑），工件表面会生成蓝黑色的四氧化三铁膜（膜厚一般达0.5～1.6μm）。钢铁发黑处理不仅可使工件表面具有防锈作用，还可以美化工件，并有操作简便、成本低廉等优点。枪身、汽车和缝纫机部件，特别是照相机的快门和光圈叶片常采用这一处理工艺。

(2) 金属的磷化处理

磷化处理是在金属表面形成难溶的磷酸盐膜而使金属钝化的处理过程。磷酸为三元酸，按习惯上的说法，它所对应的盐有三种形式，即正盐、一氢盐和二氢盐。大多数金属的二氢盐可溶于水，而一氢盐较难溶于水，正盐则更难溶于水。磷化反应取决于溶液的pH值。磷化常在含有磷酸锰铁盐或磷酸锌盐的溶液中进行。当铁制工件浸入磷化液中时，金属铁与H_3PO_4作用，铁将溶解并析出氢气。在工件与溶液的接触面上，磷酸一氢盐和磷酸盐的浓度不断增加。当它们达到饱和后，即开始沉积在金属表面上，生成难溶的复合磷酸盐膜，即磷化膜。温度对磷化膜质量的影响很大。按温度高低分为高温磷化（85～98℃）、中温磷化（50～70℃）和低温磷化（<35℃）三种。降低磷化温度，磷化时间需加长，磷化膜的耐蚀性将有所下降。磷化膜具有一定的耐磨性和电绝缘性，它在铁制工件表面上有较强的吸附力，结合牢固，可作为油漆的良好底层。磷化处理是许多机械和仪器零部件防腐的常用手段。

拓展阅读

一种可以撕的钢

"手撕钢"是一种不锈钢箔材，用不锈钢轧机制作而成，其整体厚度一般在0.05～0.5mm，能够被徒手撕碎。由于其质地轻薄，且具有良好的防锈抗腐性能，被广泛应用于航空航天、国防、医疗器械、石油化工、精密仪器等领域。

"手撕钢"的制作，好比"擀面"，将厚厚的一团面，擀成薄薄的面饼。擀面只需要一根擀面杖，而把普通钢材"擀"薄，则需要20余根轧辊轮番配合轧制，再经退火、表面控制和性能优化等步骤，方才成型。这些步骤看似简单，实则异常困难。因为每次在普通钢材上轧一次，轧辊的运行参数就要根据钢材的即时状态重新配置一次，而后续流程的运行参数也需要根据实际状况做出调整。如此一排列组合，想要获得最优的参数，就得试验上万次。这不仅考验工匠们的操作技艺，还考验他们的阵列数据分析能力。

在前几年,全球只有日本和欧洲几个国家能制造"手撕钢",这也一度让"手撕钢"的价格被"炒"到每吨上百万元。而这一现象,在 2016 年出现了转变。我国山西太钢集团经过数万次试验,攻克重重难关,终于研发出了我们自己的"手撕钢",其厚度仅有 0.02mm,完全超越了日本和欧洲各国。2019 年,我国的"手撕钢"技术再次实现重大突破,成功产出了 0.015mm 的"手撕钢",刷新了"手撕钢"的薄度记录。

如今,我国自研的"手撕钢"已达世界领先水平,并成功用在了柔性显示屏、柔性太阳能组件、高储能电池等高科技领域。同时,由于"手撕钢"质量轻,且可屏蔽电磁信号,也逐渐在电子对抗等军事领域中大显身手。

习题

一、选择题

1. 下列物质中具有金属光泽的是(   )。
A. TiO_2 B. $TiCl_4$ C. TiC D. $Ti(NO_3)_4$

2. 易于形成配离子的金属元素是位于周期表中的(   )。
A. p 区 B. d 区和 ds 区 C. s 区和 p 区 D. s 区

3. 在配离子 $[PtCl_3(C_2H_4)]^-$ 中,中心离子的氧化值是(   )。
A. +3 B. +4 C. +2 D. +5

4. 用于合金钢的合金元素可以是(   )。
A. 钠和钾 B. 钼和钨 C. 锡和铅 D. 钙和钡

5. 超导材料的特性使它具有(   )。
A. 高温下低电阻 B. 低温下零电阻 C. 高温下零电阻 D. 低温下恒定电阻

6. 在配制 $SnCl_2$ 溶液时,为了防止产生 $Sn(OH)Cl$ 白色沉淀,应采取的措施是(   )。
A. 加碱 B. 加酸 C. 多加水 D. 加热

7. 下列物质中熔点最高的是(   )。
A. SiC B. $SnCl_4$ C. $AlCl_3$ D. KCl

8. 下列物质中酸性最弱的是(   )。
A. H_3PO_4 B. $HClO_4$ C. H_3AsO_4 D. H_2AsO_3

9. 下列物质中热稳定性最好的是(   )。
A. $Mg(HCO_3)_2$ B. $MgCO_3$ C. H_2CO_3 D. $BaCO_3$

10. 能与碳酸钠溶液作用生成沉淀,而此沉淀又能溶于氢氧化钠溶液的是(   )。
A. $AgNO_3$ B. $CaCl_2$ C. $AlCl_3$ D. $Ba(NO_3)_2$

二、填空题

1. 熔点较低的金属元素分布在周期表的_____区和_____区,按其单质密度的不同分别称它们为低熔点_____金属和低熔点_____金属。

2. _____叫作单齿配体,例如_____;_____叫作多齿配体,例如_____。

3. _____ 和 _____ 是耐热高强无机材料。
4. _____ 和 _____ 是半导体的两种载流子。
5. _____ 和 _____ 是较常用的半导体元素。
6. _____ 、_____ 和 _____ 是两性氧化物。

三、简答题

1. 写出下列反应的标准平衡常数 $K^{\ominus}$ 表达式，并分别讨论该系统在什么条件下有利于钢铁的渗碳？什么条件下则有利于钢铁的脱碳？

(1) $Fe_3C(s) + CO_2(g) \Longrightarrow 3Fe(s) + 2CO(g)$

(2) $Fe_3C(s) + H_2O(g) \Longrightarrow 3Fe(s) + CO(g) + H_2(g)$

(3) $Fe_3C(s) + 2H_2(g) \Longrightarrow 3Fe(s) + CH_4(g)$

2. 下列反应都可以产生氢气：(1) 金属与水；(2) 金属与酸；(3) 金属与碱；(4) 非金属单质与水蒸气；(5) 非金属单质与碱。各举一例，并写出相应的化学方程式。

第六章 化学与能源

能源是整个社会的动力和源泉，是人类活动的物质基础。然而随着社会经济不断发展和世界人口急剧增加，能源短缺已成为全球性十大难题之一。如何破解能源短缺困局是人类社会面临的巨大挑战，也是当前科研界研究的热点和难点。提高传统能源利用效率和开发新型能源被认为是缓解能源短缺的两个有力手段。目前，石油、煤炭、天然气是人类生产生活的主要能源，由于其有限的储量，这些不可再生的化石燃料日益枯竭。这就迫切要求人们开发可替代的新型能源，如氢能、核能、风能、地热能、太阳能和潮汐能等。值得注意的是，一切能源的开发、转化和利用过程都与化学这一基础学科息息相关。采用当代化学新理论、新技术、新手段毋庸置疑将有助于解决能源问题。因此我们很有必要了解化学与能源之间的关系。

 本章学习重点

1. 掌握能源的分类和不同能源之间的相互转化；
2. 煤炭的清洁利用和高价值转化；
3. 了解并熟知当前新型能源及其特点和利用方式；
4. 理解合理用能的基本原则。

第一节 ▶ 能源的类别与转化储存

一、能源的分类与级别

能源是指可以从其获得热、光和动力等能量的资源，即一切能为人类提供能量的自然资源，如煤炭、石油、水力、风力等，都可以称为能源。能源是发展农业、工业、国防、科学技术和提高人民生活水平不可缺少的物质基础之一。能源的生产与供给水平在很大程度上制约着国民经济发展的速度与规模。可以这样说，没有能源，人类就不能生存，社会就不能发展。

能源的种类繁多，根据能源产生的方式，可分为一级能源和二级能源（表6-1）。一级能源即天然能源，是指自然界中以天然形式存在，没有经过加工或转换的能量资源。一级能源又分为可再生能源和非再生能源。凡是可以不断得到补充或能在较短周期内再产生的能源称为可再生能源，反之称为非再生能源。风能、水能、海洋能、潮汐能、太阳能和生物质能等是可再生能源；煤炭、石油和天然气等是非再生能源。地热能基本上是非再生能源，但从地球内部巨大的蕴藏量来看，又具有再生的性质。当前核能的新发展将使核燃料循环而具有增值的性质。核聚变能比核裂变能高出 5~10 倍，核聚变最合适的燃料重氢（氘）大量储存于海水中，可谓"取之不尽，用之不竭"。核能是未来能源系统的支柱之一。二级能源则是指由一次能源直接或间接转换成其他种类和形式的能量资源，例如电能、煤气、汽油、柴油、焦炭、激光和沼气等能源都属于二级能源。

按能源性质，可分为燃料型能源（煤炭、石油、天然气、泥炭、木材）和非燃料型能源（水能、风能、地热能、海洋能）。

根据能源消耗后是否造成环境污染，可分为污染型能源和清洁型能源。污染型能源包括煤炭、石油等，清洁型能源包括水能、电能、太阳能、风能以及核能等。

根据能源使用的类型，又可分为常规能源和新型能源。常规能源包括可再生的水力资源和不可再生的煤炭、石油、天然气等资源。新型能源是相对于常规能源而言的，包括太阳能、氢能、风能、地热能、海洋能、生物质能以及用于核能发电的核燃料等能源。新能源大多是再生能源，资源丰富，分布广阔，是未来的主要能源之一。

按照它们的来源不同，能源大体可分为三类。第一类是从地球以外天体来的能量，其中最重要的是太阳能。一般认为，煤炭、石油、天然气是古代生物沉积形成的，它们所含的能量是通过植物的光合作用从太阳能转化而来的，总称为化石能源。这类能源实际上是远古时代能量的储存。在能量的利用中，能量的转化和储存问题具有非常重要的地位。通常讲的能源综合利用和开发，关键就在于了解能源的转化、储存形式，以及相关换能材料的运用。风、流水、海流中所含的能量也来自太阳能，它们和草木燃料、沼气以及其他由光合作用形成的能源都属于第一类能源。第二类能源是地球本身蕴藏的能量，如海洋和地壳中储存的各种核燃料以及地球内部的热能。第三类能源是由于地球在其他天体影响下产生的能量，例如潮汐能等。

以上三类能源都以现成的形式存在于自然界中，统称为一级能源。人类依靠一级能源制造或生产出许多种更适合人类生产活动的能量形式，例如电能、汽油、煤油、火药等。这些能源都不是以现成形式在自然界中出现的，而是靠加工生产出来的，统称为二级能源。然而以上能源的分类，只是对地球上能源的分类，而不是对一切能源的分类。在宇宙空间里还有许多能量高度集中的强大能源，但人类还无法利用。

表 6-1 能源以不同来源分类

一级能源	第一类能源 （来自地球以外）	太阳 辐射能	煤、石油、油页岩、天然气、草木燃料、沼气和其他由于光合作用而固定下来的太阳能
			风、流水、海流、直接太阳能
		宇宙射线、流星和其他星际物质带给地球大气的能量	
	第二类能源 （来自地球内部）	地球 热能	地震、火山活动
			地下热水和地热蒸汽
			热岩层
		原子能	铀、钍、氘等
	第三类能源（来自地球和其他天体的相互作用）	潮汐能	
二级能源	电能、氢能、汽油、煤油、柴油、酒精、甲醇、二甲醚、黑色火药等		

每种能源都具有两个内在特点：集中程度和质量。它们在决定能源"品质"方面起着重要作用。集中程度是指单位体积的能量或单位质量的能量。对于流动的能源（如太阳能），有关的量度是能量通量，即在单位时间内通过单位面积的能量。其他因素不变，能量集中程度越高，则能源越好，开采、运输、储存和处理越价廉和简便。能源的质量是指总能量中可供利用部分的比例。含有内能为 U、熵为 S 的单位燃料，如利用该燃料取得功为 W，我们知道 W 应小于 U。由于机械功 W 相应的能量中熵为零，又因为闭合系统的熵不能减少，那么燃料中的熵必定流失到温度为 T 的某一储热器中。浪费的能量即流到储热器中的最小热量应为 TS。燃料中被浪费的能量与总能量之比为：

$$\frac{浪费的能量}{总能量} = \frac{TS}{U}$$

我们定义 $T_c = \dfrac{U}{S}$，T_c 称为特征温度，则上式可写为：

$$\frac{浪费的能量}{总能量} = \frac{T}{T_c}$$

将这一结果与卡诺循环对比，不难发现具有特征温度 T_c 的燃料能够提供的有用功，其效率与温度为 T_c 的储热容（热源）相同。因此，我们用单位熵的能量 U/S 或者燃料的特征温度 $T_c = \dfrac{U}{S}$ 来表征能源的质量。能源的集中程度、特征温度 T_c 越高，能源的质量越高。表 6-2 列出了各类能源集中程度与特征温度 T_c。

表 6-2 各类能源集中程度与特征温度

能源	能量/体积 /kW·h·m^{-3}	能量/质量 /kW·h·kg^{-1}	能量通量 /kW·m^{-2}	特征温度 T_c /K
煤炭	10000	7.6	—	约 10^4
石油	10700	12.0	—	约 10^4
天然气	11.0	15.0	—	约 10^4
铀-235	4.4×10^{11}	2.3×10^7	—	约 10^{11}
氘	1.2×10^7	6.7×10^7	—	约 10^{10}
地热（地球平均值）	—	—	6×10^5	300
地热（点源估计值）	—	—	约 10^5	500
日光	约 10^{-12}	—	约 1.0	1000～6000
水力（30m 落差）	0.8	8×10^{-4}	—	∞

以上介绍表明，能量不但有数量之分，而且有质量（品质）之别。对于 1kJ 功和 1kJ 热，不能等量齐观。从热力学第一定律看，它们数量是相等的，但从热力学第二定律看，它们的质量即做功能力是不相当的，功的质量高于热。人们习惯按照能量的质量（即做功能力的大小）把能量划分为三大类：高级能量、低级能量和僵态能量。理论上完全可以转化为功的能量称为高级能量，如机械能、电能、水力能和风力能等。它们全属于一种有序能，具有熵值为零、特征温度 T_c 理论值为无穷大等特点。理论上不能全部转化为功的能量称为低级能量，如热能、内能和焓等。热能是一类无序能，熵值不为零，其特征温度 T_c 较低。完全不能转化为功的能量称为僵态能量，如大气、大地、天然水源具有的内能及环境温度下的热能等。对于大气、大地和天然水源，它们在一定区域内往往处于热平衡，而平衡态的熵值达到极大，特征温度就很小了。

由高质量的能量变成低质量的能量，称为能量贬质（降级）。能量贬质意味着做功能力损耗。生产过程中普遍存在能量贬质现象，如最常见的传热过程和节流过程。前者由高温热能贬质为低温热能；后者由高压流体降级为低压流体，两者都是做功能力损失。所谓合理用能，提高能量的有效利用率，就是要注意对能量质量的保护，尽可能地减少能量贬质，或避免不必要的贬质。

二、能量的转化储存

能源的开发和综合利用关键在于了解能量的转化、储存，以及相关换能材料的运用。化学物质的多样性，加之化学物质间转化的易操作性，使得化学能在多种能量形态中具有突出的地位。

1. 能量的转化

自然界存在着各种不同物质运动形态，每一种物质运动形态相对应于不同质量的能量。化学能是作为对化学运动（即化学反应）这一物质运动量度的"能"。物质的运动形态除化学外，还有机械、物理、生物等运动形态。其中每一运动形态又有不同的表现形式，如物理的运动形态又有电、光、热等具体的运动形式。自然界的物质运动形式不仅多样，而且也处在由一种运动形式向另一种运动形式不断转化的过程中。因此，作为物质运动量度的"能"，不仅具有与其量度的运动相适应的形式，而且也处在不断地相互转化过程中。下面简单介绍作为物质运动量度的"能"的几种形态。

（1）机械能

在物理科学中，机械能（mechanical energy）是势能和动能的总和，是与系统相关的宏观能量。在不计摩擦和介质阻力的情况下物体只发生动能和势能的相互转化且机械能的总量保持不变，也就是动能的增加或减少等于势能的减少或增加，即机械能守恒定律。机械能与整个物体的机械运动情况有关。当有摩擦时，一部分机械能转化为内能在空气中散失，另一部分转化为动能或势能。所以在自然界中没有机械能守恒，那么达·芬奇提出的永动机就不可能被制造出来，即没有永动机。在机械能的存在下，储存在水库和蓄水池里的水对下游具有势能。当它由水渠导流下去时就转换成动能，如果用来转动水轮机，就转换成水轮机的转动能。如果让发电机转动，就转换成电能。电能又可以通过马达重新转换成机械能。可以认为，人类由于利用了人力和畜力所不可能具有的巨大机械能，才实现了农业革命和工业革命。

（2）热能

热能（thermal energy），又称热量、能量。对人类来说，热能是极其重要的。家庭的烹饪、取暖和火力发电站的蒸汽机、汽车的内燃机利用的都是热能。

（3）电能

电能（electric energy）是一种优质能，电能具有便于输送、调节、自动化等一系列优点，但电能作为能量不便于储存。电能和机械能通常又称为动力。

人类在长期的生产和生活实践中逐步掌握了自然界中各种能量之间的相互转化及其规律，并且通过各种手段把潜藏在物质内部和运动过程中的能量释放出来，转化为最方便的形式加以利用。摩擦取火把机械能转化为热能。而热机把燃料的化学能通过燃烧（化学反应）转化为热能并传给载能介质（蒸气、燃气等），通过载能介质把热能转化为机械能，从而成为工业的动力。电的利用又使一切形式的能（热、机械、电、磁、光）可以相互转化，并在工业中加以利用。人类对新能源的探索，也就是应用能量转化原理研究通过什么方式、采用什么手段把自然界的新能源转化为可以有效利用的能量，直接应用于生产和社会生活。太阳能的利用就是研究如何通过聚集装置把太阳辐射能收集起来，通过光热转换变成热能。例如通过太阳能电池，利用光电效应实现光能转换成电能；模拟绿色植物的光合作用，实现可控的光化学转换，使光能变为化学能。所以，能源的开发和利用的实质就是实现不同形式能量之间的转化。一切工业动力机，实质上都是一种能量转换机。

图 6-1 为常见能量之间相互转化的示意图。人类经历了生物质（以木材为主）、煤、石油（包括天然气）三代能源。现在生产、生活的主要能源仍来自煤、石油和天然气这些"燃料"。太阳能的大规模利用、核能的开发还都有待时日。煤、石油、天然气所蕴含的能量就是自然界中储存的一种化学能。从常见能量相互转化图中不难看出，化学能在能量相互转化关系中处于源头地位。生产、生活中需要消耗的能量最终都取之于燃料（煤、石油、天然气），正是燃料中的化学能经过燃烧过程变成热能，再转化为机械能。虽然热能成了能量转化过程中的必经之路，但热功之间转换的不可逆性制约着能量的利用效率。

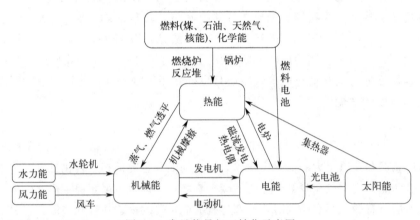

图 6-1 常见能量相互转化示意图

2. 能量的储存

有些能量的获得不是连续性的，如由太阳能转换而来的各种能量，只能在有太阳照射的情况下才能获得，要使这类能量连续供应，将获得的能量加以储存就显得十分重要。常见的能量形态中，很多属于过程性能，不用就浪费掉了，如太阳能、电能、水力能等。其中仅有化学能是一种便于储存的能量形态。地球上种类繁多的植物组成巨型化工厂，它们利用光合作用，发生地球上最重要的化学反应，把太阳能变为化学能进行储存。光合作用中产生的化学能反应式为：

$$6CO_2 + 6H_2O \longrightarrow C_6H_{12}O_6 + 6O_2$$

该反应在 25℃时的反应焓和熵变为：$\Delta H = 2802 \text{kJ} \cdot \text{mol}^{-1}$，$\Delta S = 585.8 \text{J} \cdot \text{mol}^{-1} \cdot \text{K}^{-1}$。$\Delta H > 0$ 表示反应是吸热的，即生成物葡萄糖具有较高的化学能，$\Delta S < 0$ 表示生成物葡萄糖是低熵的。对生物来说，葡萄糖是一种理想的低熵高能食物。尽管通过能量转换能将热能、电能变为化学能进行储存，但其中仍然存在不足，下面简单讨论两种常见的储能方式。

(1) **热化学储能**

储存从太阳能或原子能等第一次能源转换来的热能是一项具有重大战略意义的课题。热化学储能按照储能的方式可以分为显热储热、潜热储热和化学反应储热三类。显热储热是指利用每一种物质均具有一定的热容且物质形态不变的情况下随着温度的变化会吸收或放出热量这一特性而开发的储能技术。显热储热技术利用物质本身温度的变化过程来进行热量的储存（或放出），由于可采用直接接触式换热，或者流体本身就是蓄热介质，因而蓄、放热过程相对比较简单。潜热储热又称相变储热，即利用储热材料在发生相变过程中吸收和释放热量来实现热能储存的技术，但相变过程中容积的巨大变化使得其在工程上的实际应用有着很大困难。化学反应储热是一种基于化学反应过程的储能系统，其在吸热化学反应期间接收热能，并在放热反应期间释放热能，系统利用可吸收或释放热能的化学反应实现热能储存和调配。化学反应储热有三个操作阶段：吸热解离→反应产物的储存→解离产物的放热反应。由于最后一步是重新生成初始物质，所以这一过程可以重复。相比于显热和潜热储热系统，化学反应储热展现出显著的优势：

① 储能密度高，比潜热储能大一个数量级左右，比显热储能高两个数量级；

② 化学反应储热正、逆反应可以在高温（500~1000℃）下进行，从而可得到高品质的能量；

③ 可以通过催化剂控制或将产物分离等方式，使储热物质在常温下长期保存。

例如，人们研究的一种金属氢化物储能系统，就是储存太阳能的一种较理想的系统。金属氢化物吸热后分解，分解后的产物再化合时会产生与吸收时等量的热。金属氢化物可放在太阳能收集器底下，氢化物受阳光照射以后在93℃的温度下分解，分解后产生的氢进入储瓶中，当需要热量时可将氢从储瓶中放出，与游离金属化合放出热量。此外，也有学者研究出一种黄色晶状化合物，它由液态不饱和烃、降冰片二烯以及甲基和氰基类化合物组成。这种物质吸收太阳能时，结构形式会发生改变，变成透明状态，但本身温度不变，并可长期存放；当加入一种银盐催化剂时，这种物质可以放出热量，物质也会恢复原来状态。利用该方法，1kg这种物质可储存385kJ的热能，而放出热量的速度可以通过催化剂的加入量来控制。这种物质可以多次循环使用，转换过程中没有能量损失，因此是一种很有发展前途的储能方式。

（2）电化学储能

电化学储能是一种通过电池完成的能量储存、释放与管理过程。电化学储能的装置称为电池，其按照用途可分为一次电池和二次电池。二次电池不仅可将化学能转变为电能，还可将电能转变为化学能储存起来，是可循环使用的装置。常见的二次电池有铅酸电池、锂离子电池、液流电池、钠硫电池等。

第二节 ▶ 化石能源的深度利用

2020年9月，中国向世界宣布了"2030年前实现碳达峰、2060年前实现碳中和"的目标。在"双碳"目标下，新能源逐步取代传统能源的过程中，传统能源要发挥保底作用。这里的"传统能源"指的是煤、石油等传统化石能源。我国的资源禀赋是"富煤、贫油、少气"，这使得煤炭消费在我国能源结构中一直占主导地位，二氧化碳减排压力巨大。而制定低碳化发展技术路线是实现我国煤化工、石油化工等能源化工产业高质量发展的关键。因此，除了开发利用新型清洁能源，如何突破化石能源利用中的高能耗、高排放等技术瓶颈，实现传统能源绿色低碳转型发展，也是实现"双碳"目标的必由之路。下面对煤炭和天然气的深度利用作简要介绍。

一、洁净煤技术

煤炭是地球上蕴藏量最丰富、分布地域最广的化石燃料,主要由碳、氢、氧、氮、硫和磷等元素构成的高分子有机化合物组成,其中碳、氢、氧三者的质量总和约占有机质的95%以上。煤在人类能源供给方面一直扮演十分重要的角色,即使在以石油为主的能源时期,它也占整个能源比例的27%。按照人类目前的消费水平和最终储量预计,煤炭至少可用到22世纪末。2022年全球煤炭产量约为88.03亿吨,用于发电的煤占首位,煤从开采至燃烧带来的一系列环境问题,成为国际社会普遍关注的热点。"洁净煤技术"的突破将为煤的使用展现更广阔的前景。

1. 先进燃烧和污染处理技术

洁净煤技术可用于燃烧前、中、后的任一阶段。

(1) 燃烧前的处理和净化技术

洗选处理是为了除去或减少原煤中所含的灰分、矸石及硫等杂质。选煤工艺一般可分四类:筛分、物理选煤、化学选煤及细菌脱硫。筛分是把煤分成不同的粒度。物理选煤可脱除60%以上的灰分和50%的黄铁矿硫。化学选煤可脱除90%的黄铁矿硫和有机硫及95%的灰分。截至2020年末,我国原煤入选率达74.1%。

(2) 燃烧中的净化技术

在燃烧过程中,使燃料和空气逐渐混合,以降低火焰温度,从而减少氮氧化物(NO_x)的生成;或者调节燃料、空气的混合比,提供只够燃料燃烧的氧,而不足以和氮结合生成NO_x。利用喷石灰石多段燃烧器,可减排SO_2 50%~90%,减排NO_x 50%~70%。利用流化床燃烧器,把煤和吸附剂(石灰石)加入燃烧室的床层中,从炉底鼓风使床层悬浮,进行流化燃烧。流化形成湍流混合条件,从而提高燃烧效率。石灰石可固定硫,减少SO_2排放,较低的燃烧温度(830~900℃)也使NO_x生成量大大减少。

(3) 燃烧后的净化技术

烟气净化,包括SO_2、NO_x和颗粒物的去除。烟气脱硫有湿式和干式两种方法。湿法一般是用石灰水淋洗烟尘,SO_2变成亚硫酸钙浆状物。干法是用浆状脱硫剂(石灰石)喷雾,与烟气中的SO_2反应,生成硫酸钙,水分被蒸发,干燥颗粒用集尘器收集。这两种方法脱硫效率达90%。烟气脱氮有多种方法,烟气通过催化剂,在300~400℃下加入氨,使NO_x分解成无害的氮和水蒸气,可脱除NO 50%~80%。在去除颗粒物方面,目前大型电站一般采用静电除尘器,除尘效率可达99%以上。我国电站烟气净化尚处于初级阶段,90%的火电站已安装除尘器,平均除尘效率90%。烟气脱硫也已起步,如四川珞璜电站第一台36万千瓦机组的湿式烟气脱硫装置已投入运行。

2. 煤的气化与液化

煤作为主要能源对未来的贡献依赖于与其他能源价格的竞争,以及对环境的危害程度。将煤转化为气体或液体燃料既可大幅度地提高它的利用率,又可大大减少对环境的污染。

(1) 煤的气化

煤的气化是煤或焦炭、半焦炭等固体燃料在高温条件下与气化剂通过化学反应将其中可燃部分转化为气体的过程。气化剂主要是水蒸气、空气(或氧气)或它们的混合气。气化反应包括一系列均相与非均相化学反应。所得气体产物视所用原料煤质、气化剂的种类和气化过程不同而有所不同。根据气化剂的不同，所得煤气可分为空气煤气、半水煤气、水煤气等。煤气除了作为工业窑炉和城市用能外，也用于制造合成氨、甲醇和作为合成液体燃料的原料。

虽然不同的煤气化方法所采用的工艺各不相同，但它们的基本过程均包括煤料加工、气化反应和煤气净化处理几个部分。煤的气化反应比较复杂，在气化炉内先后或同时发生氧化燃烧、还原、蒸汽转化、甲烷化等反应。基本反应方程式如下。

氧化燃烧：

$$C + O_2 \longrightarrow CO_2 \tag{1}$$

$$2C + O_2 \longrightarrow CO \tag{2}$$

$$2CO + O_2 \rightleftharpoons 2CO_2 \tag{3}$$

$$2H_2 + O_2 \longrightarrow 2H_2O \tag{4}$$

还原：

$$C + CO_2 \longrightarrow 2CO \tag{5}$$

蒸汽转化：

$$C + H_2O \longrightarrow CO + H_2 \tag{6}$$

$$C + 2H_2O \longrightarrow CO_2 + 2H_2 \tag{7}$$

$$CO + H_2O \rightleftharpoons CO_2 + H_2 \tag{8}$$

甲烷化：

$$C + 2H_2 \longrightarrow CH_4 \tag{9}$$

$$CO + 3H_2 \rightleftharpoons CH_4 + H_2O \tag{10}$$

$$CO_2 + 4H_2 \rightleftharpoons CH_4 + 2H_2O \tag{11}$$

其中，式(5)～式(7)为吸热反应，其余为放热反应。式(6)是煤气化的主反应之一。式(7)是式(6)的副反应，温度高于1000℃时可以忽略。式(8)为一氧化碳变换反应，只有在催化剂存在下才以显著的速度进行。式(9)～式(11)在加压气化下较为重要。

在气化过程中，一部分干馏气相产物随着气化条件的不同，直接或经转化成二氧化碳、一氧化碳、氢气、甲烷等而成为气化产物的组成部分。在气化炉中所进行的反应，除部分为均相反应外，大多数属于气固异相反应过程。所以气化反应过程速度和化学反应速度与扩散传质速度息息相关。此外，原料煤的性质，包括煤的水分、灰分、挥发分、黏结性、化学活性、灰熔点、成渣特性、机械强度和热稳定性以及煤的粒度和粒度分布等，都对气化过程有不同程度的影响。因此，必须根据煤的性质和对气体产物的要求选用合适的气化方法。

按煤在气化炉内的运动方式，气化方法可分为三类，即固定床（移动床）气化法、流化床（沸腾床）气化法和气流床气化法。

固定床气化的煤气发生炉内固体运动速度相对于空气流动速度可视为是固定的。实际上，它也被称为移动床气化，因为煤颗粒在煤气发生炉中逐渐向下移动。固定床煤气发生炉以块煤为原料，气固逆流接触，床层压降随空气流速的增加而增大，要求床层透气性好、气流分布均匀。固定床气化床料分层现象明显，燃烧区温度最高，大约1000℃。

流化床气化法利用细小的煤颗粒作为气化原料，在煤气发生炉内垂直向上的气流中悬浮和分散。流化床气化法也称为沸腾床气化法。在流化床中，小颗粒煤的特性与沸腾液体相似。由于颗粒运动剧烈，床层内几乎没有温度梯度和浓度梯度。

气流床气化法是一种平行流气化法。将煤粉送入高温煤气发生炉,在1400～1700℃高温下一步将煤转化成 CO、H_2、CO_2 等气体,残渣以渣的形式排出煤气发生炉。煤粉也可以制成水煤浆泵入煤气发生炉。

目前,固定床煤气发生炉在我国工业生产中应用广泛。煤气发生炉生产的煤气作为燃料气,可配套锅炉、窑炉生产,具有技术成熟、运行稳定等特点。

(2) 煤的液化

煤的液化是煤经化学加工转化为液体燃料(包括烃类及醇类燃料)的过程。煤的液化方法主要分为直接液化和间接液化两大类。

煤直接液化是根据煤与石油烃相比,组成中碳多氢少的特点,采用加氢的方法从煤直接制取液态烃,因过程主要采用加氢手段,故又称煤的加氢液化。加氢反应通常在较高压力、温度和有催化剂条件下进行。氢气则通常由煤或液化残煤的气化制取。各种直接液化方法的区别主要在于加氢深度与供氢方法的不同。1926年德国建成一座由褐煤高压加氢液化制取液体燃料(汽油、柴油等)的工厂。20世纪60年代初,特别是1973年石油大幅度提价后,煤直接液化又有了新发展,人们开发出一批新的加氢过程,如美国的溶剂精炼煤法、埃克森供氢溶剂法及氢煤法等。

煤间接液化是先将煤气化以获得一氧化碳和氢气(即合成气),然后在催化剂作用下将合成气转化成烃类燃料、醇类燃料和化学品的过程。产物组成主要取决于催化剂的选择性和相应的反应条件。煤间接液化过程为强放热反应。因此,各种间接液化方法的区别在于催化剂的选择与反应热移除方式的不同。煤间接液化技术具有下述特点:①使用一氧化碳和氢,故可以利用任何廉价的碳资源(如高硫、高灰劣质煤,也可利用钢铁厂中转炉、电炉的放空气体);②可以独立解决某一特定地区(无石油炼厂地区)对各种油品(轻质燃料油、润滑油等)的要求;③可根据油品市场的需要调整产品结构;④工艺过程中各单元与石油炼制工业相似,有丰富的操作运行经验可借鉴。

二、煤制二甲醚技术

我国的能源结构中,煤占燃料总量的70%左右。煤的直接燃烧和粗加工利用,进一步使生态环境恶化,如何既充分合理利用现有的能源又不产生环境污染,已成为人们关注的焦点。二甲醚作为燃料,各种污染指标大大低于现有燃料,并且原料丰富、成本低廉,因此开发二甲醚作为燃料具有巨大的经济和社会效益。

1. 二甲醚性质

二甲醚(DME)在常温下是一种无色气体,具有轻微的醚香味。二甲醚无腐蚀性、无毒,在空气中长期暴露不会形成过氧化物。二甲醚主要物理化学性质列于表6-3中。

表6-3 二甲醚的物理化学性质

分子式	CH_3OCH_3	蒸气压	0.51MPa(20℃)
分子量	46.07	燃烧热	$-1.45MJ \cdot kg^{-1}$
熔点	$-141℃$	蒸发热	$410kJ \cdot kg^{-1}$(20℃)
沸点	$-24.9℃$	自燃温度	235℃
临界温度	127℃	爆炸极限	3%～27%
临界压力	5.37MPa	闪点	$-89.5℃$

2. 二甲醚作为清洁燃料的特点

二甲醚是柴油发动机理想的替代燃料。常规发动机代用燃料液化石油气、天然气、甲醇，它们的十六烷值都小于10，只适合于点燃式发动机。而二甲醚十六烷值大于55，具有优良的压缩性，非常适合用于压燃式发动机，可用作柴油机的代用燃料。在轿车柴油机上进行燃用二甲醚燃料的实验，结果显示二甲醚是十分理想的清洁燃料。

二甲醚液化性能与液化气相似。二甲醚作为民用燃料有诸多优点：①在同等温度条件下二甲醚的饱和蒸气压低于液化气，其储存、运输等比液化气安全；②二甲醚在空气中的爆炸下限比液化气高一倍，因此在使用中二甲醚作为燃料比液化气安全；③二甲醚自身含氧，组分单一，碳链短，燃烧性能良好，热效率高，燃烧过程中无残液、无黑烟，是一种优质、清洁的燃料。我国在二甲醚民用燃料应用方面已居世界领先地位。利用丰富的煤炭资源开发出适合我国国情的二甲醚生产和利用专有技术，对解决我国能源短缺问题具有重大意义。

3. 煤制二甲醚

煤是我国最主要的能源之一，但是煤燃烧会产生大量的污染物，对环境和人类健康造成严重影响。因此，煤的清洁利用一直是我国能源领域的重要研究方向之一。煤制二甲醚是一种清洁能源，可以替代传统的石油燃料，具有广阔的应用前景。煤制二甲醚主要有两条技术路线：一是煤经甲醇合成二甲醚（两步法）；二是直接合成二甲醚（一步法）。

（1）两步法

煤经气化、净化后先合成甲醇，再由甲醇脱水生成二甲醚。甲醇脱水生成二甲醚有两种途径。其中液相法甲醇脱水制二甲醚是一种操作较简单的生产方法，反应如下：

$$2CH_3OH \xrightarrow{H_2SO_4} CH_3OCH_3 + H_2O$$

该方法反应温度低、转化率高（大于80%）、选择性好（大于98%），但设备腐蚀严重，废水污染环境，因此已逐渐被淘汰。

也可用气相法甲醇脱水制二甲醚。气相法是将甲醇蒸气通过固体催化剂发生非均相催化反应，从而脱水制得二甲醚。本法是一种操作简便、污染小、连续生产二甲醚的先进工艺。目前世界上采用气相法甲醇脱水制二甲醚的有美国杜邦公司（1.5万吨/年）与德国联合莱茵褐煤燃料公司（6万吨/年）。

（2）一步法

煤经气化后，生成含氢气和一氧化碳的合成气，经精制后在合成塔中直接合成二甲醚。反应中涉及的合成气变换反应、合成甲醇反应、甲醇脱水反应合为一步。我国上海青浦化工厂采用合成甲醇的铜基催化剂和具有甲醇脱水作用的沸石 $Al_2O_3 \cdot SiO_2$、固体酸和固体酸离子交换树脂催化剂的组合，在压力 $3.3\sim4.0$MPa、温度 $260\sim290$℃、空速 $1000\sim600h^{-1}$、氢碳比为2的条件下，合成气转化率为85%，二甲醚选择性为65%。

三、天然气制二甲醚技术

天然气在国际能源应用中的比例逐年上升，是今后石油的主要替代能源之一。目前世界范围内天然气在能源消费中占24%左右，预计到21世纪中叶将上升到40%。我国天然气资源较为丰富，但传统的"重油轻气"方针和技术落后问题，使得天然气无论从开发到应用都相对落后，天然气在能源消费比例中只占到约3%，还有很大的发展空间。我国天然气资源特点是分布不均匀，西部和偏远不发达地区储量大，因此如何利用该地区大量天然气资源成为发展重点。

以天然气为原料制备二甲醚常用的方法是先将天然气转化为合成气，然后再制备二甲醚。目前天然气转化制备合成气的工艺有如下两种。

1. 天然气加压一段蒸汽转化法制备合成气工艺

采用天然气加蒸汽转化制备合成气，是一种投资省、成本低的生产路线，在工业上得到普遍应用。但是由于原料的性质，天然气成分中的氢/碳比高，转化气具有氢过量而碳不足的矛盾，因而用常规的蒸汽转化制气后，必然有过量 H_2 未能得到合理利用的问题，从而增加了天然气的耗用量。

天然气加压一段蒸汽转化主要反应为：$CH_4 + H_2O \Longrightarrow CO + 3H_2$。

主要工艺参数是温度、压力和蒸汽配比。由于此反应是较强的吸热反应，故提高温度可使平衡常数增大，反应趋于完全。压力升高会降低平衡转化率。但由于天然气本身带压，合成气在后处理及合成反应中也需要一定压力，在转化以前将天然气加压比转化后加压经济上有利，因此普遍采用加压操作。同时，增加蒸汽用量可提高甲烷转化率。在温度 800～820℃、压力 2.5～3.5MPa、H_2O/CH_4 摩尔比 3.5 时，转化气组成（体积分数）为：CH_4 10%，CO 10%，CO_2 10%，H_2 69%，N_2 1%。

为在工业上实现天然气蒸汽转化反应，可采用连续转化的方法。这种方法是目前合成气的主要生产方法。在天然气中配以 0.25%～0.5% 的氢气，加热到 380～400℃ 时，进入装填有钴钼加氢催化剂和氧化锌脱硫剂的脱硫罐中，脱去硫化氢及有机硫，使总硫含量降至 $0.5 mg \cdot kg^{-1}$ 以下。原料气配入蒸汽后于 400℃ 下进入转化炉对流段，进一步预热到 500～520℃，然后自上而下进入各装有镍催化剂的转化管，在管内继续被加热，进行转化反应，生成合成气。转化管置于转化炉中，由炉顶或侧壁所装的烧嘴燃烧天然气供热。转化管要承受高温和高压，因此需采用离心浇铸的含 25% 铬和 20% 镍的高合金不锈钢管。连续转化法虽需采用这种昂贵的转化管，但总能耗较低，是技术经济上较优越的生产合成气的方法。

2. 二段纯氧深度转化制备合成气工艺

在原有一段转化炉之后再串联一台纯氧二段转化炉，出一段转化炉含有 8%～10% CH_4 的气体进入热效率接近百分之百的绝热式二段转化炉进行 CH_4 深度转化，使 CH_4 含量降低至 0.5% 以下。在二段转化炉非催化转化反应区内，O_2 与 H_2 发生燃烧反应，为 CH_4 深度转化提供足够的热量。由于燃烧掉了部分 H_2，H_2/C 比值变得更加合理，从而大幅降低了天然气的消耗，进而弛放气也相应地变得很少。国外大型甲醇装置多采用二段转化工艺。目前国内陕西榆林有三套天然气转化装置通过技术改造后均实现了天然气二段深度转化制备合成气。

第三节 ▶ 新型能源的前瞻性挖掘

新型能源是相对于煤炭、石油、天然气等传统能源而言的，通常指核能（亦称原子能，包括核裂变能和核聚变能）、太阳能、地热能、海洋能、风能等。由于传统能源日趋枯竭，以及大量燃烧化石燃料造成的严重环境问题，人们正在紧迫地开发新型能源。而现代科学技术的飞速进步也为人类寻找、开发、利用新型能源提供了必要的基础，大大促进了新型能源的开发。目前世界正进入能源结构变革的新时期,将从主要依靠有限的化石燃料为主的能源结构,转变为以新型能源和其他可再生能源如水力发电等为主的可持续发展的持久性能源结构。

一、核能

核能是原子核发生反应而释放出来的巨大能量。原子核反应有裂变反应和聚变反应两种:裂变反应是较重原子核(如铀-235)分裂成较轻的原子核的反应;聚变反应是较轻原子核(如氘)聚合成较重原子核的反应。核反应产生的能量是非常巨大的,1kg 铀-235 裂变时能放出相当于 2700t 标准煤的能量,1kg 氘聚变时能放出相当于 4kg 铀裂变的能量。每公斤海水中含有 0.03g 氘,如果能从海水中提炼出氘,并用于核聚变,则一桶海水就相当于 300 桶汽油,能够为人类提供无穷无尽的能源。

1. 核裂变的机理与核裂变能

在核裂变反应过程中,较重原子核(如铀-235),受到中子轰击后,会分裂成大小相仿的两个原子核(称为碎片),同时放出巨大的能量,即为核裂变能。例如,铀-235 的原子核(U 为元素符号;235 是指原子核的质量数,也就是原子核中所含的质子数与中子数的总和;92 为元素的原子序数,也是原子核中所含的质子数)在慢中子的轰击下,会按下列方式发生裂变:

$$^{235}_{92}U + ^{1}_{0}n \longrightarrow \begin{cases} ^{144}_{56}Ba + ^{89}_{36}Kr + 3^{1}_{0}n \\ ^{140}_{54}Xe + ^{94}_{38}Sr + 2^{1}_{0}n \\ ^{133}_{51}Sb + ^{99}_{41}Nb + 4^{1}_{0}n \end{cases}$$

(中子)

当重原子核发生裂变,生成两个碎片原子时,会"损失"一些质量。例如,当一个 ^{235}U 原子核裂变为一个 ^{144}Ba 原子核和一个 ^{89}Kr 原子核时,两个碎片原子的质量相加要比一个 U 原子核的质量小,这个微小的质量差(Δm)称为质量亏损。尽管质量亏损是一个十分微小的值,在此例中 Δm 约为 4×10^{-23} g。但这个微小的质量亏损并不是真的消失了,而是转化成能量释放出来。根据爱因斯坦质能转化公式 $\Delta E = \Delta mc^2$(c 为光速),计算出由于核裂变中质量亏损所转化成的能量,可得 1kg 铀裂变释放出来的能量相当于 2 万吨 TNT 炸药爆炸的能量。

上述铀核裂变反应的例子中,还有一个事实也是十分重要且具有普遍意义的:在用慢中子轰击铀-235 核发生裂变的过程中,同时又生成了 2~4 个中子,这些中子可以再去轰击其他铀-235 核,引起裂变,进而产生更多中子,引发更多的铀-235 原子核裂变,这就形成一种链式反应(图 6-2),使反应速率瞬间加快,以至产生爆炸。

原子弹正是利用核裂变的链式反应机理,使核裂变产生的巨大能量集中在爆炸的瞬间释放出来,造成巨大的杀伤力和破坏力(图 6-3)。

2. 受控核裂变与核能的和平利用

由于核裂变的链式反应机理,裂变反应一旦开始反应速率呈几何级数增加,在瞬间释放出极其巨大的能量,有极大的破坏力。如果不能有效控制其裂变速率,根本不可能去利用这种能量。因此,要想使核裂变能为人们利用,首先必须设法控制核裂变的速率,使核裂变在人们的控制下,按人们需要的速率进行,成为受控核裂变。针对核裂变反应的链式反应机

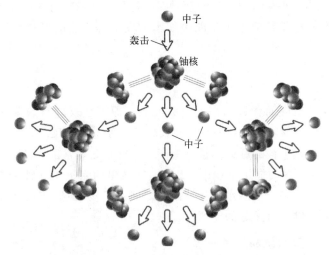

图 6-2 核裂变的链式反应机理

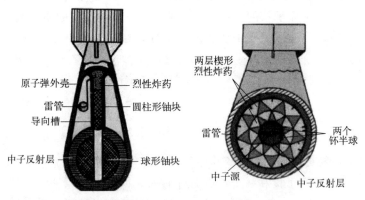

图 6-3 原子弹构造示意图

理,人们采用某些中子吸收剂(如镉)做成控制棒,插入核燃料(即核裂变原料)中,吸收裂变过程中产生的部分中子,以此控制裂变过程中中子的浓度,进而控制裂变的速率,实现可控核裂变,这就为和平利用核能扫清了道路。使核裂变在受控条件下进行的装置统称为核反应堆。核反应堆目前主要用于核电站和核潜艇中。

3. 核电站、核反应堆与原子能发电

(1) 核电站工作原理

核电站就是利用原子核裂变反应释放出的核能来发电的发电厂。核电站的构造,简单说是由一回路系统和二回路系统两大部分组成,如图 6-4 所示。一回路系统主要由反应堆、稳压器、控制棒、蒸汽发生器、主泵和冷却剂管道组成。在进行裂变反应时,冷却剂由主泵送入反应堆,带出核燃料放出的热能,进入蒸汽发生器,通过数以千计的传热管,把热量传给管外的二回路水,使之产生过热蒸汽,驱动汽轮发电组工作。冷却剂从蒸汽发生器出来之后,又由主泵送入反应堆,循环使用。因此,整个一回路系统被称为"核蒸汽供应系统",也称为核岛,它相当于常规火电厂的锅炉系统,但其结构要复杂得多。为确保安全,整个一回路系统装在一个称为安全壳的密闭厂房内。二回路系统主要由汽轮机、凝汽器、给水泵和

管道组成,与常规火电厂的汽轮发电机系统基本相同,因此也称为常规岛。一回路系统与二回路系统的水是各自进行封闭循环的,是完全隔绝的,可以避免任何放射性物质从核岛向外泄出。

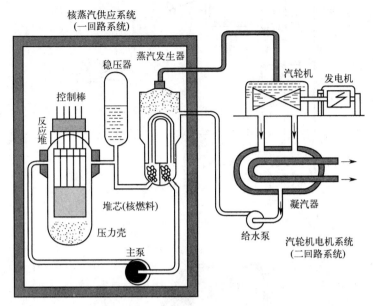

图 6-4　核电站工作原理示意图

(2) 核反应堆的分类

核电站反应堆根据其采用的中子慢化剂和冷却剂工质划分为不同的堆型。作为核裂变链式反应媒介的中子,经减速后成为热中子,用热中子轰击原子核引起核裂变,这种反应堆称为热中子反应堆,简称热堆。热堆因所采用的慢化剂不同而分为轻水堆(包括压水堆和沸水堆)(图 6-5)、重水堆、石墨气冷堆。轻水即普通的水,以表示不同于重水。采用热堆的核电站属第一代核电站。用未经减速的中子去轰击原子引起核裂变的反应堆称为快中子反应堆。这种反应堆能增殖核燃料,故又称快中子增殖堆(图 6-6)。这种反应堆对核燃料的利用率比热堆高 80 倍,是一种很有发展前途的堆型。快中子增殖反应堆属于第二代反应堆,它利用铀-235 裂变中释放出的快中子轰击反应堆内的铀-238 而产生可裂变的钚-239,消耗一定量的可裂变核燃料的同时,又能产生更多的可裂变核燃料,实现核燃料的增殖。普通热堆以天然铀作核燃料,能够利用的铀-235 只占 0.7%。世界上铀资源是有限的,如果只发展热堆电站,天然铀将供不应求。而快中子增殖堆可以把天然铀中非裂变的铀-238 变为可裂变的钚-239,使天然铀的利用率达到 60%~70%,是扩大核燃料资源的重要途径,所以,美、俄、法、英、日、德等国都在大力研究,进展十分迅速。

快堆的核反应功率密度比热堆高,要求其冷却剂必须有良好的导热性能,而且对中子的慢化作用要小。目前一般选用液态金属钠作为快堆的冷却剂。液态钠的沸点高达 881℃,比热容大,对中子吸收率低,是比较理想的冷却剂。钠的化学性质极为活泼,易同氧、水产生剧烈的化学反应,因此,使用中要严格防止液态钠泄漏,防止它与空气和水接触。所以,快堆比热堆的技术难度高,这就是长期以来快堆的发展滞后于热堆的重要原因之一。

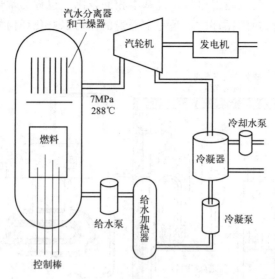

图 6-5　沸水堆系统示意图

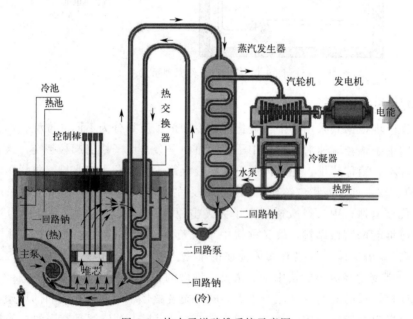

图 6-6　快中子增殖堆系统示意图

(3) 核电的安全性和核电事故

核电站建成和投入正式运转之后，对周围环境和公众的影响有两方面：一方面是核电站正常的放射性排放；另一方面是核电站事故。

核电站正常运转时放射性的排放量对周围环境的影响是极其有限的。根据国外多年的监测资料，核电站放射性三废的排放量仅为允许排放限量的 0.01%～50%，核电站周围居民所接受的剂量是很低的，对居民健康的危害和对其后代的影响是很难察觉的。法国、比利时和加拿大的核电站的周围就是居民区，离大城市只有 15～35km。核电站放射性对人体的影响，远远低于其他污染源或天然辐射对人们的影响。我国规定一般居民的允许辐射剂量为 5mSv（毫希弗）。一座 100 万 kW 核电站附近的居民每年受到的辐射剂量不到 0.02mSv，而在一座功率相同的烧煤发电厂附近，居民每年受到的辐射剂量约为 0.05mSv。人类居住在地球上，从宇宙射线中每年至少接受 0.28mSv（海拔越高，剂量越大）；从地壳辐射每年接受的剂量为 0.3~1.2mSv；做一次 X 射线检查接受的剂量为 0.5~2mSv；每天看 2h 电视，一年接受到的剂量为 0.01mSv。据统计分析，个人每年接受天然辐射源和人工辐射源（包括每年一次 X 射线检查、乘一次飞机、每天吸 20 支烟、看电视、住在核电站附近等）共约 2.3mSv。同国家规定一般居民的允许剂量 5mSv 相比，核电站辐照剂量只占允许剂量的几百分之一。根据美国的资料，美国公民每年接受到的辐照剂量，83.7% 是天然的，13.5% 来自 X 射线医疗，而核电工业所造成的影响微不足道。所以，核电是清洁能源。

核电站事故给人的印象似乎很可怕，其实并不完全如此。核电站不会像原子弹那样爆炸。第一，原子弹由浓度为 93% 以上的铀-235 和复杂的引爆系统所组成，而核电反应堆以浓度 3% 左右的二氧化铀做燃料，分散布置在堆内，有安全控制手段，在任何情况下，即使失控或堆芯损坏，裂变反应最后会自然停止，而不会演变为核爆炸。第二，核电站设置了三道屏障来防止放射性产物外逸，确保不污染环境，不危害居民。第一道屏障是燃料包壳，即把核燃料芯块叠装在锆合金管内，作为燃料元件棒，管的两端密封放射性物质不能外逸。第二道屏障就是压力壳，这是一个壁厚为 200mm 左右的钢制高压容器，它把整个堆芯和冷却剂都装在里面，管道也有特殊的防泄漏措施，即使第一道屏障有泄漏，第二道屏障压力壳也能把放射性物质密封住。第三道屏障是安全壳，这是一个顶部为球形的圆柱预应力钢筋混凝土结构，内径约 37m，高 60m，壁厚 0.9m，内壁还衬有钢板。整个一回路的设备都装在里面，即使第二道屏障压力壳破裂，放射性物质也被密封在安全壳内。安全壳有良好的密封性能，能承受极限事故引起的内压力和温度剧增，能承受龙卷风、地震等自然灾害，能承受一架波音 707 飞机坠毁的撞击。第三，核电站还有一系列纵深的防御措施，如对核电站的设计、制造、施工、人员培训等都有严格的审批制度，以确保安全运行。核电站有一套完整的保护系统，该系统以假想的最严重事故作为安全设计依据，万一发生事故，能够自动采取许多应急措施，甚至自动紧急停堆，以使事故不致扩大，保证反应堆的安全和安全壳的完整。核电站的三废处理有严格的标准和切实的监督。所有这一切都是为了确保核电站的安全和把核电站事故的影响减到最小。

自从人类建设核反应堆以来，虽然发生过各种类型的事故，但真正释放出放射性物质的事故并不多，发生元件熔化事故的次数就更少。据统计，在 1979 年 3 月美国三哩岛核电站事故之前，全世界反应堆发生元件熔化事故已知有 19 次，其中有 13 次发生在研究、实验堆上，有 4 次发生在生产堆上，只有 2 次发生在核电站上（其中一次是发生在实验性核电站上）。这 19 次元件熔化事故，有 15 次是在早期，即在 1965 年以前发生的，而 1966—1979 年期间只发生过 4 次，三哩岛核电站事故是其中引人注意的一次。

三哩岛核电站位于美国宾夕法尼亚州哈里斯堡的萨斯克海默河中三哩岛上，电站共有两个反应堆，发生事故的是二号堆，该堆的电功率为 95.9 万 kW，属于压水堆，1978 年 12 月起动运行。1979 年 3 月 28 日清晨发生严重失水事故，堆芯两次露出水面，大部分燃料元件损坏，部分熔化，氢气在安全壳内发生爆炸。引起事故的原因是水泵、阀门、信号灯的故障和操作人员连续的误操作，以及电站设计和管理人员培训等方面的问题。其虽然是最严重的一次核电站事故，但释放的放射性量并不很大。对工作人员的剂量监测表明，12 个工作人员虽然受到相当大剂量的核辐射，但大都没有超过允许值 30mSv（只有 3 个人超过允许值，其剂量分别为 31mSv、34mSv 和 38mSv）。在 80km 范围内的居民和环境所受的剂量只是允许值的 1/500。这次核事故辐射影响是轻微的，但却对人产生了极为广泛而严重的心理影响，它不仅引起该核电站周围居民的不安，而且引起全世界几乎所有核电站附近居民中的怀疑和不安。由于受到反核能组织和个人的强烈反对，许多国家的核能发展计划都有所推迟或削减。

苏联切尔诺贝利核电站第 4 号机组的事故发生于 1988 年 4 月 26 日凌晨 1 时 23 分，这是迄今世界核电史上最严重的一次事故。这次事故，核反应堆堆芯熔毁，石墨砌体燃烧，燃料管道爆炸，炸毁了反应堆和部分建筑物，大量的放射性裂变产物释放到外界环境中。这次事故导致 31 人死亡，1000 人受伤，核电站周围 30km 的居民 13.5 万人疏散，并造成了至少 30 亿美元的经济损失。此外，放射性物质还影响到邻近的芬兰、瑞典、波兰等国。第 4 号机组发生事故后，其余的三个机组也于当天和第二天相继停止运行。

切尔诺贝利核电站位于基辅市东北 130km 处，其堆型为 RBKM1000 型压力管式石墨慢化沸水堆。这种堆型与目前大多数国家所采用的压水堆不同，它的堆芯由直径 12m、高 7m 的石墨砌体，金属铀燃料，压力管等构成。石墨砌体温度高达 700℃，易燃，遇水也会产生易燃气体，是安全隐患。这种堆也没有安全壳，发生事故时放射性外泄严重。也就是说，这种堆型有先天不足之处。切尔诺贝利核电站第 4 号机组是在 1983 年 12 月投入运行的，为了检修，计划于 1986 年 4 月 25 日停堆，并利用停堆的机会，在发电机组上进行一些试验。试验大纲编写粗糙，工作人员又违反了大纲要求，连续多次操作失误，以致几起本来极不可能同时发生的事故都凑在一起，使反应堆进入不可控状态，致使 4 号机组接连发生两次爆炸。

从以上两次重大核电事故来看，事故的原因主要有三方面：一是反应堆设计上的问题；二是设备故障；三是操作人员操作失误。这些因素都可以不断完善，使核电的安全性得到进一步提高。经过这两次重大事故之后，核电的安全性将更加受到重视，核电系统也会发展得更加完善。

（4）核电站的退役问题

核电站的退役不是简单关闭和拆除就行的。它由于涉及放射性污染而变得很复杂并且开销很大。关闭核电站有三种办法：一是关闭后立即消除污染和拆除设备；二是将核电站"封存"50～100 年，待其放射性衰减然后拆除；三是把废弃的电站建成一座"永久"的坟墓，即永久埋藏。在这三种办法中，立即拆除方案要对受辐照的结构消除污染，对钢材和混凝土进行切割，装入专用的废物埋藏设备中。封存方案要设岗哨以防止公众闯入，等 50～100 年之后再拆除。埋藏方案要用钢筋混凝土覆盖整个反应堆，并设障碍物防止人们无意闯入。专家推算，每个反应堆的退役费用在 5000 万至 30 亿美元之间。一般认为，压水堆立即拆除的费用估计是最便宜的，而沸水堆关闭 30 年后拆除是最贵的，因为它的污染废物量较大。随着早期兴建的核电站的陆续退役，这个问题已引起人们的注意，许多国家仍在探索中，尚未制订出有效的办法。

4. 世界核电发展情况

自从 1954 年苏联在奥布宁斯克建成世界上第一个核电站以来，核电发展速度很快。据不完全统计，2022 年核电在全世界发电量中所占比例约为 10%，已成为电力生产中一个重要组成部分。截至 2022 年，世界上已有超 35 个国家已建或正在修造核电站，表 6-4 列出了主要国家和地区拥有的核发电装置概况。随着世界能源短缺以及生态环境进一步恶化，将会有更多国家把核能作为能源建设的一种选择。

表 6-4 2022 年世界上部分核能电站概况

国家	核电运行数量	占本区总发电量/%	核发电总量/10^8 kW·h
全世界	422	9.2	26790.1
法国	56	69.0	2947.3
乌克兰	15	55.0	620.7
韩国	25	28.0	1760.5
俄罗斯	37	20.0	2238.9
美国	92	19.6	8121.4
加拿大	19	14.3	866.4
英国	11	14.8	477.2
日本	33	7.2	517.7
中国	55	5.0	4178.0
印度	22	3.2	461.9

我国核电发展强劲有力。在 20 世纪 90 年代初，以自主技术建成的我国浙江秦山核电站一台机组，装机容量 30 万 kW，成功并网发电，结束了我国无核电的历史。截至 2024 年，中国商运核电机组共 55 台，总装机容量 5703 万 kW，位居全球第三。在建及已核准核电机组 38 台，总装机容量 4480 万 kW，在运、在建及已核准总装机规模超过 110^8 kW。2023 年，中国核电机组发电量为 4334×10^8 kW·h，位居全球第二，占全国发电量的 5%，年度等效减排二氧化碳约 3.4×10^8 t。预计到 2035 年，核能发电量在中国电力结构中的占比将达到 10% 左右，与当前的全球平均水平相当，相应减排二氧化碳约 9×10^8 t。预计到 2060 年，我国核电发电量占比将达到 18% 左右，与当前经合组织国家平均水平相当。

5. 核电的技术经济效益

① 核电的经济效益。据国外资料，从计划到建成一座核电站需要 8～10 年。20 世纪 80 年代初期，建设一座 100 万 kW 级的核电站，投资约 12.5 亿美元，其中机械设备约占 50%，安装费占 20%，土建及征地费占 30%。同其他火电站相比，核电站的投资是高的，但燃料费比较低，故总成本可以低于其他电站。国外核电每千瓦时电的成本已经低于煤电。根据国外的资料，煤电每千瓦时的成本为 1 美元，法国核电每千瓦时的成本为 0.56 美元，意大利为 0.63 美元，日本为 0.66 美元，挪威和英国为 0.69 美元，比利时为 0.71 美元，瑞典为 0.74 美元，荷兰为 0.76 美元，美国为 0.98 美元，平均是 0.71 美元。发电成本的计算是很复杂的，受多种因素变动的影响。但从上述数字来看，即使有些误差，核电肯定也是便宜的。

② 其他经济利益。核电站在减少煤炭运输量、减少环境污染、解决化石燃料短缺方面有重大意义，其经济效益有些是难计算的。众所周知，1kg 铀-235 相当于 2700t 标准煤，因此，可以大大减少燃料的运输量。一座 100 万 kW 的燃煤发电厂，每年约消耗 300 万吨原煤，电站如按每年满功率运行 300 天计算，则平均每天要有一艘万吨轮船或三列 40 节车厢的列车运输煤炭。同样功率的压水堆核电站，每年只需 30t 燃料（核燃料中铀的含量只有 3% 左右，实际上每年只消耗 1t 铀），其运输量微不足道。所以，发展核电对缓解我国铁路运输压力，意义尤为重大。核电是清洁能源，由于有了核电站，目前全世界每年减少了 20 亿吨二氧化碳的排放。而且，核电站不像燃煤电站那样向外部环境排放大量煤渣、烟尘、硫、氮、碳等的氧化物，以及汞、镉、苯并芘等致癌物质。有鉴于此，发展核能将是今后能源发展的重要方向，是解决全球性能源枯竭问题及保护环境、保证可持续发展的重要途径。

6. 受控核聚变的发展

把轻核聚合成较重原子核的反应叫聚变。核聚变可释放出比核裂变巨大得多的能量。但核聚变要求的条件也苛刻得多，也更难控制。氢弹的爆炸就是利用氢的同位素氘和氚的热核聚变过程。氢弹是利用原子弹爆炸所产生的高温高压来达到轻核聚变所要求的条件，整个氢弹的爆炸过程仅为百万分之几秒，是一种不可控制的释能过程。现在，人们期望这种热核反应能在人工控制下慢慢地进行，并把所释放出的能量变成电能输出。这样的过程就叫作受控热核反应或受控核聚变，其装置见图6-7。

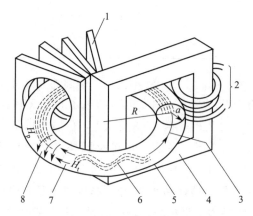

图 6-7　托卡马克装置结构示意图

1—产生环场的线圈盘；2—变压器线圈；3—等离子体电流；4—变压器铁芯；
5—金属外壳；6—螺旋场；7—环场 H_t；8—角场 H_p

要实现受控热核反应，必须满足两个基本条件：一是温度；二是等离子体密度和约束时间。对于氘-氚的核聚变反应，要求的温度为1亿℃；而对于氘-氘的核聚变反应，则要求高达5亿℃。等离子体是指参加反应的气体完全分解成带正电的原子核和带负电的电子，即成为高度电离的气体。等离子体密度越大，越有利于聚变反应的进行。反应堆里的等离子体密度最好是每立方厘米有 $10^{14} \sim 10^{18}$ 个原子核。约束时间是指参与反应的等离子体被约束在一定空间范围内的时间。约束时间越长，越有利于反应的进行。根据研究的结果，为使聚变反应堆达到自持的条件，等离子体密度和约束时间的乘积必须大于某一常量，这个常量称为劳逊条件。对氘-氚反应来说，劳逊条件应超过 10^{14}，对氘-氘反应则应超过 10^{16}。

聚变反应等离子体温度极高，用任何材料制造的容器都"容纳"不了。但是，等离子体是带电的粒子，在磁场中会受到磁场的作用力。如果我们把磁场的形状、强度、分布都设计得比较合适，就可以使这些高温等离子体在规定的磁场内运动而不向四面八方扩散，即用磁场把这些高温粒子约束住，这就是磁约束（图6-8），它具有任何容器都达不到的作用。用超导磁体构成的强大磁场可以达到6~8T，所能约束的等离子体压强已超过反应堆所要求的标准。此约束装置有各种设计，其中以托卡马克系统的性能最好，它以氘、氚各半作为燃料，高温等离子体在环管的中心部分进行热核

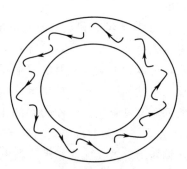

图 6-8　螺旋形磁场
（角场与环场的合成）

反应。

目前人工核聚变所用的原料，即核聚变燃料，是氢的两种同位素氘（D）和氚（T）。氘以重水（D_2O）的形式存在于海水中，可通过一定的技术从海水中分离富集得到。氚在自然界中不存在，但可通过下列裂变反应由锂制得：

$$_3^6Li + _0^1n(慢中子) \longrightarrow _1^3H + _2^4He$$

$$_3^7Li + _0^1n(快中子) \longrightarrow _1^3H + _2^4He + _0^1n(慢中子)$$

虽然锂在地壳中的储量是有限的，但上述过程释放出的聚变能大体相当于目前全部化石能源的总能量。而氘可从海水中分离得到，已知海水中 D_2O 的含量约为六千分之一，地表海水总量为 10^{18} t 数量级。由此计算，海水中蕴藏的氘所能提供的核聚变能量，相当于世界全部化石燃料的总能量的 5000 万倍。若按目前全世界能量消耗水平，估计可使用几百亿年。这实际上可认为是取之不尽、用之不竭的。迄今为止的研究成果还表明，核聚变能的利用效率应比核裂变能高。核聚变产生的放射性物质的量约为裂变反应堆的万分之一，而且不产生其他污染物，对环境的热污染也比裂变反应堆低，因而是一种比裂变能更高效、更持久、更丰富的能源。所以对核聚变能的开发利用，成了当今世界各国科学家研究的热点，受到各国政府的高度重视，纷纷投入大量的人力、物力、财力。但由于核聚变反应需要非常高的活化能（约 4 亿℃以上的高温），创造这样高温的环境条件十分困难，目前在氢弹中是以核裂变来引发核聚变的。而一旦引发了核聚变反应，再要控制核聚变反应的速率，使之成为受控核聚变反应，则比引发核聚变反应更要困难千万倍。至今，人类还没有完全解决这一难题。要真正实现可控核聚变，使之为人类服务，还有很长的路要走。我国对于受控核聚变的研究十分重视，于 20 世纪 50 年代中期开始进行核聚变研究，成都核工业西南物理研究院是我国最早从事受控核聚变研究的单位，其研究成果一直处于国内领先地位，并取得了一批具有特色的、达到国际先进水平的研究成果。该研究院于 20 世纪 80 年代建成中国环流器 1 号装置，开辟了我国核聚变研究的新天地，为我国在国际核聚变研究领域争得一席之地。20 世纪 90 年代又建成了中国环流器新 1 号装置，达到国际上同类型、同规模装置的先进水平，受到世界各国同行的关注与肯定。经过几十年的不懈努力，我国受控核聚变已经形成了以磁约束核聚变为主、惯性约束核聚变为辅的研究格局，建成了多台先进的核聚变实验装置，取得了一系列重要成果。特别是我国自主设计研制的新一代人造太阳"中国环流三号"取得了重大突破。2023 年 8 月，中国环流三号实现了 100 万安培等离子体电流下的高约束模式运行，刷新了我国磁约束核聚变装置的纪录。2023 年，我国交付了全球最大的人造太阳项目的最后一批磁体支撑产品，标志着我国可控核聚变的发展进入了新的阶段。

二、太阳能

太阳能就是太阳辐射的能量。太阳是一个炽热的气体球，其内部持续不断地进行着核聚变反应，其表面温度高达几百万摄氏度，不断向宇宙空间辐射出巨大能量，其中仅有很微小的一部分辐射到达地球表面。虽然太阳辐射到地球的能量大约仅为太阳辐射总能量的 22 亿分之一，但这部分能量估计仍有 1.73×10^{14} kW 之巨。其中约有 30% 被地球直接反射回宇宙，70%（大约为 1.21×10^{14} kW）被地球吸收，成为地球上最主要的能源。正是由于太阳辐射源源不断地为地球供给能量，地球外围的大气和地表水层、土层、岩石层才能保持合适且基本稳定的温度，造成一个适合于人类和众多生物生存繁衍的环境。正因为有了太阳辐射，才造成了地球大气层的对流运动，及风雨雷电等气象变化，才有了奔流不息的江河，永不干涸的海洋，以及冰峰、积雪、波浪、风暴，等等。有了太阳，才有世间万物的生长，也才有今天的化石燃料。因此可以说，太阳辐射是地球上一切能源的本源。当然我们现在所要利用的太阳能，是指直接利用辐射到地面的太阳能。

太阳能是一种可再生能源，而且对人类而言是取之不尽、用之不竭的，绝不会有枯竭之虑。太阳能可直接利用，不产生污染，是一种清洁、环保能源。太阳普照大地，不存在长途输送的问题。可以说传统能源的缺点及局限性，对太阳能而言不复存在。太阳能确实是一种很优异的新能源。虽然自古以来人们早就知道利用太阳能取暖、晒盐等，但这只是在极低水平上直接利用太阳能，与现在讨论的把太阳能作为新时代的新型能源利用是不可同日而语的。但是到达地面上的太阳辐射的能量密度一般极低，必须把大量辐射聚焦在一起，才能达到可实用的强度。而且日照受到纬度高低、海拔高度、天气阴晴、昼夜交替等自然条件的影响，地面上不同地点、不同时间太阳辐照通量和强度起伏变化很大。对太阳能进行大规模收集、转换及储存的技术尚未完全解决，因此制约了太阳能的大规模开发利用。虽然自20世纪70年代发生石油危机以来，世界各国都加强了对太阳能的开发利用，也有了很大进展，但在整个能源结构中占比仍然很小，还有许多工作要做。

目前对太阳能的利用，主要可分为三个方面：太阳能采暖和制冷、太阳能热力发电、太阳光发电。

1. 太阳能热力发电

太阳能热力发电是利用太阳的热辐射，通过太阳能热机产生的动能来带动发电机发电。太阳能热力发电系统主要包括集热器、接收器、热传输装置、蓄能器、热交换器、发电装置等。

塔式双工质太阳热发电系统是比较典型的大功率太阳热发电系统。这种系统的特点是有一个面积可达几千平方米的采光场，装有一百至几百个定日镜，采光场中央建有一个高几十米的竖塔，塔顶装有接收器（太阳锅炉）。采光场上所有的定日镜都把太阳光反射到竖塔的接收器上，对载热介质钠进行加热。为了把太阳的辐射直接准确地反射到接收器的受热窗口上，定日镜要随着太阳高度角的变化而调节其角度，即需要有跟踪装置，用电动机驱动，由微机控制，追踪日光运动。图6-9为1000kW的塔式太阳热发电试验电站，装有8000多个定日镜。

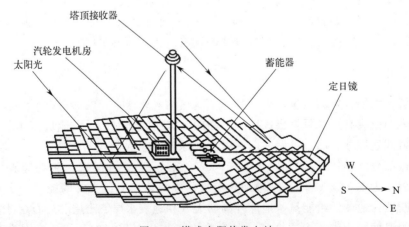

图6-9 塔式太阳热发电站

太阳热发电站可以用水作工质,但在常压下水的沸点为100℃,热效率低。为提高循环效率,需要提高工质温度,这就要相应提高压力,因而使整套设备变得很笨重。采用双工质可使问题得到较合理的解决,双工质一般采用钠和水。

钠的沸点为881℃。把液态钠注入塔顶的接收器中,定日镜反射的太阳能把它加热到593℃,然后经管道通到热交换器,在热交换器中把热量传给水,产生537℃的过热蒸汽,送到汽轮发电机组,具有较高的热效率。钠在热交换器中被吸热而温度下降,但在出口处仍达343℃,重新被送回到塔顶接收器中加热。采用这种双工质系统,塔顶接收器的尺寸比较小,质量较轻,管道压力也较低,可省投资。还有一个好处,就是液体钠是一种很好的蓄热介质,在没有阳光的情况下,钠储存罐中储存的热量足以保证太阳热电站满负荷运行3h以上。塔式太阳热发电系统适合于大功率电站。但是,定日镜的造价很高,占整个电站造价的50%以上,甚至达到80%,成为影响电站经济性的关键设备。因此,改进其结构、降低定日镜的造价成了主要研究课题之一。

美国在离洛杉矶225km的莫赫弗荒芜地区,1983～1988年相继建成了7套太阳热发电系统,第一套系统的装机容量为1.38万kW,其余的均为3万kW,每套系统集光器面积近20万m^2。发电系统采用计算机控制,集光器自动跟踪太阳。这是目前世界上最大的系统。这7套系统由于成功的运行而得到美国工程师协会1989年的能源转换工艺奖。美国还计划建造10万kW的商业示范太阳热电站,定日镜数量多达29300台,采光场占地约3km^2。

2. 太阳光发电

把太阳光直接变为电能的变换器称为太阳电池。太阳电池是由美国贝尔研究所的两名科学家于1954年首先发明的,是硅太阳电池,当时的效率为6%。太阳电池研制成功后就用于电信装置上。1958年,美国发射的"先锋1号"人造地球卫星,就使用了太阳电池作为通信电源。宇宙开发促进了太阳电池的开发。

(1) 太阳电池的原理

从太阳电池的结构和工作原理(图6-10)可以看出它具有以下特点:①它是利用光线照射到具有p-n结的半导体上,通过光电效应而产生电能,不需燃料,不排放气体,没有运动的部件;②小容量发电系统(如100W或1000W)的发电效率同大容量的系统一样;③在多云天气下的漫射光也能发电;④其寿命是半永久性的。

(2) 太阳光发电的现状

1954年美国发明了太阳电池之后,曾应用于人造地球卫星,后来也用于通信中继站、灯塔和自动气象站等,但因价格昂贵而未能普及。1973年石油危机之后,美国和日本等都很重视太阳电池的研发,使太阳电池在品种、产量和性能上都有了很大的发展。

太阳电池的种类现在已经发展得相当繁多。按材料种类可分为硅太阳电池、化合物半导体太阳电池、有机半导体太阳电池;按材料的结晶形态可分为单晶太阳电池、多晶太阳电池、非晶太阳电池;此外,还有上述各种电池的组合。单晶硅太阳电池的特点是效率高,在正常阳光下光电效率可达22.8%,在阳光聚集情况下可达28.2%。如果进一步改进设计,效率还可提高。非晶硅(aSi)太阳电池是一种新型的太阳电池,其特点是成本低、制造简单、消耗材料少,每块基板能得到较高的电压,是一种低成本、性能良好的太阳电池。

太阳电池的进一步开发,主要集中于三个方面,即高效率化、低成本化和对宇宙的开发。

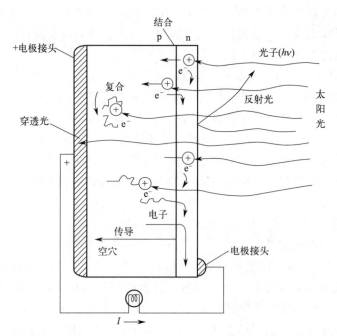

图 6-10 太阳电池的原理

近年来，中国光伏行业实现了飞速发展，产业规模持续扩大，增速显著。受益于国内外市场对清洁能源的强烈需求，光伏装机容量和产量均实现了快速增长。目前，中国已经成为全球最大的光伏产品制造和出口国，为全球光伏产业的发展做出了重要贡献。在太阳电池发电组件和开发与电网连接的光伏发电系统方面，我国实现了由"跟跑""并跑"向"领跑"的巨大跨越。1998 年我国第一个 3MW 多晶硅电池及应用系统示范项目开始实施，中国光伏产业的序幕从此拉开。2001 年，无锡尚德建立 10MW（兆瓦）太阳能光伏电池生产线获得成功。2002 年 9 月，尚德第一条 10MW 太阳能光伏电池生产线正式投产，产能相当于此前四年全国太阳能光伏电池产量的总和，将我国与国际光伏产业的差距缩短了 15 年。至 2007 年，中国成为全球最大的光伏制造国，年产量达到 1088MW。2011 年，中国光伏仅组件产量已经达到了 24.3GW，占全球总产量的 66%，其中欧洲 51%、美国 86% 的光伏组件均来自中国。截至 2021 年底，中国累计装机 308.5GW，位居世界第一，超过欧盟（178.7GW）和美国（123GW）之和。2023 年年初，国内首个千万千瓦级的新能源计划"沙戈荒"项目也在库布其沙漠落地，该项目的总装机规模达到了 1600 万 kW，光伏发电就占了其中的 800 万 kW。据估算，项目完成之后，其一年所发的电量将可以达到 20 个三峡水电站的巨大规模。

我国对光伏技术（太阳电池技术）相当重视，先后启动了送电到乡、光明工程等一系列扶持项目。2009 年国家能源局和住建部分别开展了"金太阳示范工程"和"太阳能光电建筑应用示范工程"项目，极大地推动了我国光伏事业的发展。此外，我国还出台了光伏发电补贴政策，为做好分布式光伏发电并网服务工作铺平了道路。

目前，太阳能光伏仍面临诸多挑战。第一是要提高性能，太阳电池要作为电力应用，大面积组件的效率至少要达到 10%~15%，否则就无法同现有的发电方式竞争，且在可靠性方面，要研究出在室外使用 20~30 年而性能不衰降的技术；第二是要开发低成本的全新的生产技术，即开发从基板制造到组件出厂都是全新的生产工艺；第三是开发边缘技术，包括使用太阳电池的电力系统技术、高性能蓄电池和蓄电系统等。

我国光伏太阳能电池技术在近几十年来有了长足的进步。1972年第一次将太阳电池用作我国第二颗人造地球卫星电源,随后又开拓了地面应用,在航标灯、铁路信号、通信电源等领域陆续得到推广应用。现在,我国已初步形成了包括生产、应用、开发、研究的光伏发电行业。1985年以来,我国引进了太阳电池生产线和部分生产设备,使每年生产单晶硅、多晶硅和非晶硅太阳电池的能力超过4.5MW,质量可达到国际水平。我国作为世界光伏产业发展增速最快的国家,拥有世界最大的太阳能光伏产业规模,截至2020年底,我国光伏组件的年产量已连续14年处于全球领先地位。与此同时,我国光伏产业已形成完整的产业配套设施,包括光伏专用设备、平衡部件和配套辅材辅料等,并且产业链各环节的规模也实现了全球领先。得益于良好的政策环境与技术积累,我国在硅材料生产、硅片加工、太阳电池制造及光伏组件生产等环节已经具备了成套供应能力。

(3) 太阳光发电未来展望

目前太阳光发电,即使在工业发达国家,主要还是用于家用电器和一些特殊用途。但从技术发展趋势来看,太阳电池在经济上和技术性能上是有可能成为骨干电源的。由于世界能源的枯竭和环境保护的需要,人类对太阳能寄予很大希望。

有学者曾提出宇宙发电计划,它是一个利用太阳能的宏伟计划。在宇宙空间,太阳能强度为地面的1.4倍,又没有黑夜,太阳能发电的效率将大为提高。因此,可以设想在太空利用太阳能发电,把所得的电力转换成微波,传送回地面,重新转变为电力以供使用。这种发电方式称为太阳卫星电站(SSPS)。按这种设想,在距地面5.8万km的太空轨道中建设一个11km×4km的大型太阳电池板,包括一个面积约为$0.8km^2$的喇叭形天线;在地面建造接收天线,面积为$50km^2$左右。电站的功率预计为850万kW,这些电力带动多个微波发生器,微波的转换效率为90%,微波输电的效率达95%,再把微波转变成电力的效率为90%,故系统的总效率预计为77%。建设这样的电站,工程是非常浩大的,整个电站总重量为1800万kg,需要分成若干部分,逐一发射到轨道上去,再装配起来,图6-11是太阳卫星电站示意图。这种电站的最大特点是发电效率高。地面太阳能发电系统每年的日照时间为1750h左右,而SSPS系统可达8760h,而且不受昼夜、季节及气候变化的影响,太阳能的利用率较在地面高15~23倍。建设太阳卫星电站要解决的技术问题很多,如把建造材料发射到太空、在太空太阳电池嵌片的装配、太阳能材料的耐辐射性问题、把电能传送回地球,等等。

近年来也有科学家提出了一个用太阳光发电以解决全世界能源的计划,称为太阳电池发电超导电缆联网的全球供电网络,即GENESIS计划。根据预测和计算,全世界2000年消费的一次能源折合为140亿m^3石油。如果太阳光发电的转换效率为10%,那么,$807×807km^2$的面积就足够,相当于全世界沙漠面积的4%。在实际建设时,加上要留出道路、绿地以及发电厂建筑物等面积,实际占用面积为上述面积的1.5~2倍。如果在适合的地方都建立太阳发电站,再用超导电缆把全世界太阳发电站联成一个电网。这样,尽管有些地方阴雨或夜晚,仍可保证全球的供电。GENESIS系统示意图如图6-12所示。

还有一种设想,它兼有SSPS和GENESIS计划的特点。该设想是在适于建立太阳光发电站的地方建立阳光电站,把电力变成微波,传送到电力中转卫星,再传送到要用电的地方,如图6-13所示。关于建设阳光电站的地点,以南纬30°到北纬30°之间最为适宜,那里不仅阳光的照射最强,而且多是开阔平坦的沙漠和海洋,建设大规模阳光电站的困难也要小些。

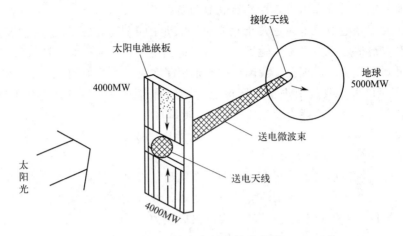

图 6-11　太阳卫星电站示意图

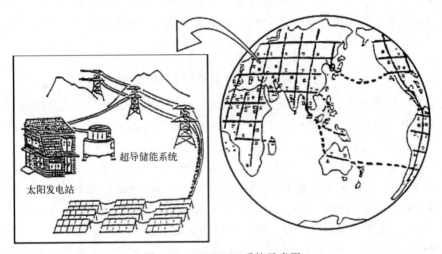

图 6-12　GENESIS 系统示意图

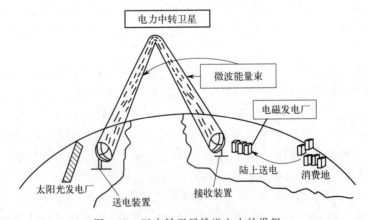

图 6-13　以中转卫星输送电力的设想

人类社会发展与环境保护的矛盾始终存在，大量使用传统化石能源带来的环境污染问题已经威胁到人类的可持续发展。太阳能作为新能源的一种，通过光伏技术完成太阳能向电能的转化,有望缓解能源紧张和环境污染等问题。而"双碳"目标的提出,更是助推了太阳能行业的发展。相信未来随着技术的成熟,太阳能将更多地出现在人们的视野中。

三、其他新能源

1. 海洋能

海洋面积占地球总面积的 70.8%,蕴藏着多种形式的巨大能源。海洋能分为波浪、潮汐、海流、海洋温度差、海水浓度差以及海洋生物等形式,分别属于运动能、热能和化学能。

潮汐能是被开发得最有成效的。潮汐是海水在月球和太阳等天体引力作用下产生的一种周期性涨落现象,一天两次。利用潮汐能的主要方式是潮汐发电。潮汐主要集中在狭浅的海湾、海峡和一些河口潮差比较大的地方。目前世界上有 28 个潮差地域被认为最适合兴建潮汐电站。例如,加拿大和美国交界的芬迪湾,是世界上潮汐最大的地方,潮差达 19m。潮汐发电的原理和水力发电差不多,它是在海湾或有潮汐的河口上建一座拦水堤坝,形成水库,并在坝中或坝旁放置水轮发电机组,然后利用潮汐涨落时海水水位的升降,使海水通过水轮机时转动水轮发电机组发电。

法国朗斯河口潮汐发电站是世界上已建成的最大的潮汐发电站,在全长 750m 的堤坝上装有 24 台 1 万 kW 灯泡型水轮发电机组,总装机容量 24 万 kW。1968 年初已开始发电,年发电量 5 亿多千瓦时。苏联 1968 年在巴伦支海建成一座装机容量为 800kW 的基斯洛潮汐电站。1974 年朝鲜在大同江下游的台城川建成一座装机容量为 250kW 的小型潮汐电站。美国、加拿大、阿根廷、苏联等国也相继筹建潮汐电站。我国在浙江等沿海地区有 7 座潮汐电站在运行,装机容量约 1 万 kW,其中最大的是浙江江厦潮汐电站,装机容量 3100kW。

海水温差可以用来发电,它以海洋表层的温海水(25~28℃)作为高温热源,以 500~1000m 深处的冷海水(4~7℃)作为低温热源,用热机组成热力循环进行发电。表层海水与深层海水之间存在着约 20℃ 的温差,这种海水温差能就是所能利用的能量。

现代的温差发电,以丙烷、氨、氟利昂等低沸点的物质作为工质,它们的沸点分别为 42.3℃、33.3℃、29.6℃,这些工质在 25℃ 的海水加热下即可变为高压蒸气,用以推动涡轮机发电,由涡轮机排出的低压蒸汽在冷凝器中用海洋深层冷水冷却成液体,再经泵加压,循环使用。这样,通过低沸点工质的循环,就可以持续地利用海洋温差进行连续发电。闭式循环海洋温差发电系统如图 6-14 所示。

世界上第一座海洋温差发电装置于 1979 年在美国夏威夷岛建成。该装置安装在一艘 268t 的海军驳船上,以一根直径 0.6m、长 663m 的聚乙烯冷水管垂直伸向海底,利用温度为 7℃ 的深层海水来冷却工作介质氨。这台装置能发出 18.5kW 的电力。在这之后,美国洛克希德公司设计的海洋温差电站,输出功率为 16 万 kW。这个装置的每个蒸发器和冷凝器均由 12 万根长 16m、直径 0.51m 的钛管组成,其结构复杂可见一斑。除美国外,其他国家如法国、日本等也在积极开发海洋温差发电。地球上兴建海洋温差电站最有利的地域有古巴、巴西、安哥拉、西非、阿拉伯、斯里兰卡、印度尼西亚、菲律宾以及澳大利亚北部等沿海海域。我国南海全年平均水温在 25~28℃,兴建海洋温差电站也具有很大潜力。

2. 风能

太阳的辐射能穿过大气层时被大气层吸收,使大气被加热而产生了对流运动,形成了

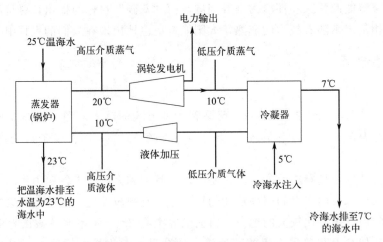

图 6-14 闭式循环海洋温差发电系统简图

风。所以，风能实际上也是太阳能。据估计，地球上的风能约有 $2\times10^{10}\,\text{kW}$，相当于目前全世界总能耗的 2 倍多。如果风能能够利用，将大大缓解当前世界能源问题。

近代风能的利用主要是发电，有少量风轮机用于提水或作其他动力，也可将风力转换为热能以供取暖。风力发电的发展主要受到三个因素的影响：矿物燃料的国际价格、风力发电的成本、环境的限制。

风能发电装置主要由风轮机、传动变速机构、发电机等组成（图 6-15）。风轮机是发电装置的核心，它的式样很多，大体上可分为两种类型：一种是桨叶绕水平轴转动的翼式风轮机，它又可以分为双叶式、三叶式、多叶式；另一种是绕垂直轴转动的 S 形叶片式、S 形多叶片式等。目前用于发电的主要是翼式风轮机。

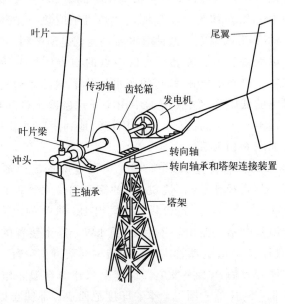

图 6-15 风力发电装置的基本结构

风能发电装置在发展过程中根据其用途可分成两大类：一类是中小容量风能发电装置，主要为农村或分散的孤立用户而设计，机组容量从几百瓦到几十千瓦，其工作风速从每秒几米到十几米都适用,可用于各种恶劣的气候条件。这种装置多采用直流发电机蓄电池配套装置,从而在风速多变的情况下也能对外提供恒定的电压。小机组输出电压较低,最好就地使用,如果负载离发电站较远,输电的线路损失会相当大。另一类是大容量风能发电装置,其容量在几十千瓦至 100kW 甚至 1000kW 以上,同火电网并网运行。大机组采用水平轴螺旋桨式风轮机比采用立轴风轮机要经济,而且风轮直径越大,单位功率投资越少。这种大容量机组采用交流发电机。

目前全世界大约有 50 万部风力发电机在运转,其中用于发电的总功率约为 100 万 kW。美国加州奥克兰东面的小山上安装了 100 台风力发电机,每台功率 50kW,叶片直径 18m,十分惹人注目。这些机组每千瓦时的成本仅 8 美分。欧洲的几个国家也都具有实力较强的风能工业,所生产的中小型风力发电机组足以左右世界风力发电机市场,同时他们还积极开发大型机组和风力田。

自 1973 年石油危机以来,风能的利用受到更多的重视。美、英、加、瑞(典)、丹、荷、意等国纷纷成立"太阳能风能"专家小组,探索和评价可再生能源作为国家未来能源的潜力。许多国家的政府在此基础上还以立法的形式制定了发展风能利用的政策、法律和实施计划。因此,在 20 世纪 80 年代,各国除了继续发展 10kW 以下的风轮机组外,还大力发展几十和几百千瓦的风轮机组,在风力资源较好的地区建立风轮机群(风力田),并使其联机运行和并网供电,见图 6-16。风力田的单机功率选用多大为宜,随着技术进步而变化。1984 年以前,风力田主要采用 30~100kW 的风力机群,这主要是因为这些中小型机组在技术上比较成熟。1984 年以后发展得更多的是 100kW 以上的机组,以降低发电成本。

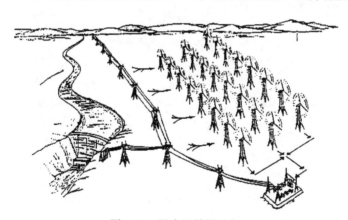

图 6-16 风力田并网运行

风力田不仅可建于陆地上,还可考虑建于近海。海上风力田不占陆上土地,而且近海风况优于陆地,但缺点是费用高于陆地,而且不便于维护和操作。国外从 20 世纪 70 年代初就开始论证近海风力田的开发问题,认为近海风能利用的潜力远远高于陆地。以瑞典为例,陆上风能潜力估计为 30~70 亿 kW·h/年,而海上则高达 230 亿 kW·h/年。英国估计近海风力发电潜力为 2000 亿 kW·h/年。丹麦在陆地上已安装了大批中小型风力发电机,提供全国电能的 1% 左右。预计将来风电增长,就要利用近海风场。建造近海风能电站尚需进行开发和试验,但估计没有很大的技术障碍,最大的难题是成本问题。21 世纪初,近海风能电站预计会大批出现。

我国的风力发电从 20 世纪 70 年代后期进入了一个新的发展阶段,确定了以小型为主的方针,先后在内蒙古、新疆、山东、青海、甘肃和沿海省份开展了风能开发研究和应用的试点工作。目前全国共拥有风力发电机组约10万台,其中7万台在内蒙古。在山东荣成、福建平潭、广东南澳、浙江大陈岛等地建立了风电试验场。新疆达坂城建成了装机容量达4000kW的风力发电场,是我国当前最大的风力发电场,场内装有丹麦制造的150kW机组10余台。

我国电网覆盖率不高,农村、牧区和一些偏远地区仍存在无电、缺电现象。因此,凡是风能资源丰富的地区,在风能利用具有一定经济竞争力的条件下,应尽可能开发利用风能。农村以发展小型机为主,采用蓄电池储能的独立运行方式,主要解决生活用电;中型机组可解决生产用电,但在无电网区需与单台柴油机并联运行或交替运行;在风力资源特别丰富的地区,应发展由中型机组成的风力田。

3. 地热能

地热能是指蕴藏于地球内部的热能。地球是一个庞大的热库。地核距地面约2900km,地核的温度估计高达几千摄氏度。在地核外面包裹着一层厚厚的熔岩称为地幔,温度高达1100~1300℃,地幔的外面是由冷的坚硬岩层构成的地壳,地壳层厚度仅为30~40km。据估计,仅在地壳10km内含有的地热能就足够人类使用40万年。图6-17是地壳内的地热与地表水对流的剖面图。地表水通过地壳裂缝渗入地壳岩层中,在热岩浆上方的可渗透岩层中被加热。如果含水层上方覆盖着一层不可渗透的冠岩,将阻止热水流到地面上来。在这种情况下,打口地热井钻透冠岩到达高压热水区,即可获得地热能。如果水温足够高,蒸汽会通过地热井输送到地面,设法将其导入汽轮机,即可带动发电机发电,如图6-18所示,从而实现地热能向电能的转换。

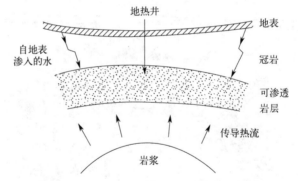

图6-17 利用对流传热的地热系统示意图

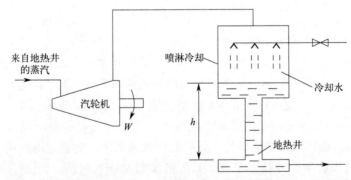

图6-18 一台涡轮机与一台气压式冷凝器组合而成的地热发电系统

然而,蕴藏地热能的理想地区在地球上极少。因此,地热能只在少数几个国家得以开发利用，而且其运用主要局限于取暖、温室园艺等。最大的一套地热发电机系统建于美国加利福尼亚的喷泉城。随着技术的不断进步和人类对地热能孜孜不倦的探索，相信将来地热能会像石油一样得到充分利用。

4. 可燃冰——丰富的海底能源

可燃冰实际上是天然气（主要成分为甲烷）的水合物，在深海底部低温高压条件下形成的透明晶体，外观像冰，但可燃烧，因而得名。每立方米可燃冰释放的能量大约相当于 $164m^3$ 的天然气。最新研究发现，在海底蕴藏着十分丰富的可燃冰资源。由于可燃冰分子中只含一个碳原子，燃烧时排放的 CO_2 要比汽油少 20%～30%。同时，由于可燃冰纯度较高，一般不含硫及其他杂质，因而燃烧时不排放硫氧化物、氮氧化物及尘埃等污染物，是一种理想的新能源。

可燃冰大多存在于大陆架、海沟斜面等处。1999～2001 年，中国地质调查局在我国南海西沙海槽最先发现可燃冰。这一地区可燃冰中的甲烷含量估计达 $77Mm^3$。此外，在美国西海岸的俄勒冈沿海、中美洲的哥斯达黎加沿海、美国东海岸的北卡罗来纳沿海，都已确证存在可燃冰。太平洋及加勒比海沿岸、挪威海附近的北大西洋、白令海、鄂霍次克海、非洲西南部沿海、印度沿海都可能存在可燃冰。据此推测，全世界海底可燃冰的蕴藏量达 10^{25}～$5×10^{26} m^3$，其中甲烷的含量，按最保守的估计可供全世界使用 200 年。

可燃冰只能在低温高压条件下存在，压力降低或温度升高，都能使其立即气化。因此天然的可燃冰存在于水深 1000～2000m、距海底 100～300m 深处。目前对可燃冰的开发利用研究才刚起步，还只处于调查勘探阶段，实际开采利用技术尚不成熟。按现在的研究结果看，比较可行的开采方法有两种（图 6-19）：第一种方法适用于在可燃冰层下储藏着甲烷气体（就像是天然气矿藏一样）。在此情况下，可用钻管打穿可燃冰层，直接通到可燃冰层下面，与甲烷相接，则甲烷气体就会自动地沿钻管涌出，就像石油钻井喷出一样，而同时可燃冰则会因平衡移动而不断转化为甲烷，源源不断地沿钻管涌出。第二种方法则是针对在可燃冰层下面没有气体甲烷存在的情况。在此情况下，可采用类似于煤矿地下气化的方法，即必须以数十米的间隔将一对钻管插入可燃冰层中，然后利用一根钻管送入蒸汽和盐水，使可燃冰熔化、气化，然后利用另一个钻管作为甲烷的导出管，收集导出开采出来的甲烷。

图 6-19 两种可燃冰开采方法示意图

5. 氢能

氢气是一种可燃气体，发热值高，燃烧后生成水，不污染环境，是一种比较理想的清洁二次能源。但现在氢还不能作为一般能源使用，主要是制氢的成本比较高。

目前制氢的方法很多。水煤气法是利用水蒸气通过炽热的焦煤而得到一氧化碳和氢的混合气，即水煤气，然后通过水洗和冷却的方法把氢分离出来，或者让水煤气与水蒸气混合，以氧化铁为催化剂，产生氢气。甲烷和水蒸气在800℃下反应也能够制取氢。

电解水制氢是大家所熟悉的，但一般的电解制氢能耗高（$4\sim6kW\cdot h/m^3$），电解效率较低（55%～60%）。电解时采用高温加压的方法，可提高制氢的效率。日本在阳光计划中采用2MPa和120℃的电解装置，电解效率达75%。美国和德国也开发了一些在效率和生产率都比较高的电解装置。日本最近采用SPE电解质水电解法，电解效率达87%，正在积极进行试验。目前电解水制氢的成本比较高，比天然气制氢要贵2～3倍。但随着电解制氢技术的发展，氢的价格有可能不断降低。

光分解法是借助阳光分解水来制氢。水分子吸收太阳的光子，当吸收的能量达到一定值时，可以释放出氢。太阳光中紫外线区域的光子具有使水直接光分解的能量，但到达地面时紫外线已很少，需要加入催化剂才能利用到达地面的太阳光进行水的光分解。现在已发现了几种催化剂，虽然效率还很低，但科学家认为这种方法潜在的效率是很高的。

水的热化学分解制氢，即通过外加高温使水达到化学分解，是一种正在开发的制氢方法。该方法的特点是利用核电站的热量，总的效率比较高。水直接热分解要在2500℃的高温条件下才能进行。为了利用核电站的热量，开发了热化学分解，其反应温度在1000℃以下，在水中加入某些化学物质，使之与水发生反应，分解出氢气。1986年，日本成功地开发出世界上第一套连续制氢装置，投资少，热效率约为30%，从总成本看是有足够竞争力的。

此外，氢的制取方法还有氢和氧在火箭燃烧室燃烧，并同时向燃烧室喷水，火箭燃烧室就成了蒸汽发生器，其效率比传统锅炉的效率高许多，而尺寸却比传统锅炉小得多。产生的蒸汽送往汽轮机做功发电。这种装置结构简单、造价低、起动快，适于做尖峰机组。在电网系统中，把平时多余的电力用于电解水，制成的氢和氧先储存起来，在负荷高峰时氢发电装置投入运行。所以，再过若干年后，如果矿物燃料价格继续上涨，而水电解的效率和热循环效率不断改善，则氢能尖峰发电机组就可取代常规的储能电站。

6. 生物质能

生物质能，顾名思义是指来源于生物体的能量。自古以来，人类最早使用的能源——柴薪，实质上就是生物质能。但现在作为新型能源开发的，当然不是指以柴薪直接燃烧所得的能量，而是利用现代科技手段使含生物质的废弃物（或废弃的生物质），如有机垃圾、粪便等，转化为燃料，进而从中获取能量。这是一种废物利用、变废为宝、建立在高新技术之上的、科技含量很高的技术，例如，人工制造沼气、垃圾发电等。生物质能不仅减少了环境污染，保护了环境，而且开辟了新能源，提高了能源利用率，是大有前途的新能源。

第四节 ▶ 合理用能

目前，世界性的能源危机仍然存在。"节约能源"已成为继煤炭、石油和天然气、水电、核能之后的第五大能源。节能问题涉及面很广，既有能源政策、能源管理方面的问题，又有工艺、设备、控制、材料以及其他节能技术问题。但节能的基本原则，最重要的是合理用能。

一、最小外部损失原则

外部损失，即有形损失，包括：废气、废液、废渣、冷却水、各种中间物或产品带走能量造成的损失；跑、冒、滴、漏造成的损失；保温和保冷不良造成的散热和散冷损失等。虽然这些外部损失的能量能级不太高，但都是由投入系统的高级能源因过程的不可逆性转化而来的。所以在设计和生产中，应力求使排出系统的未利用的余热降低到最低限度，做到能量的充分利用。具体措施是：堵塞漏洞、减少余热排放和余热回收利用。

二、最佳推动力原则

从能量利用的角度看，一切物质转化过程都是能量的传递和转化过程。它们都是在一定的热力学势差（温度差、压力差、电位差、化学势差等）推动下进行的，过程进行的速率和推动力成正比，没有热力学势差，就没有推动力。

热力学表明，任何热力学势差都是不可逆因素，都会导致过程做功能力的损失。因此，能量利用的中心环节是在技术和经济条件许可的前提下，采取各种措施寻求过程进行的最佳推动力，以提高能量的有效利用率。

1. 按需供能，按质用能

按需供能是按用户所需要能量的能级要求，选择适当的输入能量，不要供给过高质量的能量，否则就是浪费。按质用能是按输入能量的能级来使用能量，不要大幅度降级使用，否则也是浪费。

2. 能量的多次利用

生产过程的能源主要是高能级的电能和化石燃料。为了防止能量的无功降级，应根据用户对输入能的不同能级要求，使能源的能级逐次下降，对能量进行梯级利用，只有系统无法再使用的低温余热才可以废弃，做到能尽其用。

3. 适当减少过程的推动力

要想适当减少推动力，若不增大设备且又能保证必要的过程速率，就要设法降低过程的阻力。因此，需要研制新型高效的设备。例如，传热过程采用高通量换热器。

三、能量优化利用原则

在化学工业生产中，原料与产品通常在常温常压下存在，而反应过程常在高温或高压下进行。因此，原料、中间物与产品需反复进行升压、降压、加热、冷却、增湿和减湿。除了输入一次能源外，化工过程中还有各种二次能源——化学反应和物理变化的热效应可以利用，这就构成了复杂的用能系统：一次能源和二次能源、热量与冷量、电能及高压流体的机械能等共存的系统。因此，各种形式能量的相互匹配、综合利用，使之各尽其能，就具有特别重要的意义。例如，一些大型氨厂的热能系统，就是综合利用化学反应热、热能和动力的总能系统。其特点就是充分利用高温反应热产汽，同时满足动力和工艺用汽的需要。

拓展阅读

人造太阳

一、ITER 计划和人造太阳

"人造太阳"是什么？当然它不是挂在天上为地球生物提供能源的那个太阳，但是却有着相似之处。这是一种大型核聚变装置，通过进行类似太阳的聚变过程来产生能量，将原子核产生的大量能量转化成电能。ITER 计划是制造"人造太阳"的国际重要项目，全称为 International Thermonuclear Experimental Reactor，即国际热核聚变实验堆计划，是目前全球规模最大、影响最深远的国际科研合作项目之一。其装置是一个能产生大规模核聚变反应的全超导托卡马克核聚变实验装置，俗称"人造太阳"。该项目于 1985 年倡议，并于 1988 年开始实验堆的研究设计工作。合作承担 ITER 计划的七个成员是欧盟、中国、韩国、俄罗斯、日本、印度和美国。中国于 2006 年正式签约加入该计划，负责磁体支撑系统的研发和制造。

二、"人造太阳"与中国

我国核聚变能研究始于 20 世纪 60 年代初，建成了两个在发展中国家最大的、理工结合的大型现代化专业研究所，即中国核工业集团公司所属的西南物理研究院及中国科学院所属的合肥等离子体物理研究所。2005 年完工并投入使用的全超导托卡马克核聚变实验装置（EAST——"东方超环"）是目前我国正在使用的"人造太阳"，也是世界上首个实现稳态高约束模式运行的装置。2023 年 4 月，中国"人造太阳"成功实现稳态高约束模式等离子体运行 403 秒，为"国际热核聚变实验堆"的运行提供了重要的实验依据。2023 年 12 月，核工业西南物理研究院与国际热核聚变实验堆 ITER 总部签署协议，宣布新一代人造太阳"中国环流三号"面向全球开放，邀请全世界科学家来中国集智攻关，共同追逐"人造太阳"能源梦想。

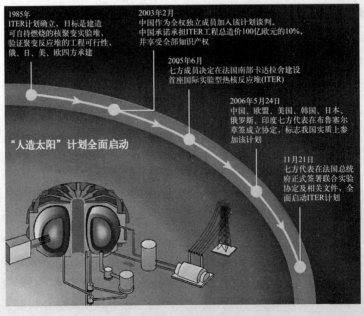

习题

一、简答题

1. 什么是能源？能源的分类有哪些？
2. 名词解释：一次能源、二次能源、可再生能源、不可再生能源、常规能源、新能源。
3. 太阳能具有哪些资源特性？
4. 太阳能利用的主要三个方向是什么？
5. 什么是核能？原子核反应的分类有哪些？
6. 什么是裂变反应？什么是聚变反应？
7. 何为煤的气化？何为煤的液化？
8. 合理用能需要遵循哪些基本原则？
9. 核电站退役后有哪些处理方式？
10. 简要阐述新能源的"新"表现在哪里？

二、填空题

1. 世界上煤炭资源储藏最丰富的国家是____；天然气资源储藏最丰富的国家是_____。
2. 每种能源都具有两个内在特点：_____和_____。
3. 能量不但有数量之分，而且有质量（品质）之别。1kJ功的质量_____1kJ热的质量。（填高于、低于、等于）
4. 国家规定一般居民允许的辐射剂量为_____ mSv。
5. 天然气、草木燃料、沼气属于第_____类能源；地震、火山活动属于第_____类能源。
6. 人们习惯按照能量的质量把能量划分为三大类：_____、_____和_____。
7. 锂离子电池属于_____次电池。
8. 化学反应储热有三个操作阶段：_____、_____和_____。
9. 煤炭是地球上蕴藏量最丰富、分布地域最广的化石燃料，主要由_____、_____、_____、_____、_____和_____等元素构成的高分子有机化合物组成，其中_____、_____、_____三者的质量总和约占有机质的95%以上。
10. 机械能是_____和_____的总和。

三、判断题

1. 煤炭、石油、水力、风力等，都可以称为能源，属于第一级能源。（　　）
2. 风能、水能、海洋能、潮汐能、太阳能和生物质能等是可再生能源。（　　）
3. 煤炭来源于植物遗体，植物是可再生的，也就说煤炭是可再生资源。（　　）
4. 宇宙中所有能源可归为一级能源或二级能源。（　　）
5. 二次电池不仅可将化学能转变为电能，还可将电能转变为化学能储存起来，是可循环使用的装置。（　　）
6. 铅酸电池、锂离子电池、液流电池、钠硫电池是一次电池。（　　）
7. 堵塞漏洞、减少余热排放和余热回收利用属于能量优化利用原则。（　　）
8. 能源的集中程度、特征温度T_c越高，能源的质量越高。（　　）
9. 退役核电站只要拆除了核电设备即可另作他用。（　　）
10. 从能量利用的角度看，一切物质转化过程都是能量的传递和转化过程。（　　）

第七章
化学与环境、生活

在我们生活的世界中，化学无处不在。从人类的生命形成到人类生活实践的方方面面，都离不开化学。人体所必需的各类营养素，人类呼吸的空气，喝的水和各种饮料，吃的食品，治病的药物，身穿的衣料，日常的化妆品与洗涤用品，工业生产所用的各种金属材料、非金属材料以及各种合成材料，农耕使用的天然肥、化肥、农药、薄膜等，无不与化学息息相关。总之，尽管世界万物纷纭繁杂、千变万化，但是万变不离其宗。它们都是由一百多种化学元素派生而来的特定物质。我们生活在各种化学物质的氛围中，吃、穿、用、行都离不开化学，因此为能拥有更美好的生活，在面对各种变幻无穷的物质世界时不会茫然失措，就有必要掌握化学与环境、生活的联系，了解其中的奥秘。

 本章学习重点

1. 了解环境污染及其分类；
2. 掌握环境污染的防治手段；
3. 了解生活中与化学相关的知识。

第一节 化学与环境

在人类社会高速发展时期，一方面，人口的增长、生产的发展、城市化的加速、人们消费方式的变化，导致人类对自然资源的需求不断增加；另一方面，人类不合理地开发利用自然资源、随意排放大量的生产和生活污染物，导致人类生存环境日益恶化，公害频繁发生。这是人类对资源和环境破坏最严重的时期。

面对这些频发且触目惊心的环境污染事件，人们应该认识到：一味地向自然环境索取而不加以保护无异于自掘坟墓；建立在此基础上的发展是不可持续的；人类不仅需要对已经发生的污染进行有效的治理，更需要从源头上防止污染的发生。只有当人们普遍树立起环保意识，形成世界范围的巨大力量来保护我们共同生存的环境时，科学技术的进步才能给人类带来稳定的繁荣。

《中华人民共和国环境保护法》对环境概念的阐述为：环境是指影响人类生存和发展的各种天然的和经过人工改造的自然因素的总体，包括大气、水、海洋、土地、矿藏、森林、草原、湿地、野生生物、自然遗迹、人文遗迹、自然保护区、风景名胜区、城市和乡村等。

环境科学中环境概念是指与人类密切相关的、影响人类生活和生产活动的各种自然力量或作用的总和。它不仅包括各种自然要素的组合，还包括人类与自然要素间相互形成的各种生态关系的组合。

近年来，国际环境教育界提出了新的"环境"定义，主要有两个要点：第一，人以外的一切都是环境；第二，每个人都是他人环境的组成部分。当环境受到干扰而改变原有的状态时，就可以认为环境受到了污染。

环境污染是指人类活动使环境要素或其状态发生变化，环境质量恶化，扰乱和破坏了生态系统的稳定性及人类的正常生活条件的现象。简言之，环境因受人类活动影响而改变了原有性质或状态的现象称为环境污染。例如大气变污浊、水质变差、废弃物堆积、噪声、振动、恶臭等对环境的破坏都属环境污染。环境污染可分为大气污染、水污染、固体废弃物污染、噪声污染、土壤污染和电磁波污染等。环境污染导致日照减弱、气候异常、山野荒芜、土壤沙化及盐碱化、草原退化、水土流失、自然灾害频繁、生物物种灭绝等。环境污染的实质狭义上说，就是指由于人类的生产、生活方式所导致的各种污染、资源破坏和生态系统失调。人类社会进入工业时代，随着科技水平和社会生产力的大幅提升，人类改造自然的速度得到前所未有的提高。但与此同时，人口剧增、环境污染、生态破坏、资源过度消耗、地区发展不平衡等全球性问题日益突出，已经对人类社会的长远发展甚至人类未来的生存构成了严重威胁。

环境污染的防治主要是解决从污染产生、发展直至消除的全过程中存在的有关问题和采取防治的种种措施，其最终目的是保护和改善人类生存的生态环境。污染防治对策包括单个污染源或污染物的防治，也包括区域污染的综合防治。根据治理对象的不同，它又可分为大气污染及其防治、水污染及其防治、土壤污染及其防治、固体废弃物处理与处置、噪声和振动控制、恶臭防治等；按照不同的防治方法，又可分为物理防治方法、化学防治方法和生物防治方法。

一、大气污染及其防治

大气不仅是环境的重要组成要素，而且参与地球表面的各种化学过程，是维持生命的必需物质。人几天不喝水、几周不吃饭尚可生存，但若隔绝空气 5 分钟就会死亡。这充分说明空气对维持生命的重要性。因此，大气质量的优劣，对整个生态系统和人类健康至关重要。

1. 大气污染

（1）大气污染的概念

大气污染是指大气中出现一种或几种污染物，其含量和存在时间达到一定程度，以致对人体、动植物和其他物品有害，所造成的损失或破坏达到了可测的程度。按照国际标准化组织（ISO）的定义，大气污染通常是指人类生产、生活活动或自然过程引起某些污染物进入大气中，呈现出足够的浓度，达到足够的时间，并因此危害了人类的舒适、健康和福利或环境的现象。

大气污染源可分为天然污染源和人为污染源。天然污染源是指自然界向大气排放污染物的地点或地区，如排放灰尘、二氧化硫、硫化氢等污染物的活火山，自然逸出的瓦斯气，以及发生森林火灾、地震等自然灾害的地方。人为污染源可按不同的方法分类：按污染源空间分布方式可分为点污染源、面污染源、区域性污染源；按人们的社会活动功能可分为生活污染源、工业污染源、交通污染源等；按污染源存在的形式可分为固定污染源和移动污染源。总的来说，人类活动是引起大气污染的主要原因，即人类活动向大气中排放的各种物质，其数量、浓度和持续时间使一些地区多数居民的身体和精神状态以及财产等方面直接或间接受到恶劣影响，或在很大区域内妨害人和动物的生存，使公共卫生处于恶劣状态。

(2) 大气中的主要污染物

大气污染物种类繁多，已为人们所熟知的有近百种。大气污染物中对人类和环境威胁较大的主要污染物有颗粒物质、SO_2、NO_x、CO、臭氧及挥发性有机化合物等。这些污染物按形成过程的不同，分为一次污染物和二次污染物。

一次污染物是指直接从各种排放源进入大气的污染物质，其性质没有发生变化，称为一次污染物，如颗粒物质、硫氧化合物、氮氧化合物、碳氧化合物、碳氢化合物等。二次污染物是由排放源排出的一次污染物与大气中原有成分或几种一次污染物之间发生了一系列的化学反应或光化学反应，形成的与一次污染物物理、化学性质完全不同的新的大气污染物。最常见的二次污染物有硫酸烟雾及光化学烟雾。大气中气体污染物的分类见表 7-1。

表 7-1 大气中气体污染物的分类

类别	一次污染物	二次污染物
含硫化合物	SO_2、H_2S	SO_3、H_2SO_4、MSO_4
含氮化合物	NO、NH_3	NO_2、HNO_3、MNO_3
碳氢化合物	$C_1 \sim C_5$ 与氢的化合物	醛、酮、酸
碳的化合物	CO	无
卤素及卤化物	Cl_2、HF、HCl	无
氧化剂	—	O_3、过氧化物
放射性物质	铀、钍、镭	—

2. 几种主要空气污染物概述

(1) 总悬浮颗粒物与可吸入颗粒物

总悬浮颗粒物（total suspended particulate，TSP）是指悬浮在空气中，空气动力学当量直径≤100μm 的颗粒物。TSP 的来源有人为源和自然源之分。人为源主要指燃煤、燃油、工业生产过程等人为活动的排放；自然源主要指土壤、扬尘、沙尘经风力的作用输送到空气中。总悬浮颗粒物中粒径小于 10μm 的称为 PM_{10}，即可吸入颗粒物；粒径小于 2.5μm 的称为 $PM_{2.5}$，即细颗粒物。

总悬浮颗粒物对人体的危害程度主要取决于颗粒物粒度大小及化学组成。越细小的颗粒物对人体危害越大，粒径超过 10μm 的颗粒物可被鼻毛吸留，也可通过咳嗽排出人体，也会随气流附着皮肤或进入眼睛，会阻塞皮肤的毛囊和汗腺，引起皮肤炎和眼结膜炎或造成角膜损伤。而粒径小于 10μm 的可吸入颗粒物可随人的呼吸沉积肺部，甚至可以进入肺泡、血液。在肺部沉积率最高的是粒径为 1μm 左右的颗粒物。这些颗粒物在肺泡上沉积下来，损伤肺泡和黏膜，引起肺组织慢性纤维化，导致肺心病，加重哮喘病，引起慢性鼻咽炎、慢性支气管炎等一系列病变，严重的可危及生命。例如，近年来蒙古国因气候变化导致自然灾害发生率显著增加，2021 年 3 月中旬，蒙古国、中国部分地区遭遇超强沙尘暴。此次沙尘暴对环境空气质量带来严重影响，也对人类的生活和身体健康造成严重影响。

(2) 氮氧化物

氮氧化物（NO_x）种类很多，造成大气污染的主要是 NO 和 NO_2，因此环境学中的氮氧化物是这二者的总称。NO 是无色、无刺激性气味的不活泼气体,可被氧化成 NO_2。NO 能刺激呼吸系统,且能与血红蛋白结合形成亚硝基血红蛋白,其结合能力是 CO 的数百至一千倍。NO_2 是一种棕红色、有刺激性臭味的气体,不但对呼吸系统有强烈刺激作用,而且对心脏、肝脏、肾脏及造血系统等都有很大危害,严重的可引起死亡。

天然排放的 NO_x 主要来自土壤和海洋中有机物的分解,属于自然界的氮循环过程。人为活动排放的 NO_x,大部分来自化石燃料的燃烧过程,如汽车、飞机、内燃机及工业窑炉的燃烧过程;还来自生产中使用硝酸的过程,如氮肥厂、有机中间体厂、有色及黑色金属冶炼厂等。NO_x 对环境的损害作用极大,它既是形成酸雨的主要物质之一,还是形成大气中光化学烟雾的重要物质以及消耗 O_3 的重要因子。

(3) 硫氧化物

大气中比较重要的硫氧化物是 SO_2 和 SO_3,其混合物用 SO_x 表示。硫氧化物主要来自化石燃料(煤含硫 0.5%～5%、石油含硫 0.5%～3%)含硫有机物的燃烧,金属冶炼厂、硫酸厂等排放的尾气,以及火山活动等。硫氧化物是全球硫循环中的重要化学物质。它与水滴、粉尘并存于大气中,由于颗粒物(包括液态的与固态的)中铁、锰等的催化氧化作用,会形成硫酸雾,严重时会发生煤烟型烟雾事件,如伦敦烟雾事件。

硫氧化物对人体的危害主要是刺激人的呼吸系统。吸入后,首先刺激上呼吸道黏膜表层的迷走神经末梢,引起支气管反射性收缩和痉挛,导致咳嗽和呼吸道阻力增加,接着呼吸道的抵抗力减弱,诱发慢性呼吸道疾病,甚至引起肺水肿和肺心病。如果大气中同时有颗粒物质存在,颗粒物质吸附了高浓度的硫氧化物,可以进入肺的深部。因此,当大气中同时存在硫氧化物和颗粒物质时其危害程度可增加 3～4 倍。

(4) 一氧化碳

一氧化碳(CO)为无色、无味气体。CO 的来源可归为两类:一类为自然界天然产生,如森林大火、火山爆发时释放;另一类是燃料的不完全燃烧。因使用燃料而造成的 CO 增高,是空气污染问题的最主要原因,其中尤以交通工具为甚。CO 素来以"寂静杀手"而闻名,因为人们的感官不能感知它的存在。一旦 CO 被吸入肺部,就会进入血液循环,它与血红蛋白的亲和力约为氧的 300 倍,会形成碳氧血红蛋白,削弱血红蛋白向人体各组织(尤其以中枢神经系统最为敏感)输送氧的能力,从而使人产生头晕、头痛、恶心等中毒症状,严重的可致人死亡。CO 中毒可呼吸纯氧,严重时需用高压氧舱处理。

(5) 臭氧

大气中臭氧层对地球生物的保护作用现已广为人知——它吸收太阳释放出来的绝大部分紫外线,使动植物免遭这种射线的危害。臭氧的来源分为自然源和人为源。自然源的臭氧主要指平流层的下传。人为源的臭氧主要是由人类活动、汽车、燃料、石化等人为排放的氮氧化物和挥发性有机化合物等污染物的光化学反应生成。主要发生的光化学反应过程为:在晴天、紫外线辐射强的条件下,NO_2 等发生光解生成一氧化氮和氧原子,氧原子与氧反应生成臭氧。

国际环境空气质量标准(National Ambient Air Quality Standards,NAAQS)提出,人在 1h 内可接受臭氧的极限浓度是 $260\mu g \cdot m^{-3}$,人在 $320\mu g \cdot m^{-3}$ 臭氧环境中活动 1h 就会引起咳嗽、呼吸困难及肺功能下降。臭氧还能参与生物体中不饱和脂肪酸、氨基及其他蛋白质的反应,使长时间直接接触高浓度臭氧的人出现疲乏、咳嗽、胸闷胸痛、皮肤起皱、恶心头痛、脉搏加速、记忆力衰退、视力下降等症状。除此之外,臭氧还会使植物叶子变黄甚至枯萎,对植物造成损害,甚至造成农林植物减产、经济效益下降等。臭氧能够较快地与室内的建筑材料（如乳胶涂料等表面涂层）、居家用品（如软木器具、地毯等）、丝、棉花、醋酸纤维素、尼龙和聚酯的制成品中含不饱和碳碳键的有机化合物（包括橡胶、苯乙烯、不饱和脂肪酸及其酯类）发生反应，从而造成染料褪色、照片图像层脱色、轮胎老化等。

3. 空气质量评估

大气污染主要发生在城市。为了便于人们及时了解城市的空气质量状况，增强环保意识从而自觉地抵制环境污染，有利于公民对政府环保工作的监督，我国实行了空气质量日报制度。

2012年2月29日，环境保护部批准了《环境空气质量指数（AQI）技术规定（试行）》，并于2016年1月1日起在全国实施。在新规定中，用空气质量指数（air quality index，AQI）替代原有规定的空气污染指数（API）来评价空气质量。AQI数值根据城市大气中SO_2、NO_2、CO、O_3、PM_{10}、$PM_{2.5}$等污染物的含量来确定，按照空气质量指数大小又可将空气质量分为六级，二者的对应关系及影响列于表7-2。

表7-2 空气质量指数与空气质量分级

空气质量指数	空气质量指数级别	空气质量指数类别及表示颜色		对健康的影响情况	建议采取的措施
0~50	一级	优	绿色	空气质量令人满意，基本无空气污染	各类人群可正常活动
51~100	二级	良	黄色	空气质量可接受，但某些污染物可能对极少数异常敏感人群健康有较弱影响	极少数异常敏感人群应减少户外活动
101~150	三级	轻度污染	橙色	易感人群症状有轻度加剧，健康人群出现刺激症状	儿童、老年人及心脏病、呼吸系统疾病患者应减少长时间、高强度的户外锻炼
151~200	四级	中度污染	红色	进一步加剧易感人群症状，可能对健康人群心脏、呼吸系统有影响	儿童、老年人及心脏病、呼吸系统疾病患者避免长时间、高强度的户外锻炼，一般人群适量减少户外运动
201~300	五级	重度污染	紫色	心脏病和肺病患者症状显著加剧，运动耐受力降低，健康人群普遍出现症状	儿童、老年人和心脏病、肺病患者应停留在室内，停止户外运动，一般人群减少户外运动
>300	六级	严重污染	褐红色	健康人群运动耐受力降低，有明显强烈症状，提前出现某些疾病	儿童、老年人和病人应当停留在室内，避免体力消耗，一般人群应避免户外活动

4. 几种公认的大气污染现象

（1）温室效应

温室效应是指透射阳光的密闭空间由于与外界缺乏热对流而形成的保温效应，即太阳短波辐射可以透过大气射入地面，而地面增暖后放出的长波辐射却被大气吸收，从而产生大气变暖的效应。

在大气中，并不是每种气体都能强烈吸收地面长波辐射。吸收长波辐射的分子主要有CO_2、CH_4、O_3、N_2O、氟利昂以及水汽等，它们称为温室气体。洁净的大气都有一个恒定的化学组成，所以能保持相对稳定的气温。但是由于人口数量激增、人类活动频繁、化石燃料的燃烧量剧增，加之绿色面积急剧减少，主要的温室气体CO_2在大气中的含量不断增加。据估计，CO_2浓度年增长率为0.5%；CH_4和N_2O浓度的年增长率分别为0.9%和0.25%。由温室气体导致的地表气温上升的趋势引起了人类的极大关注。2007年2月，科学技术部、中国气象局、中国科学院、中国工程院联合发布了他们历时 4 年的研究成果——《气候变化国家评估报告》。报告预测：未来 20~60 年中国地表气温将明显上升。和 2000 年相比，2020 年将升温 1.3~2.1℃，2030 年将升温 1.5~2.8℃，2050 年将升温 2.3~3.2℃，2100 年将升温 3.9~6.0℃。更为严重的是，未来极端的灾害性气象事件发生的概率也可能增加，我国将面临更明显的大旱、大冷、大暖的剧烈气候变化。

控制温室效应加剧可以采取植树造林、提高能源的有效利用率、优化能源结构、减少火力发电站 CO_2 的排放等方法。除此之外，还应加强环境意识教育，促进全球合作，让全人类都认真对待气候变暖问题。

(2) 臭氧层破坏

臭氧层是指距地表 15~50km 处臭氧分子相对富集的大气平流层。它能吸收 99% 以上对人类有害的太阳紫外线，保护地球上的生命免遭短波紫外线的伤害。因此，臭氧层被誉为地球上生物生存繁衍的保护伞。臭氧层的形成是 O_2 吸收光子分解为氧原子，氧原子进一步与 O_2 分子反应生成 O_3。当 O_3 浓度在大气中达到平衡并处于最大值时，就形成了一层厚厚的臭氧层。

对于臭氧层破坏的原因，科学家有多种解释，但多数认为主要是由氮氧化物和氟氯烃类物质引起的。氮氧化物和氟氯烃类物质能夺去臭氧中的氧原子，从而使臭氧生成氧气，失去吸收紫外线的功能。20 世纪以来，随着工业的发展，人们在制冷剂、发泡剂、喷雾剂以及灭火剂中广泛使用一种性质稳定、不易燃烧、价格便宜的有机物质——氟氯烃类物质，该类物质排放进入大气环境，在对流层中很稳定，能长时间滞留在大气中不发生变化，但在进入臭氧层后，受紫外线辐射会分解产生氯原子，氯原子可引发破坏臭氧循环的反应：

$$CFCl_3 \xrightarrow{h\upsilon} CFCl_2\cdot + Cl\cdot \quad \text{或} \quad CF_2Cl_2 \xrightarrow{h\upsilon} CF_2Cl\cdot + Cl\cdot$$

$$Cl\cdot + O_3 \longrightarrow ClO\cdot + O_2$$

$$ClO\cdot + O \longrightarrow Cl\cdot + O_2$$

每一个氯原子可与 10 万个 O_3 发生连锁反应，这会破坏臭氧层。除了氟氯烃以外，N_2O、$HO\cdot$ 也被认为是破坏臭氧层的物质。

臭氧层破坏意味着大量紫外线将直接辐射到地面，进而影响人类和动植物的生存。研究表明，大气中的臭氧浓度每减少 1%，照射到地面的紫外线就增加 2%，人类患皮肤癌的发病率就增加 2%~5%（现美国新患者每年达 30 万~40 万人），白内障发病率增加 0.3%~0.6%，同时还会抑制人体免疫系统功能，降低海洋生物的繁殖能力，扰乱昆虫的交配习惯，毁坏植物，特别是农作物，使地球的农作物减产 2/3，导致生态平衡的破坏。为了保护臭氧层，各国通力合作，努力淘汰、控制和减少使用臭氧层消耗物质，并取得了明显的成果。虽然臭氧层如今依旧存在一些问题，但在人类的努力下，各地臭氧层已经有了不同程度的恢复。联合国环境规划署和世界气象组织宣布，2000~2013 年，中北纬度地区 50 公里高度的臭氧水平已回升 4%。此外，南极洲上空每年一次的臭氧空洞也在停止扩大。不过，臭氧层虽然在恢复，距离完全恢复还很遥远。

(3) 光化学烟雾

光化学烟雾是汽车、工厂等污染源排入大气的碳氢化合物（CH）和氮氧化物（NO_x）等一次污染物在阳光（紫外光）作用下发生光化学反应生成二次污染物，然后与一次污染物混合所形成的有害浅蓝色烟雾。光化学烟雾可随气流漂移数百公里，使远离城市的农作物也受到损害。光化学烟雾多发生在阳光强烈的夏秋季节，随着光化学反应的不断进行，反应生成物不断蓄积，光化学烟雾的浓度不断升高。约在 3~4h 后达到最大值。光化学烟雾对大气造成污染，对动植物有影响，甚至对建筑材料也有影响，并且会大大降低能见度，影响出行。

（4）酸雨

酸雨，是指 pH 小于 5.6 的雨雪或其他形式的降水。雨、雪等在形成和降落过程中，吸收并溶解了空气中的二氧化硫、氮氧化物等物质，形成了 pH 低于 5.6 的酸性降水。酸雨形成的主要原因是人为地向大气中排放大量酸性物质 SO_2 和 NO_2，SO_2 可被大气中的 O_3 和 H_2O_2 氧化成 SO_3，它溶入雨水会形成 H_2SO_4，NO_2 溶入雨水会生成 HNO_3 和 HNO_2。它们的浓度虽很稀，但会使雨水的 pH 下降，使雨水带有一定程度的酸性。

酸雨会给环境带来广泛的危害，造成巨大的经济损失，如腐蚀建筑物和工业设备；破坏露天的文物古迹；损坏植物叶面，导致森林死亡；使湖泊中鱼虾死亡；破坏土壤成分，使农作物减产甚至死亡；酸化饮用的地下水，对人体造成危害。由于二氧化硫和氮氧化物的排放量日渐增多，酸雨的问题越来越突出。中国已是仅次于欧洲和北美的第三大酸雨区。我国酸雨主要分布地区是长江以南的四川盆地、贵州、湖南、湖北、江西以及沿海的福建、广东等省。在华北，很少观测到酸雨沉降，其原因可能是北方的降水量少，空气湿度低，土壤酸度低。我国的酸雨化学特征是 pH 值低，硫酸根（SO_4^{2-}）、铵（NH_4^+）和钙（Ca^{2+}）浓度远远高于欧美，而硝酸根（NO_3^-）浓度则低于欧美。研究表明，我国酸性降水中硫酸根与硝酸根的摩尔比大约为 6.4∶1，因此，我国酸雨是硫酸型的，主要是人为排放 SO_2 造成的。所以，治理好我国的 SO_2 排放对我国的酸雨治理有着决定性的作用。

预防酸雨的最根本措施是减少 SO_2 和 NO_2 的排放量。例如，控制燃煤炉灶的数量；对燃煤、燃油锅炉进行改造，对燃烧废气进行净化处理；对汽车尾气加以控制和处理；改进车用燃料等。

5. 大气污染的防治

（1）减少污染物的排放

①改革能源结构，采用无污染能源（如太阳能、风力、水力）和低污染能源（如天然气、沼气、乙醇）。②对燃料进行预处理（如燃料脱硫、煤的液化和气化），以减少燃烧时产生污染大气的物质。③改进燃烧装置和燃烧技术（如改革炉灶、采用沸腾炉燃烧等）以提高燃烧效率和降低有害气体排放量。④采用无污染或低污染的工业生产工艺（如不用和少用易引起污染的原料，采用闭路循环工艺等）。⑤节约能源和开展资源综合利用。⑥加强企业管理，减少事故性排放和逸散。⑦及时清理和妥善处置工业、生活和建筑废渣，减少地面扬尘。

（2）治理排放的主要污染物

燃烧过程和工业生产过程在采取上述措施后，仍有一些污染物排入大气，应控制其排放浓度和排放总量使之不超过该地区的环境容量。主要方法有：

①利用各种除尘器去除烟尘和各种工业粉尘。②采用气体吸收塔处理有害气体（如用氨水、氢氧化钠、碳酸钠等碱性溶液吸收废气中二氧化硫；用碱吸收法处理排烟中的氮氧化物）。③应用其他物理的（如冷凝）、化学的（如催化转化）、物理化学的（如分子筛、活性炭吸附、膜分离）方法回收利用废气中的有用物质，或使有害气体无害化。

（3）发展植物净化

植物具有美化环境、调节气候、截留粉尘、吸收大气中有害气体等功能，可以在大面积的范围内长时间连续地净化大气。尤其是大气中污染物影响范围广、浓度比较低的情况下，植物净化是行之有效的方法。在城市和工业区有计划、有选择地扩大绿地面积是大气污染综合防治具有长效能和多功能的措施。

(4) 利用环境的自净能力

大气环境的自净有物理、化学作用（扩散、稀释、氧化、还原、降水洗涤等）和生物作用。在排出的污染物总量恒定的情况下，污染物浓度在时间上和空间上的分布同气象条件有关，认识和掌握气象变化规律，充分利用大气自净能力，可以降低大气中污染物浓度，避免或减少大气污染危害。例如，以不同地区、不同高度的大气层的空气动力学和热力学的变化规律为依据，可以合理地确定不同地区的烟囱高度，使经烟囱排放的大气污染物能在大气中迅速地扩散稀释。

拓展阅读

雾霾的危害

俗话说"秋冬毒雾杀人刀"。我们看得见、抓不着的"雾霾"其实对身体的影响较大，尤其是对心脑血管和呼吸系统疾病高发的老年人群体。

(1) 对呼吸系统的影响。霾的组成成分非常复杂，包括数百种大气化学颗粒物质。其中有害健康的主要是直径小于 $10\mu m$ 的气溶胶粒子，如矿物颗粒物、海盐、硫酸盐、硝酸盐、有机气溶胶粒子和燃料等，它能直接进入并黏附在人体呼吸道和肺泡中。尤其是 $PM_{2.5}$ 粒子会分别沉积于上、下呼吸道和肺泡中，引起急性鼻炎和急性支气管炎等病症。对于支气管哮喘、慢性支气管炎、阻塞性肺气肿和慢性阻塞性肺疾病等慢性呼吸系统疾病患者，雾霾天气可使病情急性发作或急性加重。如果长期处于这种环境还会诱发肺癌。

(2) 对心血管系统的影响。雾霾天气时空气中污染物多，气压低，容易诱发心血管疾病的急性发作。例如，雾大的时候，水汽含量非常高，如果人们在户外活动和运动，人体的汗就不容易排出，易造成胸闷、血压升高。

(3) 对生殖系统的影响。2013年中国社科院联合中国气象局发布《气候变化绿皮书》，报告称雾霾天气影响健康，除众所周知的会使呼吸系统及心脏系统疾病恶化外，还会影响生殖能力。另一项大型的国际研究也有证实，接触过某些较高浓度空气污染物的孕妇，更容易产下体重不足的婴儿，这很容易增加儿童死亡率和患疾病的风险，并且可能对婴儿未来一生的发育及健康产生影响。

(4) 雾霾天气还可导致近地层紫外线的减弱，使空气中传染性病菌的活性增强，传染病增多。

(5) 由于雾霾天气日照减少，儿童紫外线照射不足，体内维生素D生成不足，对钙的吸收大大减少，严重的会引起婴儿佝偻病、儿童生长减慢。

(6) 影响心理健康。阴沉的雾霾天气由于光线较弱及导致的低气压，容易使人精神懒散、情绪低落及产生悲观情绪，遇到不顺心的事情时甚至容易引起情绪失控。

(7) 影响交通安全。出现雾霾天气时，视野能见度低，容易引起交通阻塞，发生交通事故。

二、水污染及其防治

水是地球上最常见的物质之一,地球表面约有 71% 被水覆盖。它是包括人类在内所有生命生存的重要资源,也是生物体最重要的组成部分。水是自然资源的一个重要组成部分。天然水资源包括河川径流、地下水、积雪和冰川、湖泊水、沼泽水、海水。天然水资源量不等于可利用水量,随着科学技术的发展,被人类所利用的水增多。由于气候条件变化,各种水资源的时空分布不均,往往采用修筑水库和地下水库来调蓄水源,或采用回收和处理的办法利用工业和生活污水,扩大水资源的利用。与其他自然资源不同,水资源是可再生的资源,可以重复多次使用。

在水资源形势日趋严峻的情况下,世界性水资源污染却十分严重。水体(河流、湖泊、水库等)对污染有一定的自净能力,这是水体中的溶解氧在起作用。溶解氧参与水体中氧化还原的化学过程与好氧的生物过程,可以把水中的许多污染物转化、降解,甚至变为无害物质。但是,当排入水体的污染物含量超过水体的自净能力时,会造成水质恶化,使水的用途受到影响,这种现象称为水污染(water pollution)。

据相关材料统计,全世界每年大约有 $4 \times 10^{10} \, m^3$ 污水排入江河,使全世界 40% 的河流受到严重污染,其污染物中有毒性很大的铬、汞、氰化物、酚类化合物、砷化物等,给人类健康带来严重威胁。

1. 水污染

造成水污染的有自然因素,也有人为因素,而后者是主要的。根据污染的性质可将水污染分为化学污染与生物污染,这里着重讨论人为污染中的化学污染。

(1)无机污染物

污染水体的无机污染物分为无机无毒物和无机有毒物。

无机无毒物主要是指排入水中的酸、碱、一般无机盐类及无机悬浮物质。酸来源于矿山和电镀、硫酸、轧钢、农药等工厂废水,碱来源于造纸、制碱、印染、炼油等工厂废水。酸性水或碱性水都会对农作物的生长产生阻碍或破坏作用,有的会使土壤的性能变坏。酸性水体还会腐蚀水下设备、船壳等。2010年7月3日,福建省紫金矿业的紫金山铜矿湿法厂发生酸性污水渗漏事故,9100 m^3 废水外渗,引发汀江流域污染,导致当地棉花滩库区死鱼和中毒鱼约达 378 万斤。

酸性水体与碱性水体相遇,可发生中和反应,同时产生相应的无机盐类,这也会对水体产生污染。酸、碱等污染物的排放会使水体 pH 值大幅度改变,破坏水体的缓冲作用,消灭或抑制细菌和微生物的生长,阻碍水体的自净,且具有很强的腐蚀性。由于水中无机盐的增加,水的渗透压加大,硬度提高,对生物、土壤都极为不利。

无机有毒物是指重金属污染物,包括汞、铅、镉、铬、镍、砷和它们的化合物以及氰化物等。这些污染物在水中不会被微生物降解,非常稳定,它们经过"虾吃浮游生物,小鱼吃虾,大鱼吃小鱼"的水中食物链被富集,浓度逐级加大。人处于食物链的终端,通过摄食或饮水,会将重金属摄入体内,从而引起中毒。水俣病、骨痛病就是重金属污染致病的典型例子。重金属污染物主要来自采矿和冶炼,但其他许多工业生产企业也会通过废水、废渣、废气向环境排放重金属。

(2)有机污染物

有机污染物有的无毒,有的有毒。无毒的如糖类、脂肪、蛋白质等。有毒的如酚类化合物是一种原生质毒物，可使蛋白质凝固，主要作用于神经系统；不易分解且残留毒性大的农药（包括杀虫剂、杀菌剂、除草剂），从化学结构上分为有机氯、有机磷、有机汞三大类；此外，还有芳香族氨基化合物，如苯胺、联苯胺、氯硝基苯等，它们的生物化学性质在一定条件下比较稳定，又能在生物体内不断富集，对人类和其他生物危害很大。

生活污水和某些工业废水中所含的糖类、脂肪、蛋白质等有机化合物，可在微生物作用下，最终分解为简单的无机物质二氧化碳和水等。这些有机物在分解过程中要消耗水中的溶解氧，因此称它们为耗氧有机物。目前表示耗氧有机物的含量或水体被污染的程度，一般用溶解氧（dissolved oxygen，DO）、生化需氧量（biochemical oxygen demand，BOD）、化学需氧量（chemical oxygen demand，COD）、总需氧量（total oxygen demand，TOD）等。例如，水体中生化需氧量越大，水质越差。另外，若有机化合物中含有氮、硫等元素时，也会在水体中被氧化为相应的氧化物，如含氮有机物在硝化细菌作用下被水体中的氧硝化分解为亚硝酸盐、硝酸盐。因此，水中氨氮、亚硝酸盐氮、硝酸盐氮的含量也是用来评价水质的指标。

多氯联苯、有机氯农药、有机磷农药等在水中很难被微生物分解，因此称它们为难降解有机物。它们都具有很大的毒性，一旦进入水体，便能长期存在。开始时，由于水体的稀释作用，一般浓度较小，但通过食物链的富集，可在人体中逐渐累积，最后可能会产生累积性中毒。

(3) 水体的富营养化

随着城市人口的不断增长，城市生活污水排放量急剧增加，加之工业废水、农田排水，造成湖泊、水库、河流中的污水含量迅速增大，这些污水中所含的氮、磷等植物生长所必需的营养物质超标。由于营养物质过剩，藻类及其他浮游生物迅速繁殖，导致水中溶解氧减少，化学耗氧量增加，从而使水体"死亡"，进而使水体质量恶化，鱼类等死亡。这种由于植物营养元素大量排入水体，破坏水体生态平衡的现象称为水体富营养化。水体富营养化状态是指水中总氮、总磷量超标，总氮含量大于 $1.5 \text{mg} \cdot \text{dm}^{-3}$，总磷含量大于 $0.1 \text{mg} \cdot \text{dm}^{-3}$。

富营养化污染若发生在海洋水体中，使海洋中浮游生物爆发性增殖、聚集而引起水体变色，这种现象称为赤潮。我国近年来频发赤潮，给海洋资源、渔业带来巨大损失。富营养化污染若发生在淡水中，会引起蓝藻、绿藻等藻类迅速生长，使水体呈蓝色和绿色，这种现象称水华。

(4) 放射性污染和热污染

随着原子能工业的发展，放射性核素在医学、科研领域中的应用越来越多，放射性污染水显著增加。由于一些核素半衰期长，通过水和食物进入人体后，蓄积在某些器官内，会引发白血病、骨癌、肺癌及甲状腺癌等。

热污染是指天然水体接受火力发电站、核电站、炼钢厂、炼油厂等使用的冷却水而造成的污染。热电厂以及其他有关工厂所用的冷却水是水体热污染的主要污染源。大量带有余热的"温水"流入江、湖等水体，使水的温度升高，水中的溶解氧减少。另外，水温升高会促使水生生物加速繁殖、鱼类等生存条件变坏，造成一定的危害。

2. 评价水质的标准

天然水中所含的物质有三类：第一类是溶解性物质，包括钙、镁、铁等的盐类或化合物，溶解氧及其他有机物；第二类是胶体物质，包括硅胶、腐殖酸胶体等；第三类是悬浮物质，如黏土、泥沙、细菌等。水质的优劣取决于水中所含杂质的种类和数量，可以通过一些水质指标来评价水质的优劣。

(1) 浑浊度

水中含有悬浮物质会产生浑浊现象，水的浑浊程度用"浑浊度"来度量，它是用待测水样与标准比浊液比较而得。浑浊度是外观上判断水是否纯净的主要指标。

(2) 电导率

电导率表示水导电能力的大小，间接反映水中含盐量的多少。水中溶解的离子浓度越大，则其导电能力越强，电导率越大。例如，298K时纯水的电导率为 $5.5 \times 10^{-6} S \cdot m^{-1}$，天然水的电导率为 $(0.5 \sim 5) \times 10^{-2} S \cdot m^{-1}$，含盐量高的工业废水电导率可高达 $1 S \cdot m^{-1}$。

(3) pH值

pH值对水中许多杂质的存在形态和水质控制过程都有影响。不同的用水场合对pH值有特定的要求，如燃煤电站锅炉给水要求pH在 $8.5 \sim 9.4$ 范围。

(4) 需氧量

在水中发生化学或生物化学氧化还原反应需要消耗氧化剂或溶解氧的量称需氧量。由于天然水中耗氧最多的是各种有机物，所以它间接反映了水中有机物的含量。需氧量越高，表明水被有机物污染越严重。需氧量用氧化 $1 dm^3$ 水样中的有机物需要消耗氧的质量表示。

需氧量分为化学需氧量和生化需氧量。化学需氧量是指使一定水样中的有机物发生化学氧化所需要的氧的量，用COD表示；生化需氧量是指使一定水样中的有机物被水中微生物降解所需的氧的量，用BOD表示。

(5) 微生物学指标

水被人畜粪便、生活污水污染时，水中细菌含量大增，因此，利用水中菌落总数和大肠菌群数可判断水质被粪便污物污染的情况。

此外，作为无机有毒物质的汞、镉、铬、铅、砷等，以及作为有机有毒物质的酚类化合物、石油类等在水中都有严格的含量限制标准。国家对地表水以及生活饮用水都制定了质量标准。

3. 水污染的防治

工业废水和城市污水的任意排放是造成水体污染的主要原因，要控制并进一步消除水污染，必须从污染源抓起，即从控制废水的排放入手，妥善处理城市污水及工业废水，积极对各种废水实施有效的技术处理，将废水中的污染物分离出来，或将其转化为无害物质。同时，加强对水体及其污染源的监测和管理，尽可能防治水体污染，将"防""治""管"三者结合起来。

(1) 污水处理按照处理深度分为三级

一级处理是指除去水中的悬浮物和漂浮物，经常采用中和、沉降、浮选、除油等方法。经一级处理后，悬浮固体去除率可达 $70\% \sim 80\%$。废水经一级处理后通常达不到排放标准。

二级处理主要除去可以分解和氧化的有机污染物及部分悬浮固体，目前主要采用生物处理方法。经二级处理后，污水中的有机物去除率为 $80\% \sim 90\%$。废水经二级处理后一般可以达到农业灌溉用水标准和废水排放标准。

三级处理属于深度处理，目的是去除可溶性无机物、不能生化降解的有机物、氮和磷的化合物、病毒、病菌及其他物质。处理方法有吸附、离子交换、化学法等。废水经三级处理后可以重新用于生产和生活。

（2）工业废水处理的几种方法

1）物理处理法

可用重力分离（沉淀）、浮上分离（浮选）、过滤、离心分离等方法，将废水中的悬浮物或乳状微小油粒除去；还可用活性炭、硅藻土等吸附剂过滤吸附处理低浓度的废水，使水净化；也可用某种有机溶剂溶解萃取的方法处理含酚等有机污染物的废水。

2）化学处理法

利用化学反应来分离并回收废水中的各种污染物，或改变污染物的性质，使其从有害变为无害。这类方法主要有混凝法、中和法、氧化还原法、离子交换法等。

混凝法：废水中常有不易沉淀的细小悬浊物，它们往往带有相同的电荷，因此相互排斥而不能凝聚。若加入某种电解质（混凝剂），由于混凝剂在水中能产生带相反电荷的离子，水中原来的胶状悬浊物质失去稳定性而沉淀下来，从而达到净化水的效果。常用的混凝剂有明矾、氢氧化铁、聚丙烯酰胺等。

中和法：有些工业废水呈酸性，有些呈碱性，可用中和法处理，使pH达到或接近中性。酸性废水常用废碱、石灰、白云石、电石渣中和；碱性废水可用废酸中和，也可通入含有CO_2、SO_2等成分的烟道废气，达到中和效果。如果废水中有重金属离子，可采用中和混凝法，即调节废水的pH，使重金属离子生成难溶的氢氧化物沉淀而除去。

氧化还原法：溶解在废水中的污染物质，有的能与某些氧化剂或还原剂发生氧化还原反应，使有害物质转化为无害物质，达到处理废水的效果。例如，可用氧气、氯气、漂白粉等处理含酚、氰等废水；用铁屑、锌粉、硫酸亚铁等处理含铬、汞等的废水。

离子交换法：利用离子交换树脂的离子交换作用，除去废水中离子化的污染物质。这种方法多用在含重金属废水的回收和处理中，更主要的是用在电厂锅炉或工业锅炉用水的处理中。电厂锅炉对水质要求极高，不允许有任何阳离子和阴离子，也不允许水中溶有O_2和CO_2等气体。对于溶于水中的阳离子和阴离子，可经过多次离子交换反应而除去，得到的水称为"去离子水"。

3）生物处理法

生物处理法是利用微生物的生物化学作用，将复杂的有机污染物分解为简单的物质，将有毒物质转化为无毒物质。此法可用来处理多种废水，在环境保护中起着重要的作用。

生物法可分为两大类，是根据微生物对氧气的要求不同而区分的，即耗氧处理法与厌氧处理法。目前大多采用的是耗氧处理法。这种方法是将空气（需要的是氧气）不断通入污水池中，使污水中的微生物大量繁殖。因微生物分泌的胶质而相互黏合在一起，形成絮状的菌胶团，即所谓"活性污泥"。另外，在污水中装填多孔滤料或转盘，让微生物在其表面栖息，大量繁殖，形成"生物膜"。活性污泥和生物膜能在较短时间里把有机污染物几乎全部作为食料"吃掉"。

用生物处理法处理含酚、含氰等废水，脱酚率可达99%以上，脱氰率可达94%～99%，可见治理效果是极好的。

4）电化学处理法

在废水池中插入电极板，当接通直流电源后，废水中的阴离子移向阳极板，发生失电子的氧化反应；阳离子移向阴极板，发生得电子的还原反应，从而去除废水池中的铬、氰等污染物。

电化学处理法适用于除去含铬酸、铅、汞、溶解性盐类的废水，也可处理含有机污染物的带有颜色及有悬浮物的废水。如用铁或铝金属板作阳极，溶解后能形成对应的氢氧化物活性凝胶,对污染物有聚沉作用,易于将其除去。电解过程中会产生原子氧和原子氢,以及放出 O_2 和 H_2,既能对废水中的污染物产生氧化还原作用,又能起泡,有浮选废水中絮状凝胶物的作用,达到净化水质的目的。

(3) 城市生活污水脱氮、除磷的几种方法

1) 化学法

去除水中氮、磷比较经济有效的方法是投加石灰。用石灰除氮的过程是提高废水的 pH,使水中的氮以游离氨形态逸出:

$$NH_4^+ \longrightarrow NH_3 + H^+$$

投石灰到废水中,使 pH 提高到 11 左右,在解吸塔中将氨吹脱到大气中。

石灰与磷酸盐作用的反应式为:

$$5Ca^{2+} + 4OH^- + 3HPO_4^{2-} \longrightarrow Ca_5OH(PO_4)_3 + 3H_2O$$

生成了碱式磷酸钙沉淀而被去除。磷也会吸附在碳酸钙粒子的表面而一起沉淀。当 pH>9.5 时,基本上正磷酸盐都转化为非溶解性的物质。

近年来,离子交换也成功地应用于城市污水的脱氮、除磷。阳离子交换树脂能用它的氢离子与污水中的氨根离子进行交换;阴离子交换树脂能用它的氢氧根离子与污水中的硝酸根、磷酸根离子进行交换。

$$RH + NH_4^+ \longrightarrow RNH_4 + H^+$$
$$ROH + HNO_3 \longrightarrow RNO_3 + H_2O$$
$$ROH + H_3PO_4 \longrightarrow RH_2PO_4 + H_2O$$

2) 物理法

电渗析是一种膜分离技术。电渗析使得进水通过多对阴、阳离子渗透膜,在阴、阳膜之间施加直流电压,含磷和含氮离子以及其他溶解离子、体积小的离子通过膜而进到另一侧的溶液中去。在利用电渗析去除氮和磷时,预处理和离子选择性特别重要,必须对浓度大的废水进行预处理。高度选择性的防污膜仍在发展中。

3) 生物法

生物脱氮是由硝化和反硝化两个生化过程完成的。污水先在耗氧池中进行硝化,使含氮有机物被细菌分解成铵,铵进一步转化成硝态氮:

$$2NH_4^+ + 3O_2 \longrightarrow 2NO_2^- + 4H^+ + 2H_2O$$
$$2NO_2^- + O_2 \longrightarrow 2NO_3^-$$

然后在缺氧池中进行反硝化,硝态氮还原成氮气逸出:

$$2NO_3^- + 3H_2O + 4e^- \longrightarrow 3[O] + N_2 + 6OH^-$$

拓展阅读

喝了含铅水怎么办?

在当今众多危害人体健康和儿童智力的"罪魁"中,铅危害不小。据权威调查,现代人体内的平均含铅量已大大超过 1000 年前古人的 500 倍。而人类却缺乏主动、有效的防护措施。

铅及其化合物的侵入途径主要是呼吸道,其次是消化道,完整的皮肤不能吸收。

儿童体内有80%~90%的铅是从消化道摄入的。水体中的铅主要来自人为排放源，如采矿、冶炼、电镀、油漆、涂料、废旧电池等。

铅进入人体后，除部分通过粪便、汗液排泄外，其余在数小时后溶入血液中，阻碍血液的合成，导致人体贫血，出现头痛、眩晕、乏力、困倦、便秘和肢体酸痛等状况；有些口中有金属味、动脉硬化、消化道溃疡和眼底出血等症状也与铅污染有关。

喝了"含铅水"怎么办？专家指出，日常多喝牛奶、多吃水果蔬菜，对预防铅中毒能起一定作用。另外，每天早上使用水龙头时，可以先放掉隔夜水再继续使用。除此之外，饮食"排铅"对预防铅中毒也能起到很大作用。保证每日摄入充足的钙、铁、锌、维生素C和蛋白质就是很好的办法，因为这些都是排铅抗铅食物。由于人体内对各种元素的吸收都需要依靠蛋白质转运，在蛋白质数量不变的情况下，不同元素的吸收会出现竞争。铅和钙、铁、锌同属二价阳离子，当钙、铁、锌摄入量偏少时，自然会导致铅的吸收量增加。大量实验研究表明，维生素可以明显减轻铅中毒的各项指标，并在一定程度上有加速铅排出的作用，蛋白质则可与铅结合成可溶性的物质，促进铅从尿中排出。

三、土壤污染及其防治

"民以食为天，食以土为本"。土壤是固、液、气三相共存的特殊物质系统，由矿物质、有机物、微生物、水分和空气组成。大体上固体部分占50%，土壤空气占20%，土壤水分占30%。土壤是人类和生物繁衍生息的场所，是不可替代的农业资源和重要的生态因素之一。它一方面能为作物源源不断地提供其生长必需的水分和养料，经作物叶片的光合作用合成各种有机物质，为人类及其他动物提供充足的食物和饲料；另一方面它又能承受、容纳和转化人类从事各种活动所产生的废弃物（包括污染物），在消除自然界污染危害方面起着重要作用。

1. 土壤的主要污染物

土壤本身具有较强的自净能力，进入土壤中的污染物能被土壤胶体所吸附，进行缓慢地降解；同时，土壤中含有大量微生物和小动物，它们对于污染物也具有分解能力。但是当土壤中污染物含量过高，超过了土壤的自净能力时，土壤中微生物的生命活动就会受到抑制或破坏，引起土壤理化性质改变，这就是土壤污染。土壤污染就其危害而言，比大气污染、水体污染更为持久，影响更为深远。因此，土壤具有易污染、复杂、持久、来源广、防治困难等特点。

土壤污染主要是由污染的水质和大气造成的。此外，过量施用农药和化肥也是土壤污染的重要原因，以下简单介绍几种主要污染物。

（1）农药

化学农药种类繁多，绝大部分是人工合成的有机农药。

农药在喷洒过程中，除一部分用于杀灭虫害外，大部分渗入土壤造成土壤污染。农药污染大多直接危害人类,产生致癌、致畸作用。农作物吸收农药后,累积在粮、菜、水果中,通过食物链危害牲畜和人类。此外,农药还会杀害蚯蚓、青蛙等有益生物,从而破坏了自然生态平衡,使农作物间接遭受损失。

(2) 重金属污染

污染土壤的重金属主要来自空气溶胶、污水及矿区废物。值得注意的是,汞、砷、镉、铅、铜等重金属,它们不能被土壤微生物降解,因而不断累积,为生物所富集,或者向地表、地下水中迁移,加重了水体污染。

此外,放射性物质和病原微生物也都是土壤的污染源。

2. 土壤污染的判断和评价

用什么指标来判断土壤是否污染?在实际工作中,通常根据土壤环境背景值、生物指标及土壤环境质量标准来判断某一具体区域土壤的污染情况。

(1) 土壤背景值

土壤背景值理论上是土壤在自然成土过程中,土壤化学元素的组成和含量,即未受人类活动影响的土壤化学元素的组成和含量。土壤背景值是一个相对概念,一方面,土壤中元素的含量由于成土因素的差异以及土壤系统的复杂性,不是一个确定的数值;另一方面,当前全球环境受人为活动的影响已非常严重,要寻找一个不受人为活动影响的地方几乎是不可能的。所以,常常以一个国家或地区土壤中某元素的平均含量作为土壤背景值。如果某一区域土壤中某元素的含量超过了背景值(统计学概念上,通常以土壤元素背景值加两倍标准差作为评价标准),即可认为发生了土壤污染。

(2) 生物指标

生物指标主要有两类。一是植物体内污染物含量。土壤中某元素含量超高时,植物的吸收量也会相应增加。对植物可食部分而言,当有害物质的含量超过食品卫生标准时,则可以判断土壤遭受了污染。二是植物的反应,即植物吸收污染物后对其生长发育的影响。当土壤遭受污染后,植物的生长发育及产量均会受到影响。

(3) 土壤环境质量标准

我国 1995 年颁布了土壤环境质量标准,现常用作评价土壤环境质量状况的依据。但由于土壤组成的复杂性,土壤背景值以及生物指标的应用仍具有一定的现实意义。

目前我国土壤污染总体形势相当严峻。原环境保护部和国土资源部 2014 年联合发布的《全国土壤污染状况调查公报》显示,截至 2013 年 12 月,全国土壤污染物总的超标率为 16.1%,其中耕地的土壤超标率为 19.4%。

3. 土壤污染的危害

土壤污染的危害主要是对植物生长产生的影响。例如,过多的 Mn、Cu 和磷酸等将会阻碍植物对 Fe 的吸收,从而引起酶作用的减退,并且阻碍体内的氮素代谢,造成植物的缺绿病。

污染物进入土壤以后,可能被土壤吸附,也可能在光、水或微生物作用下进行降解,或者通过挥发作用而进入大气造成大气污染;受水的淋溶作用或地表径流作用,污染物进入地下水和地表水影响水生生物;污染物被作物吸入体内(包括籽实部分)后,最终通过人体呼吸作用、饮水和食物链进入人体内,给人体健康带来不良的影响。

目前"白色污染"日益引起人们的关注。白色污染就是塑料饭盒、农用薄膜、方便袋、包装袋等难降解的有机物被抛弃在环境中造成的污染。它们在地下存在 100 年之久也不能消失，引起土壤污染，影响农业产量。所以，现在全世界都在要求使用可降解的有机物。

4. 土壤污染的防治

由于土壤污染存在潜伏性、不可逆性、长期性和后果严重性，土壤污染的防治需要贯彻预防为主、防治结合、综合治理的基本方针。控制和消除土壤污染源是防治的根本措施。其关键是控制和消除工业"三废"的排放，大力推广闭路循环、无毒排放。合理施用化肥、农药也是控制土壤污染源的重要途径，禁止和限制使用剧毒、高残留农药，发展生物防治措施，不仅可以降低土壤中污染物的含量，而且能够提高土壤自身的净化能力。

（1）重金属污染土壤的治理

① 采用排土法（挖去污染土壤）和客土法（用非污染的土壤覆盖于污染土表上）进行改良。

② 施用化学改良剂。添加能与重金属发生化学反应而形成难溶性化合物的物质以阻碍重金属向农作物体内转移。常见的这类物质有石灰、磷酸盐、碳酸盐和硫化物等。在酸性污染土壤上施用石灰，可以提高土壤 pH，使重金属变成氢氧化物沉淀。施用钙镁磷肥也能有效地抑制 Cd、Pb、Cu、Zn 等金属的活性。

③ 生物改良。通过植物的富集而排除部分污染物，如种植对重金属吸收能力极强的作物，这种方法只适用于部分重金属。

（2）农药污染土壤的治理

农药对土壤的污染主要发生于某些持留性农药，如有机汞农药、有机氯农药等。由于它们不易被土壤微生物分解，因而在土壤中累积，造成农药污染。20 世纪 60 年代以来，许多国家禁止使用有机汞、有机氯等农药。为了减轻农药对土壤的污染，各国十分重视发展高效、低毒、低残留的"无污染"农药的研究和生产。

对已被有机氯农药污染的土壤，可以通过旱作改水田或水旱轮作方式，使土壤中有机氯农药很快地分解排除。对于不宜进行水旱轮作的地块，可以通过施用石灰以提高土壤 pH 以及灌水以提高土壤湿度等方法，来加速有机氯农药在土壤中的分解。

第二节 ▶ 化学与生活

目前人们还不能完全避免废物的产生，但可以进行综合利用。这样既能"变废为宝"，减少浪费，又能减少废物对环境的污染，意义极为深远。事实上，目前世界各国都在广泛而积极地开展综合利用工作。衣、食、住、行，油、盐、酱、醋、肥皂、牙膏、洗发香波，精细化工、润滑防腐、珠光宝气、火树银花，治病的药物，害人的毒品等，无不与化学密切相关。可以说化学在人类的生活、工作中无处不在，其内容之浩繁，难以尽述。本章对生活中与化学息息相关的食品与药物两个方面进行简单讨论。

一、膳食营养

凡是能维持人体健康及提供生长、发育和劳动所需要的各种物质称为营养素。人体所必需的营养素有蛋白质、脂类、糖类、维生素、无机盐（矿物质）、水和膳食纤维七类，通常称为七大营养素。营养素对人体的功用大体可分为三个方面：

① 作为能源物质，提供人体从事劳动所需的能量。如糖类、脂类等。

② 作为人体结构的物质，供给身体生长、发育和修补组织所需要的原料。如蛋白质、脂类等。

③ 调节生理功能。如维生素、无机盐等。

各类营养素在体内都有其主要生理功能，也有其次要生理功能。各种营养素之间相互联系，相互配合，错综复杂地维持着人体一切生理活动的正常进行。应该指出，有些营养素还兼有治疗疾病的作用。

(1) 蛋白质

蛋白质是组成生命体的基本物质，不论是简单的低等生物，还是复杂的高等生物，其复杂的生命活动都是由蛋白质分子的活动来体现的，因此可以说蛋白质是生命的载体。病毒、细菌、激素、植物和动物细胞原生质都是以蛋白质为基础的。

氨基酸是组成蛋白质的基本单位，也是蛋白质消化后的最终产物。氨基酸按其营养学作用可分为两大类，即必需氨基酸和非必需氨基酸。

必需氨基酸是指人体需要但人体内不能合成或合成的速度远不能满足机体的需要，而必须从食物中摄取的氨基酸。成年人的必需氨基酸有 8 种，即苯丙氨酸、甲硫氨酸、赖氨酸、苏氨酸、色氨酸和亮氨酸以及异亮氨酸和缬氨酸。对于儿童，组氨酸和精氨酸也是必需的，故共有 10 种儿童必需氨基酸。非必需氨基酸是指能在人体内合成或可以由其他氨基酸转变而成的氨基酸。如人体内的酪氨酸可由苯丙氨酸转变而成。

为了获得良好的营养，我们的日常饮食中要含有全部的必需氨基酸，不过所需要的量每种不超过 1.5g。对生命来说，非必需氨基酸和必需氨基酸同样重要，只是前者可以由人体从其他化合物制得。

食物中的蛋白质主要来源于乳类、蛋类、肉类、豆类、硬果类，谷类次之。食物中的蛋白质所含氨基酸越接近于人体蛋白质中的氨基酸，它的营养价值就越高，称为"生理价值"越高。一般来讲动物蛋白比植物蛋白生理价值高，以鸡蛋最高，牛奶次之。在植物蛋白中大米、白菜的较高。

生命的产生、延续与消亡，无一不与蛋白质有关，也就是说，人体的每一种生命活动和生理功能都是由蛋白质来实现的，所以，蛋白质在生命活动中起着极为重要的作用。

蛋白质的主要生理功能有构成和修补机体组织、调节生理功能、增强机体免疫能力、供给热能等。

(2) 脂类

1) 脂类概述

脂类是一类重要的营养物质，它以各种形式存在于人体的各种组织中，是构成人体组织的重要成分之一，在人体内具有重要的生理作用。

脂类是脂肪和类脂的总称。脂肪是由一分子甘油和三分子脂肪酸（RCOOH）形成的甘油三酯。R 是含有偶数个碳原子的长碳氢链。三个脂肪酸可以都相同（$R^1 = R^2 = R^3 = R$），也可以都不同。不同的脂肪具有不同的性质和营养功能，因为它们含有不同的脂肪酸。按脂肪酸是否含有双链可分为饱和脂肪酸和不饱和脂肪酸。含饱和脂肪酸较多的在常温下呈固态，称为"脂"，如动物脂肪——猪油、牛油、羊油；含不饱和脂肪酸较多的在常温下呈液态，称为"油"，如植物油——菜油、花生油、豆油、芝麻油等。由动植物组织提取的油脂都是不同脂肪酸混合甘油酯的混合物。

类脂包括糖脂、磷脂、固醇类和脂蛋白等。在营养学上特别重要的是磷脂和固醇两类化合物。重要的磷脂有卵磷脂和脑磷脂。卵磷脂主要存在于动物的脑、肾、肝、心和蛋黄，以及植物的大豆、花生、核桃、蘑菇等之中；脑磷脂主要存在于脑、骨髓和血液中。固醇类又分为胆固醇和类固醇（包括豆固醇、谷固醇和酵母固醇等）。胆固醇主要存在于脑、神经组织、肝、肾和蛋黄中；类固醇中的豆固醇存在于大豆中，谷固醇存在于谷胚中，酵母固醇存在于酵母中。

脂类按其元素组成主要为 C、H、O 三种，有的还含有 P、N 及 S 等。

人体正常生长所不可缺少而体内又不能合成、必须从食物中获得的脂肪酸称为必需脂肪酸。例如亚油酸、亚麻酸和花生四烯酸。

必需脂肪酸的最好来源是植物油，常用的豆油、芝麻油及花生油等中含量较高，在菜籽油和茶油中较少，动物油脂中含量一般比植物油低。

2）脂类的生理功能

① 氧化供能。每克脂肪大约可供给热量 38kJ，比蛋白质和糖类大得多。人体就是通过脂肪这种形式来储存热量的。当人体耗能多时，脂肪就提供热能以做补充。

② 促进脂溶性维生素的吸收。维生素 A、维生素 D、维生素 K、维生素 E 和胡萝卜素可溶于脂肪而被吸收。因此，食物中缺乏脂肪也会导致维生素缺乏。

③ 调节生理功能。必需脂肪酸具有调节生理功能的作用，如促进发育、降低胆固醇、防止血栓生成、参与前列腺素和精子的合成等。必需脂肪酸对人类尤其是儿童是不可缺少的。

3）高脂血症与预防

甘油三酯是血脂检查中比较重要的一项指标。"血脂"是指血浆或血清中所含的脂类，包括胆固醇、甘油三酯、磷脂和游离脂肪酸等。低密度脂蛋白和胆固醇结合而成的低密度脂蛋白胆固醇，是导致动脉硬化的重要因素，常被称为"坏"胆固醇。高密度脂蛋白和胆固醇结合形成高密度脂蛋白胆固醇，它如同血管内的清道夫，将胆固醇从组织转移到肝脏中去，具有防治动脉粥样硬化的作用，也称为"好"胆固醇。合理的饮食是预防高脂血症的有效和必要的措施，清淡少盐，忌腻多菜，适当减肥，加强锻炼，都能起到很好的作用。

（3）糖类

糖类是生物体中重要的生命有机物之一，也是自然界分布最广、含量最丰富的一类有机化合物。它是人体能量的主要来源，在人类的生命过程中起到了非常重要的作用。

糖类是由 C、H、O 三种元素组成的一大类化合物，其通式一般可用 $C_m(H_2O)_n$（m、n 为正整数）表示。然而有些化合物按其结构和性质应属于糖类化合物，但是它们的组成却不符合上面的通式，例如鼠李糖 $C_6H_{12}O_5$、脱氧核糖 $C_5H_{10}O_4$；而有些化合物如甲醛 CH_2O、乙酸 $C_2H_4O_2$ 等虽符合通式，但结构和性质与糖类化合物完全不同。因此严格来说，糖类化合物是指化学结构为多羟基醛或多羟基酮的一类化合物。

糖类按其结构可以分为单糖、低聚糖和多糖。单糖是最简单的糖，可以直接被机体吸收和利用，包括葡萄糖、果糖、半乳糖等。低聚糖是指可水解生成 2～10 个单糖分子的糖，例如，蔗糖、乳糖、麦芽糖等。多糖又分为两类：一类是可被人体消化吸收的，如淀粉、糊精、动物糖原等；另一类是不能被人类消化吸收的，如食物纤维、半纤维素、木质素和果胶等。

糖类是食品的重要成分，它广泛存在于植物体中，是绿色植物光合作用的产物，占植物体干重的 50%～80%。动物体内的糖类是通过食用植物的糖类获得的，其自身不能产生，亦就是说人体需要的糖类主要由植物性食品供给。

在人们的饮食中，糖类占的比例最大。因为它最容易获得，也最便宜，更重要的是，它释放热能较快，特别是葡萄糖能较快地被氧化产生热能。

人体的许多组织中，都需要有糖参与，它是构成人体组织的一类重要物质。例如，血液中有血糖，在正常人血液中其含量有一定范围，即每 100cm^3 血液中，含葡萄糖 85～100mg，超过 100mg 就是不正常的，比如糖尿病患者的血糖含量都超过 100mg；血糖过低也是不正常的现象，血糖过低使脑神经得不到足够的养分，容易出现昏迷、休克。因此，血糖含量是检查人体是否正常的一项常规指标。

(4) 维生素

维生素是一类分子结构和反应上无共同特征的低分子有机化合物，在天然食物中含量极少，在人体内含量甚微，但却是人体生长和健康所必需的。

维生素的分类一般按溶解性质分为脂溶性及水溶性两类。人类营养必需的脂溶性维生素有维生素 A、维生素 D、维生素 E 及维生素 K。脂溶性维生素大部分由胆汁帮助吸收，循淋巴系统输送到体内各器官。体内可储存大量脂溶性维生素，维生素 A 和维生素 D 主要储存于肝脏，维生素 E 主要储存于体内脂肪组织，维生素 K 储存较少。水溶性维生素有维生素 B_1、维生素 B_2、维生素 B_6、维生素 B_{12}、烟酸、叶酸及维生素 C 等。它们被肠道吸收后，通过水循环到机体需要的组织中，多余的部分大多由尿排出，在体内储存甚少。

维生素与蛋白质、脂肪、糖类不同，维生素在人体内不能产生热量，也不参与人体细胞、组织的构成，但却参与调节人体的新陈代谢，促进生长发育，祛除某些疾病，并能提高人体抵抗疾病的能力。人体缺少了维生素，新陈代谢就会紊乱，就会发生各种维生素缺乏病，如坏血病、脚气病、凝血病和夜盲症等。这些病看起来不是什么重症，但如不加以治疗，对人体健康危害是很大的。因此，维生素既是营养品又是药品。维生素在人体内不能合成，必须从食物中摄取，但由于人体对各种维生素的需要量并不大，只要注意平衡膳食，多吃新鲜蔬菜和水果，一般不会出现维生素缺乏症。若发生维生素缺乏症，可在医生指导下服用富含维生素的食品或维生素制剂（如鱼肝油、干酵母及维生素 C、维生素 E、维生素 K 等）。

(5) 无机盐

构成人体的化学元素，除了血液中存在少量游离态的 N 和 O 之外，其余各种元素都以化合态存在。人体中除 C、H、O、N 外，其余各种元素称为无机盐或矿物质，约占人体的 4%，它们来自动植物组织、水、盐和食品添加剂。

从营养角度可把无机盐分为必需元素和非必需元素。必需元素中含量在人体重量 0.01% 以上的称为常量元素，有 Ca、Mg、Na、K、P、S、Cl 等 7 种；含量在人体重量 0.01% 以下的称为微量元素，有 V、Cr、Mn、Fe、Co、Ni、Cu、Zn、Mo、F、Si、Sn、Se、I 等 14 种。

1) 常量元素的主要作用

无机盐中这些常量元素在人体中的作用如下：①构成人体组织的重要材料，如 Cu、Mg、P 构成骨骼和牙齿，P、S 构成蛋白质，Fe 构成血红蛋白（如细胞血红素），Zn 构成胰岛素等；②调节体液渗透压、酸碱平衡、心跳节律；③运载信息，如 Fe^{2+} 对 O_2、CO_2 有运载作用，Cu^{2+} 可以激活多种可传递信息的酶等。

2) 微量元素的主要作用

虽然人体只需要痕量的微量元素，但它们对于发挥正常的生物功能很关键。若缺乏其中任何一种元素，则意味着生物体在一定程度上死亡。这些元素中的某些元素在人体内的功能目前人们还不特别清楚，但很多微量元素是酶的重要组分，特别是过渡金属元素。碘是人体必需的微量元素。甲状腺需要利用碘来产生甲状腺激素，如果缺乏碘，人体健康就会受到影响，产生甲状腺疾病，如甲状腺肿、克汀病等。碘过多也会对人体产生影响。体内存有适量的稳定性碘，可阻止甲状腺对放射性碘的吸收，这可降低受到放射性碘暴露后可能罹患甲状腺癌的风险。

（6）水

人体的60%～80%是由水组成的，血液的90%是由水构成的。人体失去体重5%的水就会感到口渴、恶心、昏昏欲睡；达到10%，会产生晕眩、头痛、行走困难；达到15%则需要抢救；达到20%即导致死亡。

水能帮助消化，并把食物中的营养物带给细胞；水又是一种基本营养物质，它的主要功能是参与新陈代谢，输送养分，排出废物。

（7）膳食纤维

膳食纤维是指不被人体小肠消化吸收而在人体大肠中能部分或全部发酵的可食用的植物性成分、糖类及类似物质的总和。它既不能被胃肠道消化吸收，也不能产生能量，因此，曾一度被认为是一种"无营养物质"而长期未得到足够的重视。

然而，随着营养学和相关科学的深入发展，人们逐渐发现膳食纤维具有相当重要的生理作用。在膳食构成越来越精细的今天，膳食纤维被学术界和普通百姓所关注，并被营养学界补充认定为第七类营养素。

膳食纤维主要是非淀粉多糖类物质，包括纤维素、木质素、甲壳质、果胶、菊糖和低聚糖等。根据是否溶解于水，可将膳食纤维分为两大类：

① 可溶性膳食纤维。来源于果胶、藻胶、魔芋等。魔芋的主要成分为葡甘聚糖，能量很低，吸水性强。

② 不可溶性膳食纤维。主要来源是全谷类粮食，其中包括麦、麦片、全麦粉及糙米燕麦、豆类、蔬菜和水果等。膳食纤维的作用主要有促进肠道蠕动，软化宿便，预防便秘、结肠癌及直肠癌；降低血液中的胆固醇、甘油三酯，利于肥胖控制；清除体内毒素，预防色斑、青春痘等皮肤问题；减少糖类在肠道内的吸收，降低餐后血糖。

我国人民历来以谷类食物为主，辅以蔬菜果类，所以并不缺少膳食纤维。但随着生活水平的提高，食物精细化程度越来越高，动物性食物所占比例大为增加，而膳食纤维的摄入量明显降低，由此导致一些所谓的"现代文明病"，如肥胖症、糖尿病、高脂血症等，以及一些与膳食纤维过少有关的疾病，如肠癌、便秘、肠道息肉等，发病率日渐增高。

拓展阅读

为什么说硒是生命元素中的明星元素？

有许多化学元素与人类生命活动密切相关，这些元素被称为"生命元素"。目前，科学家认为有27种生命元素，其中13种为非金属元素、14种为金属元素。通常将人体中含量低于0.01%的生命元素称为微量生命元素。它们是锌、铜、铁、钴、铬、锰、钼、碘、硼、硒、镍、锡、硅、氟和矾等。

人类最早认为硒是一种恐怖元素，因为硒的很多化合物都是剧毒的，如硒酸盐、硒化氢等。然而，现代医学告诉我们，硒是人体免疫系统中一个极为重要的酶的主要成分，是人类绝不可或缺的"明星元素"。

首先，硒是防癌元素。人体内硒含量的多少与人体健康有什么样的关系呢？复旦大学化学系一位教授研究发现，只要将人的一根头发放入仪器，就可以测量人体中的硒含量，可以对健康人群和癌症人群进行一定程度区分，硒含量少的人更容易患癌症。

其次，硒是长寿元素。国际上规定每10万人中有7人以上超过百岁的地区，就是长寿地区。我国广西巴马、广东三水、四川都江堰、云南潞西、新疆阿克苏均为长寿地区。研究结果表明，这5个地区的共同特点是土壤中的硒含量都很高，例如，广西巴马的每百克土中硒含量为10微克，是其他地区的10倍。

最后，硒是防衰老元素。硒是红细胞中抗氧化剂的重要成分，充足的硒可促使这种抗氧化剂有效地将人体内的过氧化氢转变为水。此外，含有硒的多种酶能够调节甲状腺的工作、参与氨基酸等的合成。

喝水是否多多益善

正是由于水对人类生命体具有不言而喻的重要性，所以大人对孩子们总是喊："多喝点水！"但是你有时也许会疑惑，很想知道"喝水是否多多益善?"。明确的回答是，不是！因为喝太多的水会导致水中毒的症状，引起钠稀释带来的有关疾病，如稀释性低钠血症。水中毒在六个月以下的婴儿、体力劳动者和运动员中是最常见到的。婴儿由于一天喝几瓶水而导致水中毒。运动员也能产生水中毒，因为运动员大量的出汗损失了体内的水和电解质。当一个脱水的人喝了过量的水而未补充电解质时，必然导致水中毒和低钠血症，实际上就等同于中暑。

当过多的水进入人体细胞时，这些过剩的流体会使得人体组织肿胀，细胞便保持在一个特定的浓度梯度，因此在细胞外面的过量水（浆液）便把细胞内的钠抽出而进入浆液中，以重新建立所必需的浓度。当积累过多的水时，细胞外浆液浓度便降低，这就叫作低钠血症。从细胞的角度说，水中毒与在淡水中溺死的原理相同，都是电解质失衡和组织的肿胀导致无规律的心跳，使流体进入肺部，并引起眼皮颤抖，肿胀增加了脑压和神经紧张，从而引起类似于酒精中毒的症状。发生脑组织肿胀时，可导致癫痫发作、昏迷和最终死亡。

人在进行持续数小时的强体力活动时，常大量出汗，水分从毛孔带出大量的电解质氯化钠。同时又不间断地喝了大量水，从而稀释了体内的氯化钠，很容易引起低钠血症。

二、食品中的化学制品

1. 食品添加剂

为了增强食品的感官性状，延长保存时间，满足食品加工工艺过程的要求，常在食品中加入某些物质，这类物质统称为食品添加剂。目前使用的大多是化学合成物质。我国允许使用并有国家标准的食品添加剂有：防腐剂、抗氧化剂、着色剂、发色剂、漂白剂、酸味剂、凝固剂、增稠剂、乳化剂、疏松剂、甜味剂、品质改良剂等。从食品卫生出发，食品添加剂首先是无毒无害，其次才是色、香、味、形态及工艺效果。

2. 营养强化剂与强化食品

营养强化剂不仅能提高食品的营养质量，而且还可提高食品的感官质量和改善其保藏性能。如维生素 E、卵磷脂、维生素 C 等，它们既是营养强化剂，又是良好的抗氧化剂。经强化处理后的食品称为强化食品，食用较少种类和单纯的强化食品即可获得全面的营养，从而可简化膳食处理，如在乳制品中强化维生素 A、维生素 C、维生素 D、维生素 B_1、维生素 B_2、维生素 B_6、维生素 B_{12} 和维生素 B_3 等，制成调制乳粉，供成人和婴幼儿食用，可大大简化食谱和制作过程，特别是对婴幼儿，只需食用一种食品，即可获得全面的营养。某些特殊职业的人群食用强化食品，对膳食的简化更具有重要意义，如军队和地质工作人员所食用的强化压缩干燥的食品，既营养全面，体积又小，质量又轻，食用也方便。

营养强化剂主要可分为维生素、氨基酸和无机盐三大类。

3. 食品中的致癌物质

癌症是引起人类死亡的重要原因之一。致癌的因素很多，例如放射线、紫外线、化学物质等。而化学物质是最普遍也是最危险的致癌因素，故引起了世人的极大关注。目前被怀疑有致癌作用的物质有数百种之多，有定论的约有 30 种，危害较大的致癌物质有黄曲霉素、亚硝胺和苯并芘等。

三、药物中的化学

随着社会的进步，人类的平均寿命在不断增长。一个重要原因就是广泛使用了许多新药物来治疗各种疾病。

1. 药物的一般概念

能够对机体某种生理功能或生物化学过程发生影响的化学物质称为药物。药物可用于预防、治疗和诊断疾病。药物或多或少都具有一定的毒性，大剂量时尤其明显。有的药物本身就出自毒物，如箭毒、蛇毒都可制成药物。可见，药物与毒物之间并无明显界线。但一般认为毒物是指能损害人类健康的化学物质，包括环境中和工农业生产中的毒物、生物毒素以及超过中毒量的药物。此外，当食物的某种成分被用于防治其缺乏症时也可视为药物，所以药物与食物也难以截然区分。

科学研究表明，药物是通过干扰或参与机体内在的生理、生物化学过程而发挥作用的。但药物性质相同，其作用情况也各不相同。药物的作用主要有：①改变细胞周围环境的理化性质。例如，抗酸药通过简单的化学中和作用使胃液的酸度降低，以治疗溃疡病。②参与或干扰细胞物质的代谢过程。例如，补充维生素就是供给机体缺乏的物质使之参与正常生理代谢过程，从而使缺乏症得到纠正。又如，对氨基苯磺酰胺与对氨基苯甲酸竞争参与叶酸代谢，从而抑制敏感菌的生长。③对酶的抑制或促进作用。例如，胰岛素能促进己糖激酶的活性，使血糖升高。

2. 常用药物举例

（1）抗生素

抗生素是一类重要的抗菌药。它是某些细菌、放线菌、真菌等微生物的次级代谢产物，或用化学方法合成的具有相同结构的物质或结构修饰物，在低浓度下对各种病原性微生物或肿瘤细胞有选择性杀灭、抑制作用。根据其化学结构，可将抗生素分为 β-内酰胺类、四环素类、大环内酯类等。

β-内酰胺类抗生素是指分子中含有 β-内酰胺环的抗生素，是最大的一类抗生素，临床应用最多。按其化学结构的基本母核又可分为青霉素类、头孢菌素类、红霉素类等。

四环素类药物是由放线菌产生的一类口服广谱抗生素，对革兰氏阴性菌和阳性菌，包括厌氧菌均有效，是很多细菌感染的首选药，如布鲁氏菌病、霍乱、斑疹伤寒、出血热等，也是细菌交叉感染的交替药物。该类药物毒性小，极少发生过敏反应。

大环内酯类抗生素的结构特点是以多元环为核心结构，14 元环以红霉素及其衍生物为主，16 元环主要有天然产物柱晶白霉素、螺旋霉素、麦迪霉素及它们的半合成酰化衍生物。大环内酯类抗生素一般只是抑菌，不杀菌，是治疗军团菌病的首选药，且其组织分布和细胞内移行性良好，是继头孢菌素和青霉素之后的第三大类抗生素。

(2) 磺胺类药物

磺胺类药物自 1935 年发现以后，是最早用于治疗全身感染的人工合成的有效化疗药。磺胺类药物的基本化学结构是对氨基苯磺酰胺，磺酰氨基的 N 原子上取代基不同，则抗菌作用不同。磺胺类药物常与甲氧苄啶合用，主要适应证为流脑、鼠疫、菌痢、伤寒、霍乱等，也可用于治疗敏感病原微生物如溶血性链球菌、肺炎性链球菌、大肠杆菌、疟原虫等所致的各种感染。

磺胺类药物的副作用较常见。长期用药，可能抑制骨髓而出现白细胞减少，偶见血小板减少或再生性障碍性贫血，所以用药期间应定期检查血常规；磺胺类药物对泌尿系统也有损害，可引起血尿、尿痛、尿少甚至尿闭，所以服药期间要多喝水，定时检查尿常规，且肝、肾功能不全者慎用；少数病人服药后还会出现过敏性反应，如皮疹、过敏性皮炎等，而且磺胺药之间有交叉过敏反应，所以一定要慎用。

(3) 镇咳药

镇咳药是一类可抑制咳嗽反射、减轻咳嗽频度和强度的药物。根据药物的作用部位可分为中枢性镇咳药和外周性镇咳药。中枢性镇咳药通过抑制咳嗽中枢发挥作用，外周性镇咳药则通过抑制咳嗽反射弧中的某一环节发挥作用。

可待因可抑制咳嗽中枢，止咳作用强大，适用于其他镇咳药无效的剧烈干咳。久用能成瘾，应控制使用。咳必清为中枢性镇咳药，镇咳作用强度为可待因的 1/3，无成瘾性和呼吸抑制作用，适用于上呼吸道感染所致的无痰干咳，青光眼者禁用。

(4) 止痛药

早期人们常用鸦片来止痛。鸦片及其衍生物大部分是止痛的有效药物，但缺点是易上瘾。鸦片含有 20 几种生物碱（存在于生物体内的碱性含氮有机化合物），其中 10% 左右是吗啡，它是鸦片的主要成分。吗啡有两个熟知的衍生物，一个是可待因，是吗啡的单甲醚衍生物，它比吗啡的上瘾性小些，也是一种强有力的止痛药；另一个是海洛因，它比吗啡更容易上瘾，无药用价值，称为毒品。

科学家研究发现，人的大脑和脊柱神经上有许多特殊部位。麻醉药剂分子正好进入这些位置，把传递疼痛的神经锁住，疼痛感就消失了。人自身可以产生麻醉物质，但如果海洛因之类服用过量，会引起自身产生麻醉物质的能力降低或丧失。一旦停药，神经中这些部位就会空出来，症状会立即重现，导致对药的依赖性。

根据止痛机理，人们开发了许多有效药物，如可卡因、普鲁卡因、阿司匹林等。阿司匹林通用性较强，其化学成分是乙酰水杨酸，不仅可以止痛而且可以抗风湿、抑制血小板凝结（预防手术后血栓形成和心肌梗死），还是较好的退热药。阿司匹林明显的副作用是对胃壁有伤害。当未溶解的阿司匹林停留在胃壁上时会产生水杨酸反应（恶心、呕吐）或胃出血。现在已有肠溶性阿司匹林，可保护胃部不受伤害。

(5) 杀菌剂和消毒剂

常用杀菌剂和消毒剂有碘（I_2）、次氯酸钠（NaClO）、高锰酸钾（$KMnO_4$）、过氧化氢（H_2O_2）、氯化汞（$HgCl_2$）等。显然，它们的作用是基于其氧化性。乙醇（CH_3CH_2OH）、肥皂（活性成分 RCOONa）则是利用其碱性和还原性。

习题

一、判断题

1. 糖类和脂肪可以制造出人体所需要的蛋白质。（   ）
2. 蛋白质的互补作用可以提高其生理价值。（   ）
3. 糖类只含有碳、氢、氧、氮四种元素。（   ）
4. 维生素是维持正常生命过程所必需的一类物质，少量即可满足需要，但还是多摄入些为好。（   ）
5. 人体所需的大多数维生素由食物提供，有个别维生素可由人体自身合成。（   ）

二、选择题

1. 下列食物中蛋白质含量最高的是（   ）。
 A. 瘦肉   B. 大豆   C. 牛奶   D. 大米
2. 动物脂肪与油在结构上的区别为（   ）。
 A. 油的脂肪酸碳链中无双键
 C. 油的脂肪酸碳链中一般有双键
 B. 脂肪的脂肪酸碳链中有双键
 D. 上述三种说法都不对
3. 人体所需要的各种营养中，不提供能量的是（   ）。
 A. 蛋白质   B. 糖类   C. 维生素   D. 脂肪
4. 不能构成机体组织的营养物质是（   ）。
 A. 糖   B. 蛋白质   C. 脂肪   D. 维生素
5. 不能在人体内合成的营养物质是（   ）。
 A. 蛋白质   B. 矿物质   C. 维生素   D. 脂肪

三、填空题

1. 蛋白质的营养价值取决于所含_____的_____及_____的差异。
2. 食物中的蛋白质所含____越接近人体蛋白质中的____，它的____就越高，称为____价值越高。
3. 糖类包括_____等。虽然人体____纤维素，但是____对人体的过程具有重要的影响。
4. 维生素的分类一般按_____分类。脂溶性维生素有_____，体内可____储存；水溶性维生素有＿＿＿，体内储存量＿＿＿。

5. 无机盐中的元素在人体中的作用是＿＿＿＿和＿＿＿＿。

四、问答题

1. 何为大气污染？主要污染源有哪几方面？有何危害？
2. 何为温室效应？哪些污染物可产生温室效应？简述控制温室气体的措施。
3. 臭氧层耗减的主要原因是什么？简述防止臭氧层耗减应采取哪些措施。
4. 计算 $CO_2 + H_2O \longrightarrow HCO_3^- + H^+$ 体系的 pH 值，说明什么是酸雨？酸雨对环境产生哪些危害？我国酸雨有何特点？
5. 光化学烟雾是由什么物质造成的？有何危害？
6. 简述水体中主要污染物的类型及危害？
7. 什么叫水体富营养化？有何危害？
8. 污水处理按处理深度可分为哪几级？各级的主要目的是什么？
9. 什么是土壤污染？简述土壤污染的控制方法。
10. 你周围是否存在环境污染问题？你认为应该如何治理？
11. 脂肪有哪些生理功能？
12. 为什么对肝病患者要供给充足的糖？
13. 列举糖类在生物体内的功能。
14. 人体缺钙对健康有何影响？
15. 人体缺碘或碘过量对健康有何影响？为什么建议用碘盐？碘盐中加的碘是什么化合物？

附录

标准电极电势（298.15K）

1. 在酸性溶液中

电极反应	$\varphi^{\ominus}/V$	电极反应	$\varphi^{\ominus}/V$
$Ag^+ + e^- \Longrightarrow Ag$	0.799	$Br_2(l) + 2e^- \Longrightarrow 2Br^-$	1.065
$Ag^{2+} + e^- \Longrightarrow Ag^+$	1.980	$HBrO + H^+ + 2e^- \Longrightarrow Br^- + H_2O$	1.331
$AgAc + e^- \Longrightarrow Ag + Ac^-$	0.643	$HBrO + H^+ + e^- \Longrightarrow 1/2Br_2(aq) + H_2O$	1.574
$AgBr + e^- \Longrightarrow Ag + Br^-$	0.07133	$HBrO + H^+ + e^- \Longrightarrow 1/2Br_2(l) + H_2O$	1.596
$Ag_2BrO_3 + e^- \Longrightarrow 2Ag + BrO_3^-$	0.546	$BrO_3^- + 6H^+ + 5e^- \Longrightarrow 1/2Br_2 + 3H_2O$	1.482
$Ag_2C_2O_4 + 2e^- \Longrightarrow 2Ag + C_2O_4^{2-}$	0.4647	$BrO_3^- + 6H^+ + 6e^- \Longrightarrow Br^- + 3H_2O$	1.423
$AgCl + e^- \Longrightarrow Ag + Cl^-$	0.22233	$Ca^{2+} + 2e^- \Longrightarrow Ca$	−2.868
$Ag_2CO_3 + 2e^- \Longrightarrow 2Ag + CO_3^{2-}$	0.47	$Cd^{2+} + 2e^- \Longrightarrow Cd$	−0.4030
$Ag_2CrO_4 + 2e^- \Longrightarrow 2Ag + CrO_4^{2-}$	0.4470	$CdSO_4 + 2e^- \Longrightarrow Cd + SO_4^{2-}$	−0.246
$AgF + e^- \Longrightarrow Ag + F^-$	0.779	$Cd^{2+} + 2e^- \Longrightarrow Cd(Hg)$	−0.3521
$AgI + e^- \Longrightarrow Ag + I^-$	−0.15224	$Ce^{3+} + 3e^- \Longrightarrow Ce$	−2.483
$Ag_2S + 2H^+ + 2e^- \Longrightarrow 2Ag + H_2S$	−0.0366	$Cl_2(g) + 2e^- \Longrightarrow 2Cl^-$	1.35827
$AgSCN + e^- \Longrightarrow Ag + SCN^-$	0.08951	$HClO + H^+ + e^- \Longrightarrow 1/2Cl_2 + H_2O$	1.611
$Ag_2SO_4 + 2e^- \Longrightarrow 2Ag + SO_4^{2-}$	0.654	$HClO + H^+ + 2e^- \Longrightarrow Cl^- + H_2O$	1.482
$Al^{3+} + 3e^- \Longrightarrow Al$	−1.662	$ClO_2 + H^+ + e^- \Longrightarrow HClO_2$	1.277
$AlF_6^{3-} + 3e^- \Longrightarrow Al + 6F^-$	−2.069	$HClO_2 + 2H^+ + 2e^- \Longrightarrow HClO + H_2O$	1.645
$As_2O_3 + 6H^+ + 6e^- \Longrightarrow 2As + 3H_2O$	0.234	$HClO_2 + 3H^+ + 3e^- \Longrightarrow 1/2Cl_2 + 2H_2O$	1.628
$HAsO_2 + 3H^+ + 3e^- \Longrightarrow As + 2H_2O$	0.248	$HClO_2 + 3H^+ + 4e^- \Longrightarrow Cl^- + 2H_2O$	1.570
$H_3AsO_4 + 2H^+ + 2e^- \Longrightarrow HAsO_2 + 2H_2O$	0.560	$ClO_3^- + 2H^+ + e^- \Longrightarrow ClO_2 + H_2O$	1.152
$Au^+ + e^- \Longrightarrow Au$	1.692	$ClO_3^- + 3H^+ + 2e^- \Longrightarrow HClO_2 + H_2O$	1.214
$Au^{3+} + 3e^- \Longrightarrow Au$	1.498	$ClO_3^- + 6H^+ + 5e^- \Longrightarrow 1/2Cl_2 + 3H_2O$	1.47
$AuCl_4^- + 3e^- \Longrightarrow Au + 4Cl^-$	1.002	$ClO_3^- + 6H^+ + 6e^- \Longrightarrow Cl^- + 3H_2O$	1.451
$Au^{3+} + 2e^- \Longrightarrow Au^+$	1.401	$ClO_4^- + 2H^+ + 2e^- \Longrightarrow ClO_3^- + H_2O$	1.189
$H_3BO_3 + 3H^+ + 3e^- \Longrightarrow B + 3H_2O$	−0.8698	$ClO_4^- + 8H^+ + 7e^- \Longrightarrow 1/2Cl_2 + 4H_2O$	1.39
$Ba^{2+} + 2e^- \Longrightarrow Ba$	−2.912	$ClO_4^- + 8H^+ + 8e^- \Longrightarrow Cl^- + 4H_2O$	1.389
$Ba^{2+} + 2e^- \Longrightarrow Ba$	−1.570	$Co^{2+} + 2e^- \Longrightarrow Co$	−0.28
$Be^{2+} + 2e^- \Longrightarrow Be$	−1.847	$Co^{3+} + e^- \Longrightarrow Co^{2+}$	1.83
$BiCl_4^- + 3e^- \Longrightarrow Bi + 4Cl^-$	0.16	$CO_2 + 2H^+ + 2e^- \Longrightarrow HCOOH$	−0.199
$Bi_2O_4 + 4H^+ + 2e^- \Longrightarrow 2BiO^+ + 2H_2O$	1.593	$Cr^{2+} + 2e^- \Longrightarrow Cr$	−0.913
$BiO^+ + 2H^+ + 3e^- \Longrightarrow Bi + H_2O$	0.320	$Cr^{3+} + e^- \Longrightarrow Cr^{2+}$	−0.407
$BiOCl + 2H^+ + 3e^- \Longrightarrow Bi + Cl^- + H_2O$	0.1583	$Cr^{3+} + 3e^- \Longrightarrow Cr$	−0.744
$Br_2(aq) + 2e^- \Longrightarrow 2Br^-$	1.0873	$Cr_2O_7^{2-} + 14H^+ + 6e^- \Longrightarrow 2Cr^{3+} + 7H_2O$	1.232

续表

电极反应	$\varphi^\ominus/\text{V}$	电极反应	$\varphi^\ominus/\text{V}$
$HCrO_4^- + 7H^+ + 3e^- \rightleftharpoons Cr^{3+} + 4H_2O$	1.350	$N_2O_4 + 4H^+ + 4e^- \rightleftharpoons 2NO + 2H_2O$	1.035
$Cu^+ + e^- \rightleftharpoons Cu$	0.521	$2NO + 2H^+ + 2e^- \rightleftharpoons N_2O + H_2O$	1.591
$Cu^{2+} + e^- \rightleftharpoons Cu^+$	0.153	$HNO_2 + H^+ + e^- \rightleftharpoons NO + H_2O$	0.983
$Cu^{2+} + 2e^- \rightleftharpoons Cu$	0.3419	$2HNO_2 + 4H^+ + 4e^- \rightleftharpoons N_2O + 3H_2O$	1.297
$CuCl + e^- \rightleftharpoons Cu + Cl^-$	0.124	$NO_3^- + 3H^+ + 2e^- \rightleftharpoons HNO_2 + H_2O$	0.934
$F_2 + 2H^+ + 2e^- \rightleftharpoons 2HF$	3.053	$NO_3^- + 4H^+ + 3e^- \rightleftharpoons NO + 2H_2O$	0.957
$F_2 + 2e^- \rightleftharpoons 2F^-$	2.866	$2NO_3^- + 4H^+ + 2e^- \rightleftharpoons N_2O_4 + 2H_2O$	0.803
$Fe^{2+} + 2e^- \rightleftharpoons Fe$	−0.44	$Na^+ + e^- \rightleftharpoons Na$	−2.71
$Fe^{3+} + 3e^- \rightleftharpoons Fe$	−0.037	$Nb^{3+} + 3e^- \rightleftharpoons Nb$	−1.1
$Fe^{3+} + e^- \rightleftharpoons Fe^{2+}$	0.771	$Ni^{2+} + 2e^- \rightleftharpoons Ni$	−0.257
$[Fe(CN)_6]^{3-} + e^- \rightleftharpoons [Fe(CN)_6]^{4-}$	0.358	$NiO_2 + 4H^+ + 2e^- \rightleftharpoons Ni^{2+} + 2H_2O$	1.678
$FeO_4^{2-} + 8H^+ + 3e^- \rightleftharpoons Fe^{3+} + 4H_2O$	2.20	$O_2 + 4H^+ + 4e^- \rightleftharpoons 2H_2O$	1.229
$Ga^{3+} + 3e^- \rightleftharpoons Ga$	−0.560	$O(g) + 2H^+ + 2e^- \rightleftharpoons H_2O$	2.421
$2H^+ + 2e^- \rightleftharpoons H_2$	0.00000	$O_3 + 2H^+ + 2e^- \rightleftharpoons O_2 + H_2O$	2.076
$H_2(g) + 2e^- \rightleftharpoons 2H^-$	−2.23	$P(红) + 3H^+ + 3e^- \rightleftharpoons PH_3(g)$	−0.111
$HO_2 + H^+ + e^- \rightleftharpoons H_2O_2$	1.495	$P(白) + 3H^+ + 3e^- \rightleftharpoons PH_3(g)$	−0.063
$H_2O_2 + 2H^+ + 2e^- \rightleftharpoons 2H_2O$	1.776	$H_3PO_2 + H^+ + e^- \rightleftharpoons P + 2H_2O$	−0.508
$Hg^{2+} + 2e^- \rightleftharpoons Hg$	0.851	$H_3PO_3 + 2H^+ + 2e^- \rightleftharpoons H_3PO_2 + H_2O$	−0.499
$2Hg^{2+} + 2e^- \rightleftharpoons Hg_2^{2+}$	0.920	$H_3PO_3 + 3H^+ + 3e^- \rightleftharpoons P + 3H_2O$	−0.454
$Hg_2^{2+} + 2e^- \rightleftharpoons 2Hg$	0.7973	$H_3PO_4 + 2H^+ + 2e^- \rightleftharpoons H_3PO_3 + H_2O$	−0.276
$Hg_2Br_2 + 2e^- \rightleftharpoons 2Hg + 2Br^-$	0.13923	$Pb^{2+} + 2e^- \rightleftharpoons Pb$	−0.1262
$Hg_2Cl_2 + 2e^- \rightleftharpoons 2Hg + 2Cl^-$	0.26808	$PbBr_2 + 2e^- \rightleftharpoons Pb + 2Br^-$	−0.284
$Hg_2I_2 + 2e^- \rightleftharpoons 2Hg + 2I^-$	−0.0405	$PbCl_2 + 2e^- \rightleftharpoons Pb + 2Cl^-$	−0.2675
$Hg_2SO_4 + 2e^- \rightleftharpoons 2Hg + SO_4^{2-}$	0.6125	$PbF_2 + 2e^- \rightleftharpoons Pb + 2F^-$	−0.3444
$I_2 + 2e^- \rightleftharpoons 2I^-$	0.5345	$PbI_2 + 2e^- \rightleftharpoons Pb + 2I^-$	−0.365
$I_3^- + 2e^- \rightleftharpoons 3I^-$	0.536	$PbO_2 + 4H^+ + 2e^- \rightleftharpoons Pb^{2+} + 2H_2O$	1.455
$H_5IO_6 + H^+ + 2e^- \rightleftharpoons IO_3^- + 3H_2O$	1.601	$PbO_2 + SO_4^{2-} + 4H^+ + 2e^- \rightleftharpoons PbSO_4 + 2H_2O$	1.6913
$2HIO + 2H^+ + 2e^- \rightleftharpoons I_2 + 2H_2O$	1.439	$PbSO_4 + 2e^- \rightleftharpoons Pb + SO_4^{2-}$	−0.3588
$HIO + H^+ + 2e^- \rightleftharpoons I^- + H_2O$	0.987	$Pd^{2+} + 2e^- \rightleftharpoons Pd$	0.951
$2IO_3^- + 12H^+ + 10e^- \rightleftharpoons I_2 + 6H_2O$	1.195	$PdCl_4^{2-} + 2e^- \rightleftharpoons Pd + 4Cl^-$	0.591
$IO_3^- + 6H^+ + 6e^- \rightleftharpoons I^- + 3H_2O$	1.085	$Pt^{2+} + 2e^- \rightleftharpoons Pt$	1.118
$In^{3+} + 2e^- \rightleftharpoons In^+$	−0.443	$Rb^+ + e^- \rightleftharpoons Rb$	−2.98
$In^{3+} + 3e^- \rightleftharpoons In$	−0.3382	$Re^{3+} + 3e^- \rightleftharpoons Re$	0.300
$Ir^{3+} + 3e^- \rightleftharpoons Ir$	1.159	$S + 2H^+ + 2e^- \rightleftharpoons H_2S(aq)$	0.142
$K^+ + e^- \rightleftharpoons K$	−2.931	$S_2O_6^{2-} + 4H^+ + 2e^- \rightleftharpoons 2H_2SO_3$	0.564
$La^{3+} + 3e^- \rightleftharpoons La$	−2.522	$S_2O_8^{2-} + 2e^- \rightleftharpoons 2SO_4^{2-}$	2.010
$Li^+ + e^- \rightleftharpoons Li$	−3.0401	$S_2O_8^{2-} + 2H^+ + 2e^- \rightleftharpoons 2HSO_4^-$	2.123
$Mg^{2+} + 2e^- \rightleftharpoons Mg$	−2.372	$2H_2SO_3 + H^+ + 2e^- \rightleftharpoons H_2SO_4^- + 2H_2O$	−0.056
$Mn^{2+} + 2e^- \rightleftharpoons Mn$	−1.185	$H_2SO_3 + 4H^+ + 4e^- \rightleftharpoons S + 3H_2O$	0.449
$Mn^{3+} + e^- \rightleftharpoons Mn^{2+}$	1.5415	$SO_4^{2-} + 4H^+ + 2e^- \rightleftharpoons H_2SO_3 + H_2O$	0.172
$MnO_2 + 4H^+ + 2e^- \rightleftharpoons Mn^{2+} + 2H_2O$	1.224	$2SO_4^{2-} + 4H^+ + 2e^- \rightleftharpoons S_2O_6^{2-} + 2H_2O$	−0.22
$MnO_4^- + e^- \rightleftharpoons MnO_4^{2-}$	0.558	$Sb + 3H^+ + 3e^- \rightleftharpoons 2SbH_3$	−0.510
$MnO_4^- + 4H^+ + 3e^- \rightleftharpoons MnO_2 + 2H_2O$	1.679	$Sb_2O_3 + 6H^+ + 6e^- \rightleftharpoons 2Sb + 3H_2O$	0.152
$MnO_4^- + 8H^+ + 5e^- \rightleftharpoons Mn^{2+} + 4H_2O$	1.51	$Sb_2O_5 + 6H^+ + 4e^- \rightleftharpoons 2SbO^+ + 3H_2O$	0.581
$Mo^{3+} + 3e^- \rightleftharpoons Mo$	−0.200	$SbO^+ + 2H^+ + 3e^- \rightleftharpoons Sb + H_2O$	0.212
$N_2 + 2H_2O + 6H^+ + 6e^- \rightleftharpoons 2NH_4OH$	0.092	$Sc^{3+} + 3e^- \rightleftharpoons Sc$	−2.077
$N_2 + 6H^+ + 2e^- \rightleftharpoons 2NH_3(aq)$	−3.09	$Se + 2H^+ + 2e^- \rightleftharpoons H_2Se(aq)$	−0.399
$N_2O + 2H^+ + 2e^- \rightleftharpoons N_2 + H_2O$	1.766	$H_2SeO_3 + 4H^+ + 4e^- \rightleftharpoons Se + 3H_2O$	0.74
$N_2O_4 + 2e^- \rightleftharpoons 2NO_2^-$	0.867	$SeO_4^{2-} + 4H^+ + 2e^- \rightleftharpoons H_2SeO_3 + H_2O$	1.151
$N_2O_4 + 2H^+ + 2e^- \rightleftharpoons 2HNO_2$	1.065	$SiF_6^{2-} + 4e^- \rightleftharpoons Si + 6F^-$	−1.24

续表

电极反应	$\varphi^{\ominus}/V$	电极反应	$\varphi^{\ominus}/V$
$SiO_2+4H^++4e^-\Longrightarrow Si+2H_2O$	0.857	$TiO_2+4H^++2e^-\Longrightarrow Ti^{2+}+2H_2O$	−0.502
$Sn^{2+}+2e^-\Longrightarrow Sn$	−0.1375	$Tl^++e^-\Longrightarrow Tl$	−0.336
$Sn^{4+}+2e^-\Longrightarrow Sn^{2+}$	0.151	$V^{2+}+2e^-\Longrightarrow V$	−1.175
$Sr^++e^-\Longrightarrow Sr$	−4.10	$Te+2H^++2e^-\Longrightarrow H_2Te$	−0.793
$Sr^{2+}+2e^-\Longrightarrow Sr$	−2.89	$V^{3+}+e^-\Longrightarrow V^{2+}$	−0.255
$Sr^{2+}+2e^-\Longrightarrow Sr(Hg)$	−1.793	$VO^{2+}+2H^++e^-\Longrightarrow V^{3+}+H_2O$	0.337
$O_2+2H^++2e^-\Longrightarrow H_2O_2$	0.695	$VO_2^++2H^++e^-\Longrightarrow VO^{2+}+H_2O$	0.991
$Te^{4+}+4e^-\Longrightarrow Te$	0.568	$V(OH)_4^++2H^++e^-\Longrightarrow VO^{2+}+3H_2O$	1.00
$TeO_2+4H^++4e^-\Longrightarrow Te+2H_2O$	0.593	$V(OH)_4^++4H^++5e^-\Longrightarrow V+4H_2O$	−0.254
$TeO_4^-+8H^++7e^-\Longrightarrow Te+4H_2O$	0.472	$W_2O_5+2H^++2e^-=2WO_2+H_2O$	−0.031
$H_6TeO_6+2H^++2e^-\Longrightarrow TeO_2+4H_2O$	1.02	$WO_2+4H^++4e^-=W+2H_2O$	−0.119
$Th^{4+}+4e^-\Longrightarrow Th$	−1.899	$WO_3+6H^++6e^-=W+3H_2O$	−0.090
$Ti^{2+}+2e^-\Longrightarrow Ti$	−1.630	$2WO_3+2H^++2e^-=W_2O_5+H_2O$	−0.029
$Ti^{3+}+e^-\Longrightarrow Ti^{2+}$	−0.368	$Y^{3+}+3e^-=Y$	−2.37
$TiO^{2+}+2H^++e^-\Longrightarrow Ti^{3+}+H_2O$	0.099	$Zn^{2+}+2e^-\Longrightarrow Zn$	−0.763

2. 在碱性溶液中

电极反应	$\varphi^{\ominus}/V$	电极反应	$\varphi^{\ominus}/V$
$AgCN+e^-\Longrightarrow Ag+CN^-$	−0.017	$Cu_2O+H_2O+2e^-\Longrightarrow 2Cu+2OH^-$	−0.360
$[Ag(CN)_2]^-+e^-\Longrightarrow Ag+2CN^-$	−0.31	$Cu(OH)_2+2e^-\Longrightarrow Cu+2OH^-$	−0.222
$Ag_2O+H_2O+2e^-\Longrightarrow 2Ag+2OH^-$	0.342	$2Cu(OH)_2+2e^-\Longrightarrow Cu_2O+2OH^-+H_2O$	−0.080
$2AgO+H_2O+2e^-\Longrightarrow Ag_2O+2OH^-$	0.607	$[Fe(CN)_6]^{3-}+e^-\Longrightarrow [Fe(CN)_6]^{4-}$	0.358
$Ag_2S+2e^-\Longrightarrow 2Ag+S^{2-}$	−0.691	$Fe(OH)_3+e^-\Longrightarrow Fe(OH)_2+OH^-$	−0.56
$H_2AlO_3^-+H_2O+3e^-\Longrightarrow Al+4OH^-$	−2.33	$H_2GaO_3^-+H_2O+3e^-\Longrightarrow Ga+4OH^-$	−1.219
$AsO_2^-+2H_2O+3e^-\Longrightarrow As+4OH^-$	−0.68	$2H_2O+2e^-\Longrightarrow H_2+2OH^-$	−0.8277
$AsO_4^{3-}+2H_2O+2e^-\Longrightarrow AsO_2^-+4OH^-$	−0.71	$Hg_2O+H_2O+2e^-\Longrightarrow 2Hg+2OH^-$	0.123
$H_2BO_3^-+5H_2O+8e^-\Longrightarrow BH_4^-+8OH^-$	−1.24	$HgO+H_2O+2e^-\Longrightarrow Hg+2OH^-$	0.0977
$H_2BO_3^-+H_2O+3e^-\Longrightarrow B+4OH^-$	−1.79	$H_3IO_6^{2-}+2e^-\Longrightarrow IO_3^-+3OH^-$	0.7
$Ba(OH)_2+2e^-\Longrightarrow Ba+2OH^-$	−2.99	$IO^-+H_2O+2e^-\Longrightarrow I^-+2OH^-$	0.485
$Be_2O_3^{2-}+3H_2O+4e^-\Longrightarrow 2Be+6OH^-$	−2.63	$IO_3^-+2H_2O+4e^-\Longrightarrow IO^-+4OH^-$	0.15
$Bi_2O_3+3H_2O+6e^-\Longrightarrow 2Bi+6OH^-$	−0.46	$IO_3^-+3H_2O+6e^-\Longrightarrow I^-+6OH^-$	0.26
$BrO^-+H_2O+2e^-\Longrightarrow Br^-+2OH^-$	0.761	$Ir_2O_3+3H_2O+6e^-\Longrightarrow 2Ir+6OH^-$	0.098
$BrO_3^-+3H_2O+6e^-\Longrightarrow Br^-+6OH^-$	0.61	$La(OH)_3+3e^-\Longrightarrow La+3OH^-$	−2.90
$Ca(OH)_2+2e^-\Longrightarrow Ca+2OH^-$	−3.02	$Mg(OH)_2+2e^-\Longrightarrow Mg+2OH^-$	−2.690
$Ca(OH)_2+2e^-\Longrightarrow Ca(Hg)+2OH^-$	−0.809	$MnO_4^-+2H_2O+3e^-\Longrightarrow MnO_2+4OH^-$	0.595
$ClO^-+H_2O+2e^-\Longrightarrow Cl^-+2OH^-$	0.81	$MnO_4^{2-}+2H_2O+2e^-\Longrightarrow MnO_2+4OH^-$	0.60
$ClO_2^-+H_2O+2e^-\Longrightarrow ClO^-+2OH^-$	0.66	$Mn(OH)_2+2e^-\Longrightarrow Mn+2OH^-$	−1.56
$ClO_2^-+2H_2O+4e^-\Longrightarrow Cl^-+4OH^-$	0.76	$Mn(OH)_3+e^-\Longrightarrow Mn(OH)_2+OH^-$	0.15
$ClO_3^-+H_2O+2e^-\Longrightarrow ClO_2^-+2OH^-$	0.33	$2NO+H_2O+2e^-\Longrightarrow N_2O+2OH^-$	0.76
$ClO_3^-+3H_2O+6e^-\Longrightarrow Cl^-+6OH^-$	0.62	$NO+H_2O+e^-\Longrightarrow NO+2OH^-$	−0.46
$ClO_4^-+H_2O+2e^-\Longrightarrow ClO_3^-+2OH^-$	0.36	$2NO_2^-+2H_2O+4e^-\Longrightarrow N_2^{2-}+4OH^-$	−0.18
$[Co(NH_3)_6]^{3+}+e^-\Longrightarrow [Co(NH_3)_6]^{2+}$	0.108	$2NO_2^-+3H_2O+4e^-\Longrightarrow N_2O+6OH^-$	0.15
$Co(OH)_2+2e^-\Longrightarrow Co+2OH^-$	−0.73	$NO_3^-+H_2O+2e^-\Longrightarrow NO_2^-+2OH^-$	0.01
$Co(OH)_3+e^-\Longrightarrow Co(OH)_2+OH^-$	0.17	$2NO_3^-+2H_2O+2e^-\Longrightarrow N_2O_4+4OH^-$	−0.85
$CrO_2^-+2H_2O+3e^-\Longrightarrow Cr+4OH^-$	−1.2	$Ni(OH)_2+2e^-\Longrightarrow Ni+2OH^-$	−0.72
$CrO_4^{2-}+4H_2O+3e^-\Longrightarrow Cr(OH)_3+5OH^-$	−0.13	$NiO_2+2H_2O+2e^-\Longrightarrow Ni(OH)_2+2OH^-$	−0.490
$Cr(OH)_3+3e^-\Longrightarrow Cr+3OH^-$	−1.48	$O_2+H_2O+2e^-\Longrightarrow HO_2^-+OH^-$	−0.076
$Cu^{2+}+2CN^-+e^-\Longrightarrow [Cu(CN)_2]^-$	1.103	$O_2+2H_2O+2e^-\Longrightarrow H_2O_2+2OH^-$	−0.146
$[Cu(CN)_2]^-+e^-\Longrightarrow Cu+2CN^-$	−0.429	$O_2+2H_2O+4e^-\Longrightarrow 4OH^-$	0.401

续表

电极反应	$\varphi^{\ominus}/V$	电极反应	$\varphi^{\ominus}/V$
$O_3+H_2O+2e^- \Longrightarrow O_2+2OH^-$	1.24	$S_4O_6^{2-}+2e^- \Longrightarrow 2S_2O_3^{2-}$	0.08
$HO_2^-+H_2O+2e^- \Longrightarrow 3OH^-$	0.878	$2SO_3^{2-}+2H_2O+2e^- \Longrightarrow S_2O_4^{2-}+4OH^-$	−1.12
$P+3H_2O+3e^- \Longrightarrow PH_3(g)+3OH^-$	−0.87	$2SO_3^{2-}+3H_2O+4e^- \Longrightarrow S_2O_3^{2-}+6OH^-$	−0.571
$H_2PO_2^-+e^- \Longrightarrow P+2OH^-$	−1.82	$SO_4^{2-}+H_2O+2e^- \Longrightarrow SO_3^{2-}+2OH^-$	−0.93
$HPO_3^{2-}+2H_2O+2e^- \Longrightarrow H_2PO_2^-+3OH^-$	−1.65	$SbO_2^-+2H_2O+3e^- \Longrightarrow Sb+4OH^-$	−0.66
$HPO_3^{2-}+2H_2O+3e^- \Longrightarrow P+5OH^-$	−1.71	$SbO_3^-+H_2O+2e^- \Longrightarrow SbO_2^-+2OH^-$	−0.59
$PO_4^{3-}+2H_2O+2e^- \Longrightarrow HPO_3^{2-}+3OH^-$	−1.05	$SeO_3^{2-}+3H_2O+4e^- \Longrightarrow Se+6OH^-$	−0.366
$PbO+H_2O+2e^- \Longrightarrow Pb+2OH^-$	−0.580	$SeO_4^{2-}+H_2O+2e^- \Longrightarrow SeO_3^{2-}+2OH^-$	0.05
$HPbO_2^-+H_2O+2e^- \Longrightarrow Pb+3OH^-$	−0.537	$SiO_3^{2-}+3H_2O+4e^- \Longrightarrow Si+6OH^-$	−1.697
$PbO_2+H_2O+2e^- \Longrightarrow PbO+2OH^-$	0.247	$HSnO_2^-+H_2O+2e^- \Longrightarrow Sn+3OH^-$	−0.909
$Pd(OH)_2+2e^- \Longrightarrow Pd+2OH^-$	0.07	$Sr(OH)_2+2e^- \Longrightarrow Sr+2OH^-$	−2.88
$Pt(OH)_2+2e^- \Longrightarrow Pt+2OH^-$	0.14	$Te+2e^- \Longrightarrow Te^{2-}$	−1.143
$ReO_4^-+4H_2O+7e^- \Longrightarrow Re+8OH^-$	−0.584	$TeO_3^{2-}+3H_2O+4e^- \Longrightarrow Te+6OH^-$	−0.57
$S+2e^- \Longrightarrow S^{2-}$	−0.47627	$Th(OH)_4+4e^- \Longrightarrow Th+4OH^-$	−2.48
$S+H_2O+2e^- \Longrightarrow HS^-+OH^-$	−0.478	$Tl_2O_3+3H_2O+3e^- \Longrightarrow 2Tl^++6OH^-$	0.02
$2S+2e^- \Longrightarrow S_2^{2-}$	−0.42836	$ZnO_2^{2-}+2H_2O+2e^- \Longrightarrow Zn+4OH^-$	−1.215

参考文献

[1] 王明华. 普通化学[M]. 北京：高等教育出版社，1978.
[2] 吴菊珍. 大学化学[M]. 重庆：重庆大学出版社，2016.
[3] 牛盾. 大学化学[M]. 北京：冶金工业出版社，2010.
[4] 傅希贤. 大学化学[M]. 天津：天津大学出版社，2015.
[5] 周伟红. 新大学化学[M]. 北京：科学出版社，2018.
[6] 张宝贵. 环境化学[M]. 武汉：华中科技大学出版社，2018.
[7] 周为群. 现代生活与化学[M]. 苏州：苏州大学出版社，2014.
[8] 刘旦初. 生活化学[M]. 上海：复旦大学出版社，2017.
[9] 齐立权. 化学与生活[M]. 沈阳：辽宁大学出版社，1998.

元素周期表